風景印ミュージアム

直径36ミリの中の日本

著 古沢保

GB

風景印は郵便局の奥に潜むパラレルワールド

風景入りの消印

風景印は、手紙やはがきなどに押される公式な消印の一種。正式名称を「風景入通信日付印」という。

インク＆スタンプ台

インクの色はとび色（渋い赤）。インクを染み込ませたスタンプ台を、郵便局員さんや愛好家たちは、その形状から“まんじゅう”と呼ぶ。

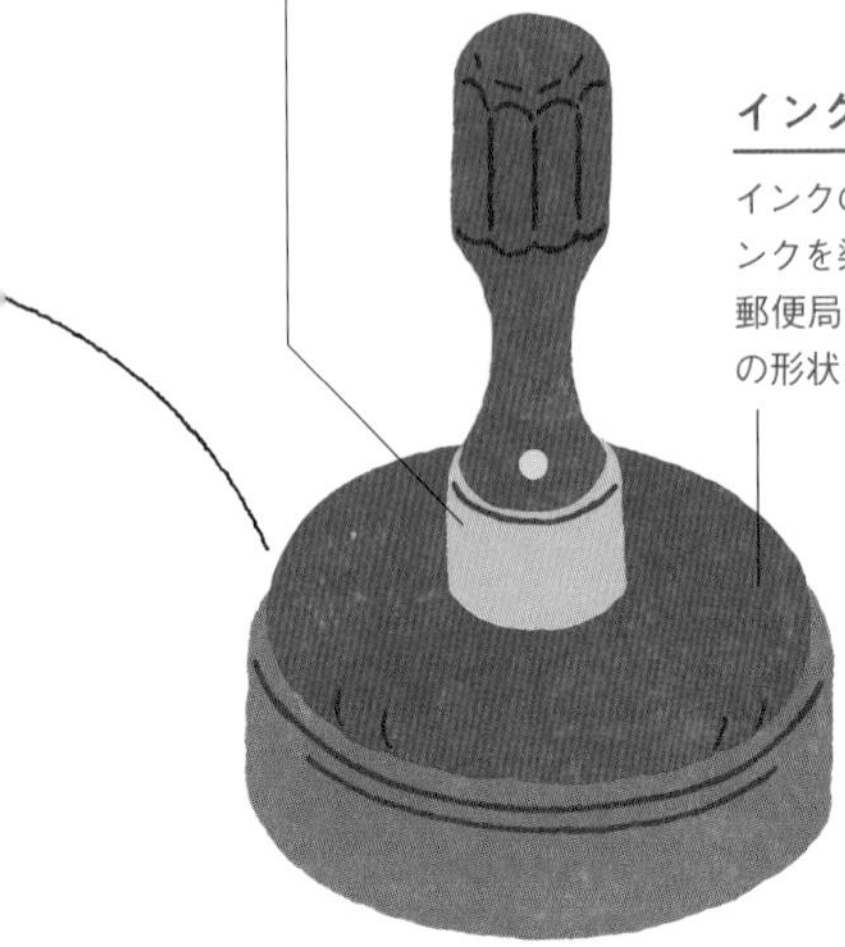

風景印の道具

風景印は道具一式、ふた付きで木製の小箱に収納してある。風景印本体のグリップも木製で、触り心地がよさそう。

日付用の活字

年月日の活字が並べて収めてあり、局員さんがセットする。活字は非常に細かいので、ピンセットでつまんで扱う。

風景印がある郵便局

全国に約２万４千の郵便局があるうち、半数弱の約１万１千局に配備されている。あなたの家の最寄り局にも、実はあるかもしれない。

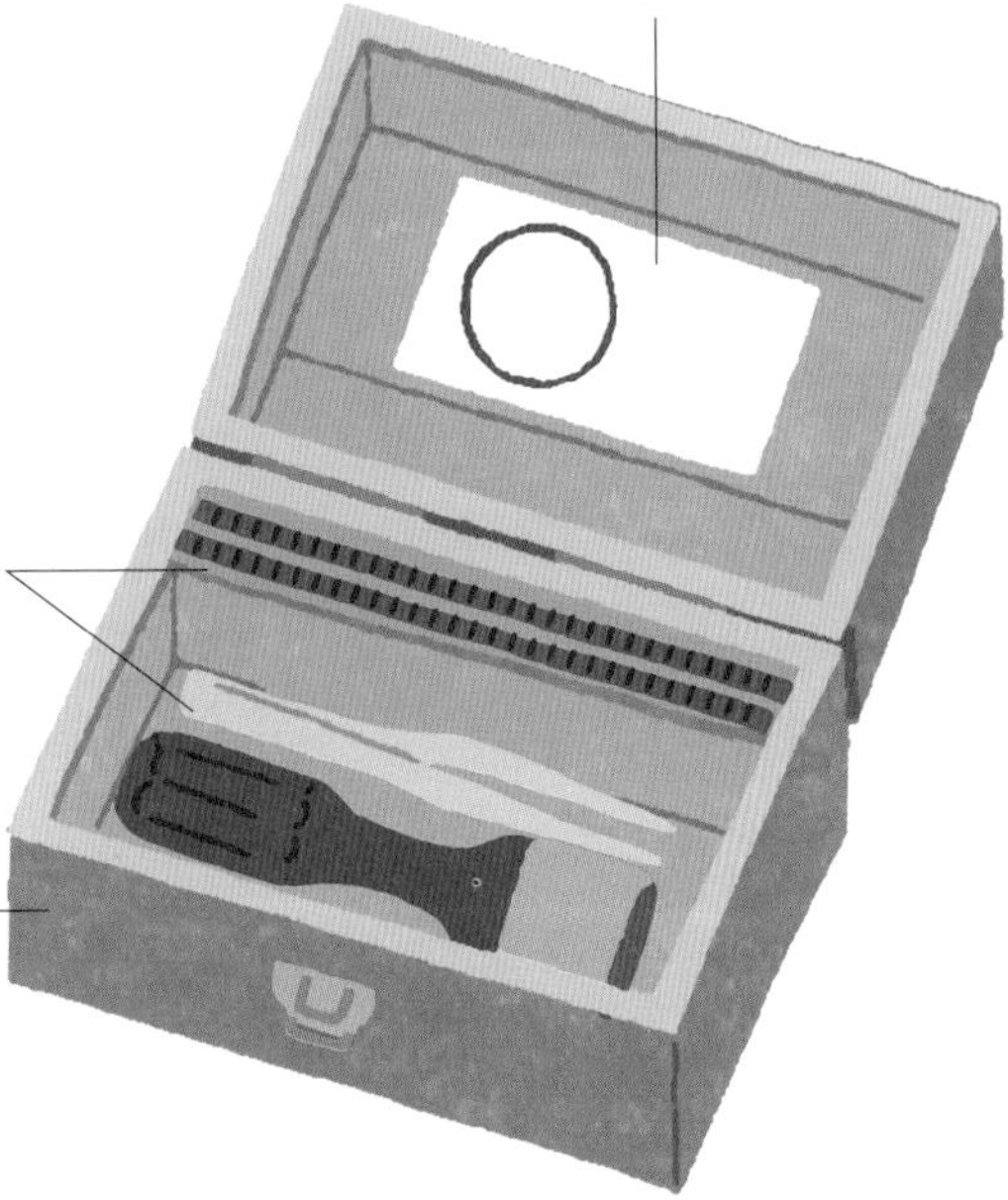

消印とは本来、使用済であることを証明するために切手を“汚す”道具。

ところが風景印は、押すことで使用済だと証明しながら、郵便物に“美しさ”も加えてくれる。
まさにコペルニクス的発想の転換による産物と言えよう。

東旭川《ひがしあさひかわ》局（北海道・旭川市）
旭山動物園のホッキョクグマ、ペンギン、鉄塔、桜

サイズと図案

大きさは直径36㎜で、丸形だけでなく変形印もある。名所や特産品、著名人や歴史など地域の特色を盛り込んだ魅力的な世界が広がる。

郵便局や風景印は、意外な場所にも存在する。

例えば官庁街にある、ちょっと敷居の高い施設。国会議事堂や東京高等裁判所、さらには皇居のなかにある宮内庁まで。


標高数千mの山の頂には、山開きをする夏の数か月間だけ、営業する郵便局がある。南極観測隊が乗る観測船や、観測基地のなかにも郵便局がある。郵便は、現代人にとって欠かすことができないインフラだからだ。

人が暮らす場所には郵便局があり、そこには風景印が存在するのである。

富士山頂《ふじさんちょう》局（静岡・富士宮市）
富士山、富士山頂局
※機械印も配備

白馬山頂《はくばさんちょう》局（長野・白馬村）
白馬岳、杓子岳、登山者

白山山頂《はくさんさんちょう》局（石川・白山市）
白山、登山者、県花・クロユリ

立山山頂《たてやまさんちょう》局（富山・立山町）
立山山頂、カモシカ、
アオノツガザクラ

人が暮らす場所に
風景印は存在する

昭和基地内《しょうわきちない》局

南極観測船しらせ、
昭和基地、ペンギン、
オーロラ

しらせ船内《しらせせんない》局

南極観測船しらせ、昭和基地

東京高等裁判所内《とうきょうこうとうさいばんしょない》局（東京・千代田区）

日比谷公園、江戸城桜田門

国会内《こっかいない》局（東京・千代田区）

国会議事堂

※宮内庁内局（130ページ参照）は一般の人は立入不可。東京高等裁判所内局、国会内局は誰でも利用できる。
※山上の定期開設局／山梨・富士山五合目局（3/15 ～ 1/15）、長野・上高地局（4/27 ～ 11/15）、
富山・立山山頂局（6/19 ～ 11/5）、長野・白馬山頂局（7/1 ～ 8/31）、岐阜・乗鞍山頂局（7/1 ～ 9/30）、
静岡・富士山頂局（7/10 ～ 8/18）、石川・白山山頂局（7/15 ～ 8/20）。開設期間は年により変動あり。
※船内・基地内分室／しらせ船内分室、昭和基地内分室、東南アジア青年の船船内分室、世界青年の船船内分室。
いずれも通常は例年秋に郵便で風景印の押印を受け付ける。

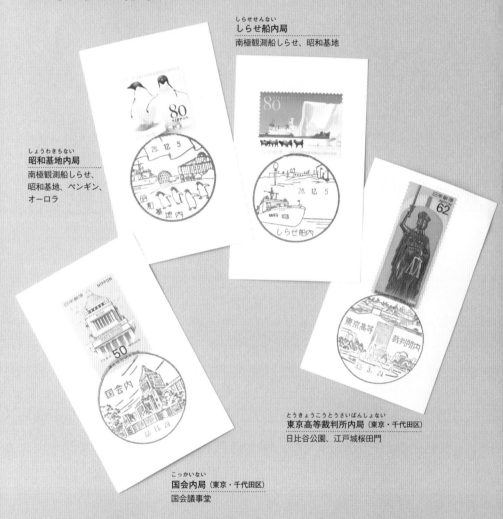

風景印さんぽで
頭の中の地図が
広がっていく

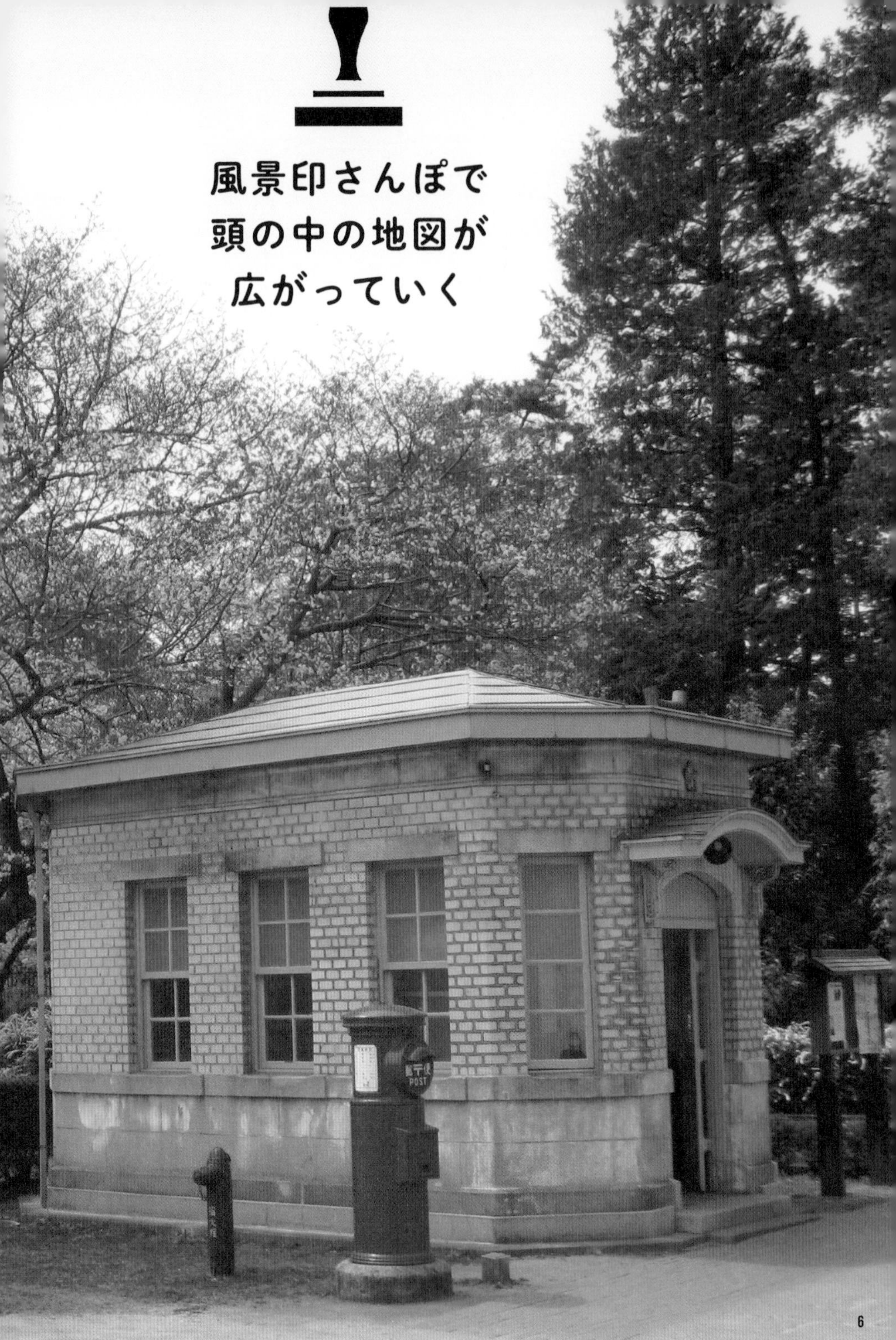

郵便局をめぐり、風景印を集めて歩くのも楽しい。
だんだん数が集まってきて、ひとつのエリアを制覇できるとちょっとうれしい。
局員さんや街の人と交わした会話もお土産になる。

図案の場所やモノを探し、自分の目で目撃すると、なぜそれが地域の象徴なのかがわかり、そこがどんな街かも見えてくる。

知っている街が増え、頭の中の地図がどんどん広がっていく。

風景印散歩には、そんな楽しみがある。

contents 目次

Chapter 01 風景印を手に入れる

Chapter 02 風景印でお便りを出す

Chapter 03 風景印さんぽに出かける

Chapter 04 風景印を知る

※本書の情報は2021年10月時点のものです。
※本書では、郵便物の住所部分はマスク処理を施しています。
※本文中に記載している小型印・初日印・特印については次の通り。
・**小型印**：風景印の仲間で一回り小さい直径32㎜。ローカルの記念事項に期間限定で使用する。
・**初日印**：風景印と同じ直径36㎜。シリーズ切手の発行などの際に期間限定で使う。図案に鳩のマークが入っている。別図案の手押し印と機械印がある。
・**特印**：風景印と同じ直径36㎜。記念切手の発行や全国規模の記念行事の際に期間限定で使う。別図案の手押し印と機械印がある。

小型印

初日印（機械）

特印（手押し）

Chapter 01

風景印を手に入れる

郵便局に行って押してもらう（記《き》念《ねん》押《おう》印《いん》）

郵便局を訪ねて押してもらうのが、風景印を手に入れる最もオーソドックスな方法。
風景印を押してもらって、記念に持ち帰ることを「記念押印」と言う。

STEP 01

「通常はがき」か、はがき料金以上の切手を貼った台紙を準備する

※通常はがき＝旧官製はがき

POINT

01 風景印は、はがき料金以上を納入すると押してもらえる。
※令和３（2021）年現在は63円

02 「通常はがき」なら、どこの郵便局でも取り扱いがあるので入手が簡単。
※手持ちの切手類を持ち込んでも押してもらえるが、窓口で購入すれば売り上げに貢献できるので局員さんにも喜ばれるかも。

03 はがきや封筒など郵便物の体裁でなくても、カードやノート、色紙などにも押してもらえる。

STEP 02

風景印を扱っている郵便局の窓口へ持って行く

※風景印使用局の確認は22ページ参照

POINT

01 郵便局の窓口で「風景印を押してください」とお願いする。

02 風景印を押してほしい位置を説明。「こんな感じで」と見本を見せると伝わりやすい。

03 局員さんが日付をピンセットで差し込んだり、スタンプ台を出したりして準備する。

風景印の位置

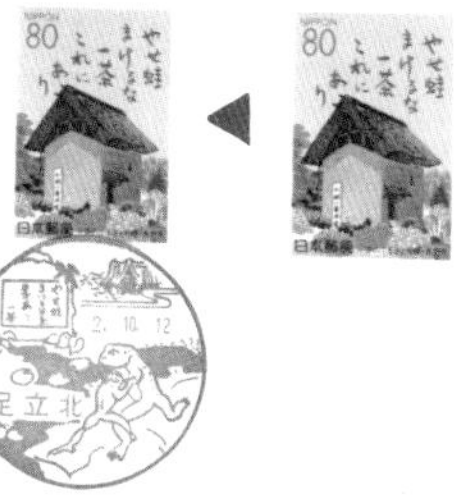

足立北《あだちきた》局（東京・足立区）

小林一茶の句碑、カエルの像、炎天寺

消印なので、切手にかかるように押される。切手の真下や左下など、押してほしい位置のリクエストは可能。

通常はがき

切手を貼る場所に、あらかじめ料金が印刷されたはがき。これに記念押印したものを官白《かんぱく》という。

STEP 03

局員さんが風景印を押す

POINT

01 風景印は公式の消印なので、基本的には利用者は押せず、局員さんに押してもらう。

02 局員さんが試し押ししたものを見せてもらい、「もう少し濃くしてください」などとリクエスト。

03 風景印を受け取る。きれいに押されていたら「上手ですね」などと賞賛は惜しみなく！

＋α

「ゆうゆう窓口」でも押してもらえる

POINT

01 大きな局にある時間外窓口「ゆうゆう窓口」でも、押してもらえる。土日も開いているところが多いので、週末の旅行でも利用できて便利。

02 郵便窓口とゆうゆう窓口の２か所ある場合、「片方の風景印は新品なのに、片方はボロボロ」ということもある。時間の余裕があれば両方で押してもらおう。

郵便局に行って押してもらう (引受消印《ひきうけしいん》)

はがきや手紙に風景印を押してもらい、そのまま郵便として出したい。
そんな時は、郵便局の窓口に行って「引受消印」をお願いしよう。

STEP 01

出したい手紙を準備する

POINT

01 大きな定形外郵便やレターパック、ゆうパックなどにも風景印を押してもらえる。速達や現金書留もOK。

02 外国郵便の場合、「押せない」と局員さんに言われることもあるが、規則では可能。風景印のほかに、封筒の空きスペースにローマ字表示の「欧文印」を押す決まりになっている。

STEP 02

風景印使用局の郵便窓口へ持って行く

※ゆうゆう窓口でもOK

POINT

01 窓口で「風景印で出してください」とお願いする。以下、記念押印と同じプロセス。

02 急いでいる時は押印を見届けず、局員さんにお任せして置いてくることもできる。

引受消印の事例

BACK

FRONT

大森局《おおもり》（東京・大田区）

原稿用紙、万年筆、大森貝塚碑

『赤毛のアン』の翻訳家・村岡花子の展覧会の絵はがきに、彼女も住んだ馬込文士村の風景印を。原稿用紙の図案がよく似合う。

鈴木光則さんより

熊本県庁内局《くまもとけんちょうない》（熊本・熊本市）

くまモン、阿蘇山

くまモンのカップうどんのフタもはがき代わりに。こんな変わりダネ郵便物でも押してもらえる。

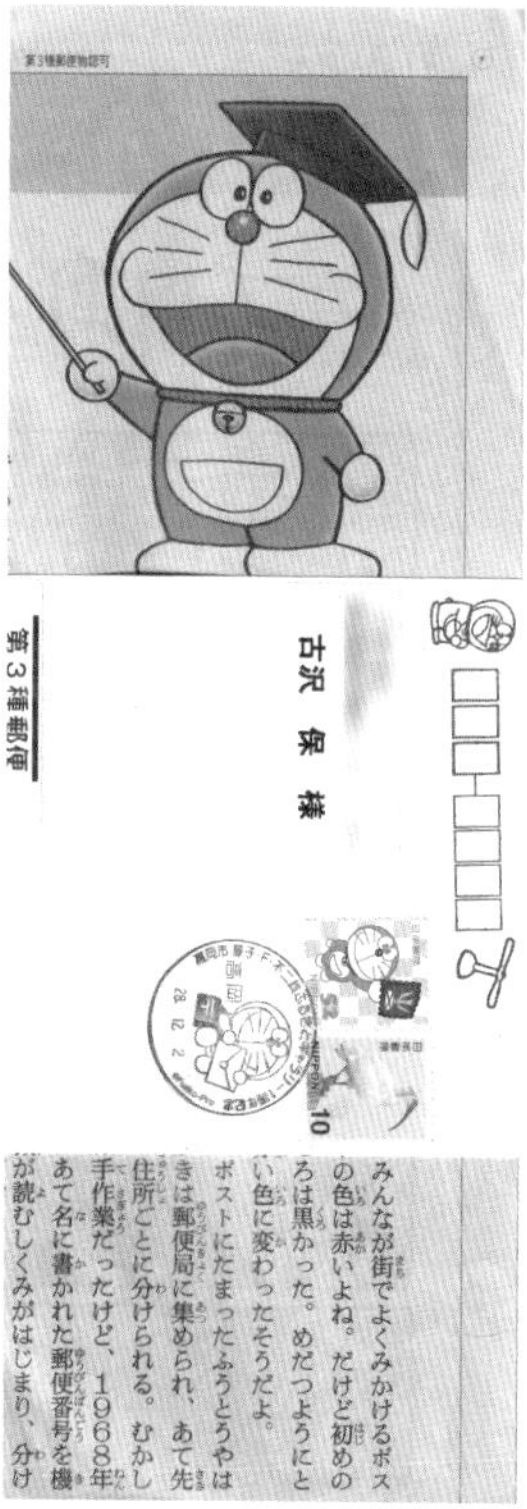

高岡市藤子・F・不二雄ふるさとギャラリー1周年記念小型印

定期刊行物を送る第三種郵便は、封筒に入れず、宛名紙を巻いた「帯封」でも送れる。こうした形状のものでも風景印や小型印などで出せる。

鈴木智幸さんより

風景印ポストに投函する

投函するだけで、自動的に風景印が押してもらえる「風景印ポスト」も少数存在する。
見た目のかわいらしいポストが多く、投函のみならず記念撮影も楽しみのひとつ。

ピーチくん

フルーツパーク富士屋ホテル入口

山梨局《やまなし》（山梨・山梨市）

ブドウ、モモ、笛吹川フルーツ公園

写真提供：塩野ゆりさん

桃から生まれたのは、桃太郎でなく富士山だった!?

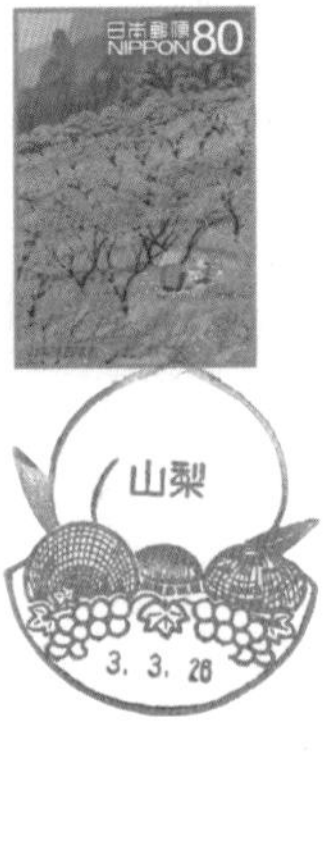

パンダポスト

上野動物園前

上野局《うえの》（東京・台東区）

パンダ、西郷隆盛像、
旧寛永寺五重塔

上野郵便局前には別デザインのパンダポストあり。

東京駅ポスト

JR 東京駅丸の内南改札内

東京中央局《とうきょうちゅうおう》（東京・千代田区）

東京駅、JP タワー

東京駅のシンボル、丸い屋根がちょこんと頭に。

JR東京駅丸の内南改札内に、東京駅型のかわいいポストがあるのをご存じだろうか？　ここに投函した郵便物は、自動的に東京駅の絵柄が入った風景印が押され、宛名の住所に届けてもらえる仕組みになっている。改札を出ずに風景印で出せるのがありがたい。こんなふうに、自動的に風景印が押される「風景印ポスト」（勝手に命名）は、全国にいくつか存在する。特殊なデザインのポストは多数あるが、ほとんどは普通の消印が押されるもので、風景印ポストは少ないので要注意。下の６つ以外に葛城山《かつらぎさん》の山頂ポスト（奈良・御所《ごせ》局）など20個ほどを確認。ぜひ、新たな風景印ポストを探してみてほしい。

白いポスト

白井郵便局前

白井局《しろい》（千葉・白井市）

ナシ、北総鉄道7500形、野羽織など、ナシの花

写真提供：小山田文子さん

「ポストは赤」の固定観念を覆す純白のポスト。

妖怪ポスト

水木しげる文庫前

境港外江局《さかいみなとそとのえ》ほか（鳥取・境港市）

一反木綿像、境水道大橋

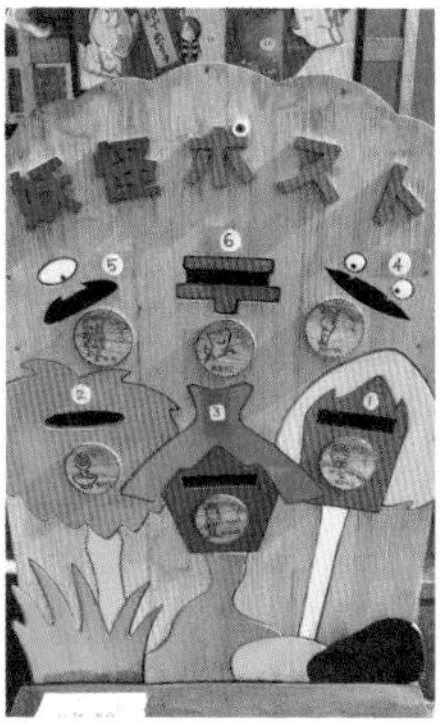

写真提供：赤尾光男さん

『ゲゲゲの鬼太郎』のキャラクター風景印が６種類から選べる。

コウノトリポスト

コウノトリの郷

豊岡局《とよおか》（兵庫・豊岡市）

コウノトリ、柳行李、鞄、来日岳

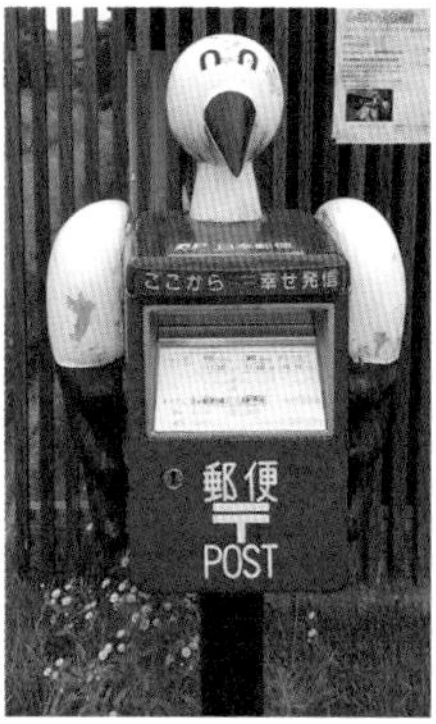

写真提供：塩野ゆりさん

豊岡市立コウノトリ文化館などで配布される専用封筒が必要。

郵送して押してもらう（郵頼《ゆうらい》）

地元には風景印を扱う郵便局が少なく、自力で行ける郵便局にも限りがある。
そんな人には、郵便局に台紙を郵送し、風景印を押して戻してもらう「郵頼」がおすすめ。

「郵頼」に必要なもの

3

2

1

依頼状

貴局の風景印を
○月○日の日付で記念押印をお願いします。
同封したカードに貼った切手の真下に押してください。
○枚押印希望です。

切手に少しかかるように
まっすぐ鮮明に押して
いただけると幸いです。

また、返信用封筒も風景印で
引受消印してください。

＜例＞

以上、お忙しいところ恐れ入りますが、
よろしくお願い致します。

〒102-0072
東京都千代田区飯田橋 4-1-5　ボザール飯田橋 301
株式会社 G.B. 出版部　古沢 保
☎ 03-3221-8013

① 依頼状
日付だけ手書きできる依頼状フォーマットを作成しておくと便利。

② 台紙
通常はがきや切手を貼ったカードなど、風景印を押してほしい台紙。

③ 厚紙＆袋
台紙は保護のため袋に入れ、折れないように厚紙を当てるとベター。

④ 返信用封筒
戻してほしい送り先を書いた封筒。送料分の切手を貼るのを忘れずに。

⑤ 依頼用封筒
1～4を封筒に入れて郵送。「風景印押印依頼」と記載する。

これら一式を希望の郵便局に送ると、1週間程度で風景印が押されて戻ってくる。

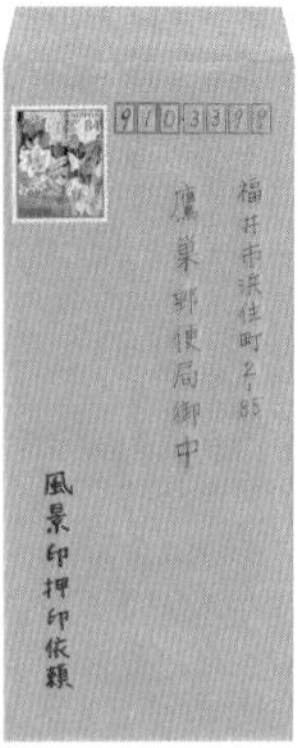

5

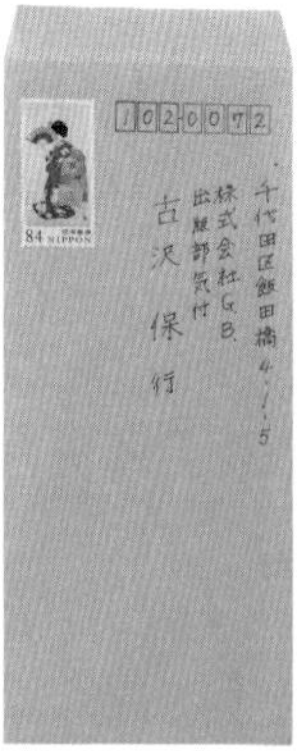

4

POINT 01

消印の日付は指定できる

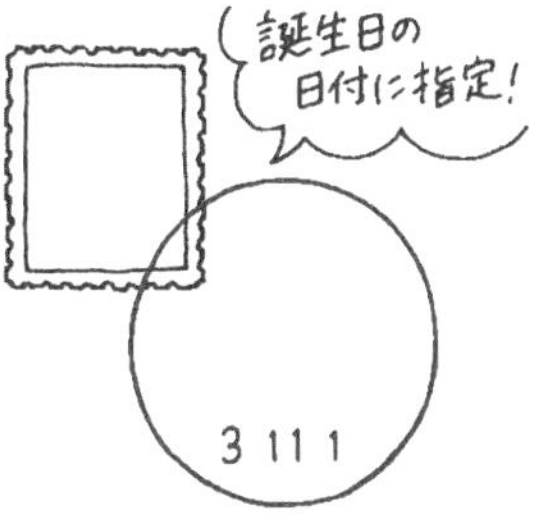

- 過去の日付を押してもらうことはできない。特に指定しなければ、局が受け取った日付が押される。
- その郵便局の営業日しか押せないため、土日は指定できない局が多い。
- あまり先の日付を指定すると局員さんも管理がたいへんなので、1週間前くらいに届くようにしたい。

POINT 02

押印例を図示する

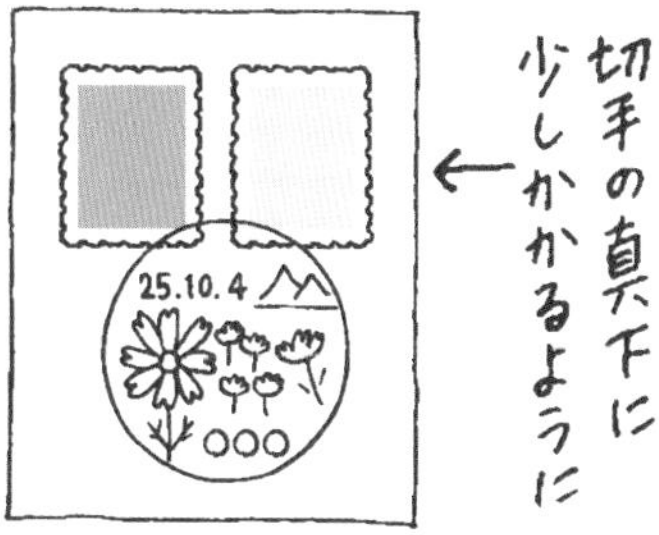

- 例があれば、受け取った局員さんがどのように押せばいいのか理解しやすい。
- 「切手の真上」など、言葉だけだと勘違いして切手のど真ん中に押されることも（日本語って難しい…）。

POINT 03

依頼書に電話番号を記す

- 局員さんが判断に迷った時に依頼者に電話して確認できる。

※うっかりその局が休みの日付を指定してしまい、「別の日付でいいか、そのまま押さないで返送するか」の確認はよくあるパターン。

POINT 04

返信用封筒にも押してもらえる

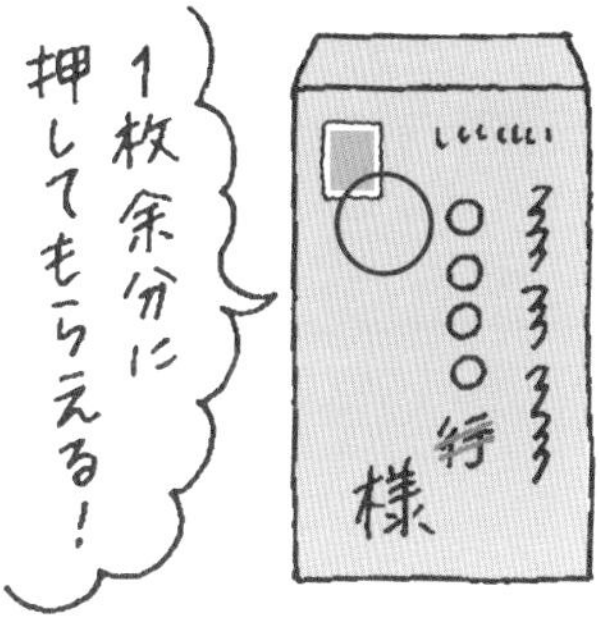

- 返信用封筒にも風景印を押して、戻してもらえる（引受消印）。
- 希望する場合は、依頼書に「返信用封筒にも押してください」と明記しよう。

切手店やイベントで買う

戦前の風景印など、もう郵便局では押せないお宝風景印もある。
ネットオークションや即売会などで、専門業者やコレクターから入手しよう。

1

2

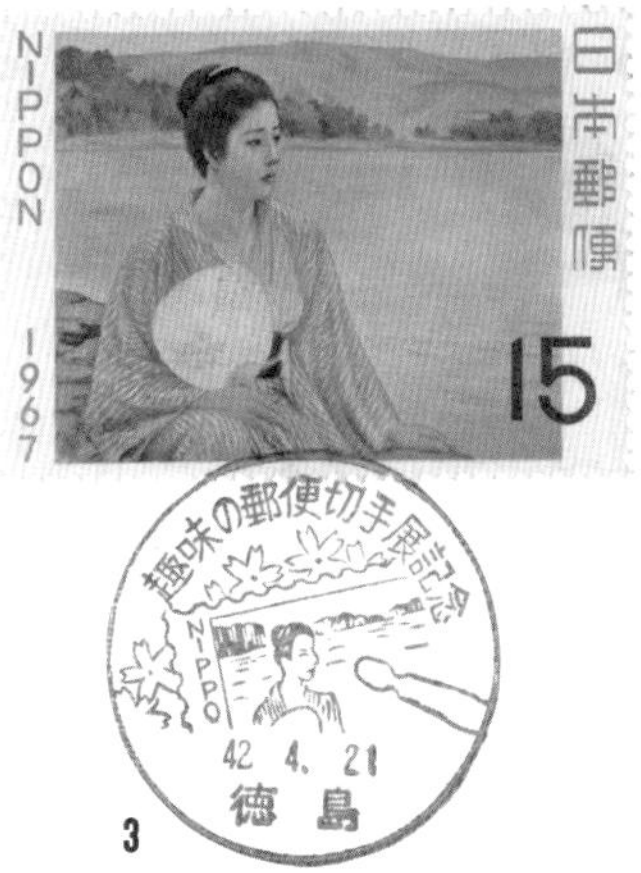

3

4

5

1-3 昔は名刺カード（142ページ参照）で集めていた人は少なかったので、切手とマッチングしているものを見つけたら即入手。
4,5 夫婦岩の切手に、夫婦岩やハートの風景印を押したもの。戦前にマッチングの感覚を持つ人がいたことに感動。

切手ブームだった昭和の頃、大都市には趣味の切手店があって風景印官白《かんぱく》なども販売していた。現在は激減したが、東京・目白の「切手の博物館」や、新宿の「協同組合切手センター」は1か所に複数の業者が集まる貴重な場所だ。

有楽町の「東京交通会館」などで年に数回ある即売会や、春の「世界切手まつりスタンプショウ」、秋の「全国切手展JAPEX」などのイベントにも多数の切手商がブースを出す。官白は1枚50円（戦前のものなら1枚200円）くらいから手に入る。また、都内で開催される切手専門のフリーマーケット「切手市場」では、コレクターが余った品を安価で販売している。

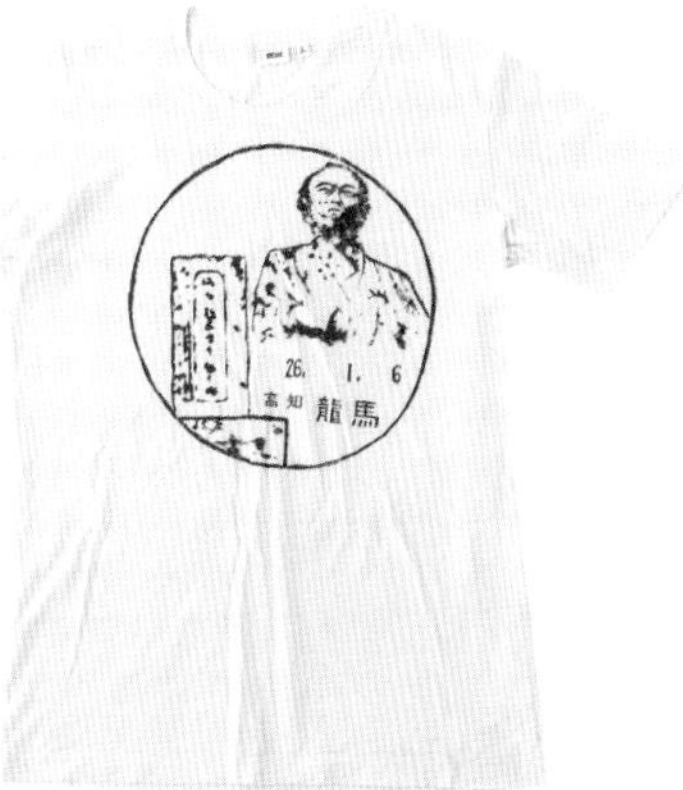

8

7

6

9

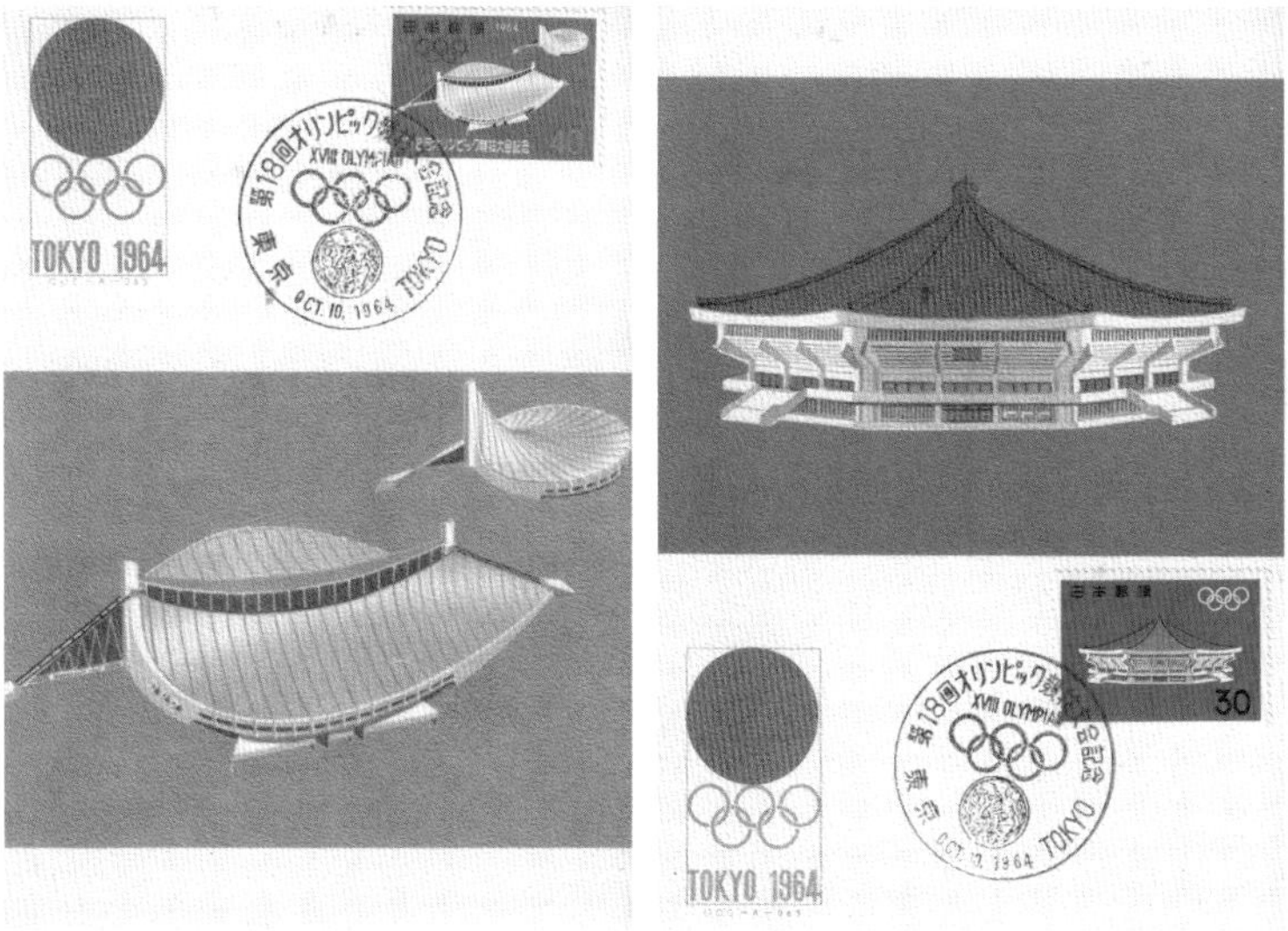

6 昭和53（1978）年刊行の廃印を集めた旧印集。業者から書籍が出版されておらず、コレクターが手書きで刊行していたことに情熱を感じる。

7 韓国のカタログは、イベントで知り合った仲間が旅行で買ってきてくれた。

8 風景印Tシャツは絵手紙の先生・丸田元宏さんが作ってくれた。

9 1964の東京五輪のカードは一枚100円で発掘。

筆者がスタンプショウやJAPEXなどで出展・開設する「風景印の小部屋」は、コレクターの交流の場となっている。

ヤフオクなどのネットオークションにも出品がある。「風景印数百枚単位で何千円」といったまとめ売りに多くの入札があり、意外な人気に驚くだろう。

風景印は「使用済」なので金券ショップなども引き取らず、所有者が亡くなると捨てられてしまうことが多い。熱心に集めていたものがゴミになってしまわぬためにも、仲間同士のネットワークを育むことが大切だ。

風景印の情報を得る

風景印に興味を持ち始めると、知りたくなるのがその全貌や改廃情報。
カタログや週刊紙、サイトなど、役立つ情報源がいくつかある。

もうひとつのカタログ。地域別に４冊に分けて構成され、１冊ずつは軽いので風景印散歩での持ち運びに便利。以前は風景印の図版が小さかったが、最新版では原寸の80％に拡大され見やすくなった。

『風景印百科 2021』
（株）日本郵趣出版発行
※８年ぶりに新版（2020～21年）を刊行

風景印のカタログは、切手趣味専門の出版社２社が刊行している。そのうちのひとつがこちら。全国の風景印を１冊に採録しているので、電話帳くらいの厚みがある。風景印の図版は原寸に近い。

『風景印 2020』
（株）鳴美発行　※約２年に一度刊行

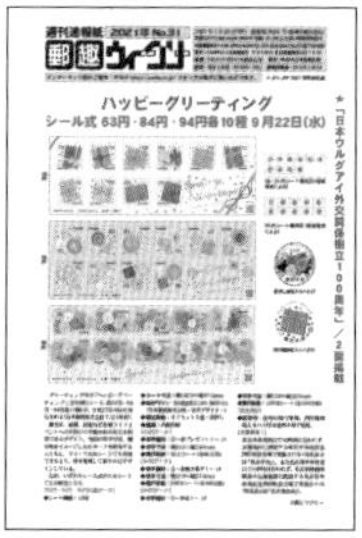

郵趣関連の情報を載せた週刊紙で、紙版とダウンロード版がある。特に風景印の改廃情報は『郵趣ウィークリー』と、日本郵便のサイトの「風景印」ページをまめにチェックすると見逃す心配がない。

『郵趣ウィークリー』
（公財）日本郵趣協会発行　※毎週刊行

1931年から2017年までに作られた、すべての風景印を網羅している。現在では手に入らない廃印も確認でき、コレクション整理に役立つ。A4サイズよりやや小さく、東日本編と西日本編の二分冊。

『風景印大百科 1931～2017』
（株）日本郵趣出版発行

現状ではすべての風景印を網羅しているサイトはなく、紙のカタログが頼りだ。日本郵便のサイトの中の「切手・スタンプコレクション」＞「風景印」のページでは、平成16（2004）年以降の新規使用（新印）や廃止（廃印）、図案改正（新印と旧印。旧印を含めて廃印と呼ぶこともある）の情報は得ることができる。風景印は街に新しい名所ができて図案改正することもあるし、郵便局が閉鎖になるなどの理由で廃止になることもある。二度と押せなくなる前に集めておこうと、ファンは郵頼《ゆうらい》（18ページ参照）に励むのだ。

ところで、風景印はゴム印なので、使っているうちに摩耗《まもう》（すり減ること）し

旧印→新印

ウポポイ（民族共生空間）開設に伴い、アイヌの踊り・イヨマンテリムセの図案に改正。

旧

白老《しらおい》局（北海道・白老町）

白老仙台藩陣屋跡、水引、樽前山

▼

新

白老《しらおい》局（北海道・白老町）

イヨマンテリムセ、樽前山、ポロト湖

桜が目立つよう桜形の変形印に。中の図案も微妙に変わったが、かわいいタヌキは生き残ってホッ。

旧

防府錦橋《ほうふにしきばし》局（山口・防府市）

向島タヌキ、田ノ浦海水浴場、桜

▼

新

防府錦橋《ほうふにしきばし》局（山口・防府市）

向島タヌキ、向島小学校の寒桜

郵便局が商業施設の中に移転。局名が変わるタイミングに合わせて風景印も図案改正した。

旧

別府松原《べっぷまつばら》局（大分・別府市）

永石温泉、温泉マーク

▼

新

ゆめタウン別府《ゆめたうんべっぷ》局（大分・別府市）

高崎山のサル、鬼、別府タワー、別府湾、高崎山

新印

地域に勤めていた私の知人でもある飯野明さんが局長さんに働きかけ、念願の風景印が誕生。

荒川汐入《あらかわしおいり》局（東京・荒川区）

隅田川、都立産業技術高専荒川キャンパス、日時計、石臼

廃印

地域の産業だった人形作りが衰退し、図案が実状に合わなくなったため廃止に。これも時代の流れ。

鴻巣人形町《こうのすにんぎょうちょう》局（埼玉・鴻巣市）

ひな人形、市花・パンジー

てくる。傷んだ風景印は局の判断で新調するが、図案改正とは違ってこの情報はどこにも載らない。だから大事なのが情報交換。仲間と集まった時に「〇〇局、きれいになったね」などと話すこともあるし、届いた手紙で新調に気付くことも。どこから情報が回ったのか、新調した局に続々と郵頼が届いた話も聞いたことがある。

板橋西《いたばしにし》局（東京・板橋区）

徳丸原遺跡碑、高島平団地

右は劣化した印、左は新調された印。どうせなら新調版を集めたい。

より楽しむためのテクニック

風景印を知れば知るほど、より美しく、楽しく集めたくなってくる。
そんな欲が出てきたあなたは、こんな一段上のテクニックを使ってみては？

↓名刺サイズにカットする

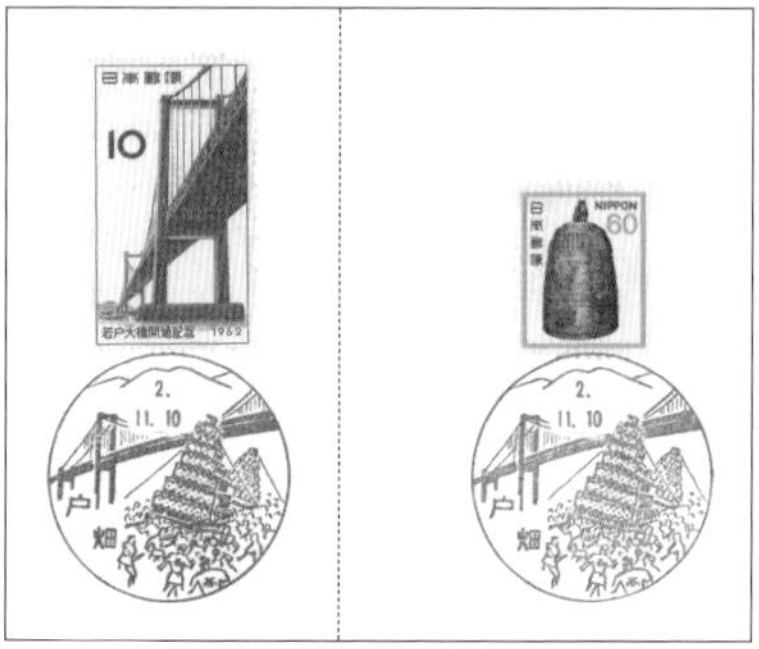

戸畑《とばた》局（福岡・北九州市）※旧印

若戸大橋、提灯山笠、金比羅山

POINT 01

低額切手に1:1で押してもらう

左は風景印の若戸大橋が昭和38(1963)年に開通した時のシブい記念切手。右は令和2(2020)年時点のはがき料金63円以上になるように貼った60円切手。説明は下の本文に。

岐阜長良《ぎふながら》局（岐阜・岐阜市）

長良川の鵜飼、鵜とアユ

POINT 02

切手の上部に押してもらう

風景印の図案によっては切手の上部に押してもらうといい。上の例で下部に押すと、せっかくの鵜の表情が切手の文字と重なって見えなくなってしまう危険があるからだ。

時々、はがき料金未満の切手に風景印が押されたものを見かける。これはちょっとした裏ワザを駆使していて、「1枚の台紙にはがき料金以上の切手が貼ってある場合、それを消印できる最低回数で押す」という規則の応用だ。つまり、2枚の切手が近くに貼ってあれば1回で押せるが、離して貼った場合、1回では消印できず2個押すことになる。はがき料金以上にするために、風景印と関係のない切手（右上の例では60円の鐘の切手）と2枚貼りにするのは見た目が美しくない。けれどこの方法で押してもらい、名刺サイズにカットすれば、若戸大橋の切手と印が1：1で集められるというわけだ。

POST CARD
古沢 保様
来ました
北海道、
デッカイど～!
ウソです、
本当は来てません…
旭山動物園前
27. 11. 26
NIPPON
60

旭山動物園前《あさひやまどうぶつえんまえ》局（北海道・旭川市）

ペンギン、旭山の桜並木、大雪山系

POINT 03

現地に行ったふうに見せかける

郵頼は、引受消印《ひきうけけしいん》で友人に届けてもらうこともできる。家に居ながらにして、遠方の風景印を押したお便りを出すこともできるわけだ。行ってもいないのに、「北海道に来ました！」なんてはがきを送ることも可能（アリバイ作りに利用しないように）。

OSAKA

大阪中央《おおさかちゅうおう》局（大阪・大阪市）

大阪城、通天閣、水晶橋、バラの変形

浅沼拓司さんより

NARA

和泉章子さんより

吉野山《よしのやま》局（奈良・吉野町）

金峯山寺本堂、吉野桜

POINT 04

丸シールを使って図案くっきり

きれいな絵はがきを見つけると、絵の面に風景印を押してもらいたくなる。だけど絵と重なると風景印の図案は台なしだし…。そんな時に便利なのが丸シール。風景印は直径36㎜なので、直径40㎜の丸シールを貼ると図案を損なわずに済む（147ページ参照）。

風景印ファンの中には「絶対に現地の郵便局に行って押してもらう」というポリシーを持っている人もいる。たしかに局員さんとの会話などが印象に残って、思い入れのあるコレクションになる。

でも郵頼《ゆうらい》（18ページ参照）は、遠出できない人には助かる制度だし、届いた封筒を開ける時に「希望通りに押されているかな～？」というワクワク感を味わえる。私みたいに、「桜の風景印なら春の日付で集めたい」というこだわりを持ち始めると、とても同時期に全国を回れないので郵頼サマサマだ。特に旅に出られない時期は、手紙だけでも旅行気分を演出できると、受け取った人も心が和む。

局員さんとのふれあい

現地集印の楽しみのひとつは、局員さんとのコミュニケーション。
混んでいる時は遠慮すべきだが、空いていれば風景印の図案について少し尋ねてみよう。

EPISODE 01

珍しい花が見られるよう農家に頼んでくれた

足立興野《あだちおきの》局
(東京・足立区)

テッセン、興野神社大イチョウ、荒川、扇大橋

足立興野局の風景印にあるテッセンは見たことがない花だった。電話すると局長さんが「隣の花卉《かき》農家さんで栽培しているので」と言って、現地で柵越しに見せてくれた。前局長の父上と風景印を作る際、この地域で栽培し、全国でまだ風景印の図案になっていない花を選んだそうだ。

EPISODE 02

えらく年季が入った建物だなと思ったら…

鶴川駅前《つるかわえきまえ》局
(東京・町田市) ※旧印

自由民権資料館、小田急ロマンスカー、ツル

駅前局なのに、駅から離れていてプレハブ造り。「年季が入ってますね」と聞くと、「区画整理で一時的にここに移ったら、戻るはずの場所に戻れなくなって42年間このままなんです…」と局長さん。42年間…!? それから８年後、移転して町田鶴《まちだつる》川一《かわいち》局に改称。きれいになってよかったね！

EPISODE 03

風景印に描かれた名所は郵便局そのもの

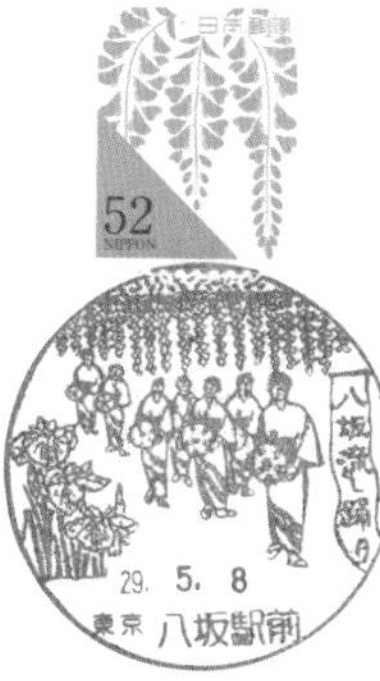

八坂駅前《やさかえきまえ》局
(東京・東村山《ひがしむらやま》市)
八坂流し踊り、藤棚、北山公園のハナショウブ

八坂駅前局の風景印には藤棚が描かれているが、ネットで調べても近隣に藤の名所は見当たらずにいた。そのまま局を訪ねるとエントランスに藤棚を発見。「これだったのか！」と局員さんに話しかけると、２階にいた先代の局長さんがわざわざ降りて来てくれた。以前は道路に面していた建物を奥に下げて駐車スペースを作った際、日射対策も兼ねて藤棚を作ったという。「管理に手間はかかるけど、藤の紫色や香りが好きなんです」と先代。＋αのお土産をいただいた気分になった。

EPISODE 04

局長さんも知らなかった謎の物体

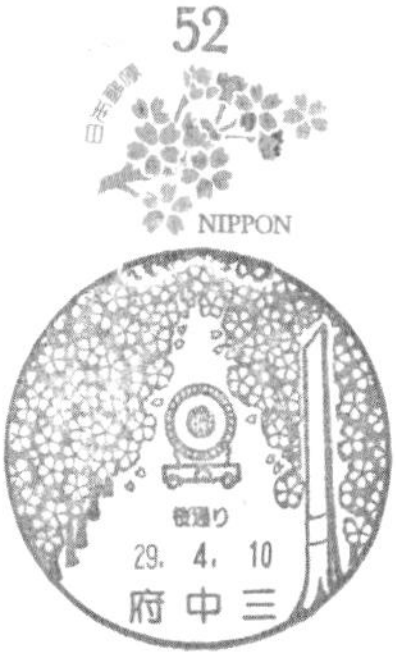

府中三《ふちゅうさん》局
(東京・府中市)
桜通り、祭大太鼓、人々の門

図案に描かれた、剣先のような物体。何かわからず質問すると、局長さんも前任者から受け継いだ印で不明だった。すると、帰り道にわざわざ電話をくれて「昔の局員に確認したところ、府中公園にある人型のオブジェだそうです。私たちも知っておいたほうがよかったので…」と謙虚な局長さん。後日、見学に行くと「人々の門」というアート作品だった。こうして調べようとしてくれる姿勢がうれしい。

記念台紙

現地で局員さんと話が弾むと、長い間大事に保管されていた風景印導入時の貴重な記念台紙をいただくことがある。ただしすべての局が制作しているわけではなくご厚意でもらうものなので、こちらからお願いするのは控えよう。

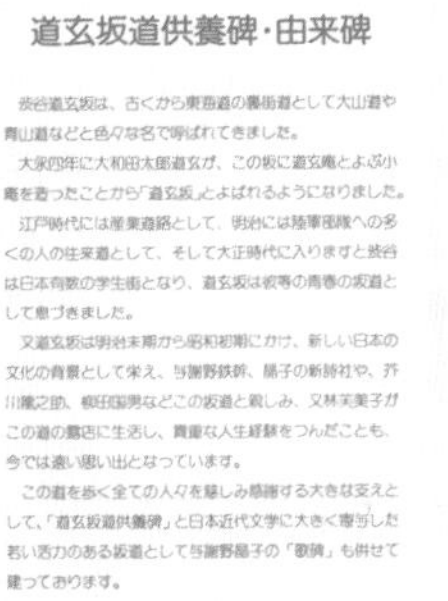
道玄坂道供養碑・由来碑

渋谷道玄坂は、古くから東海道の裏街道として大山道や青山道などと色々な名で呼ばれてきました。

大永四年に大和田太郎道玄が、この坂に道玄庵とよぶ小庵を造ったことから「道玄坂」とよばれるようになりました。

江戸時代には産業道路として、明治には陸軍聯隊への多くの人の往来道として、そして大正時代に入りますと渋谷は日本有数の学生街となり、道玄坂は彼等の青春の坂道として息づきました。

又道玄坂は明治末期から昭和初期にかけ、新しい日本の文化の背景として栄え、与謝野鉄幹、晶子の新詩社や、芥川龍之助、柳田国男などこの坂道と親しみ、又林芙美子がこの道の露店に生活し、貴重な人生経験をつんだことも、今では遠い思い出となっています。

この道を歩く全ての人々を慈しみ感謝する大きな支えとして、「道玄坂道供養碑」と日本近代文学に大きく寄与した若い活力のある坂道として与謝野晶子の「歌碑」も併せて建っております。

渋谷道玄坂《しぶやどうげんざか》局（東京・渋谷区）

道玄坂の碑、区花・ハナショウブ

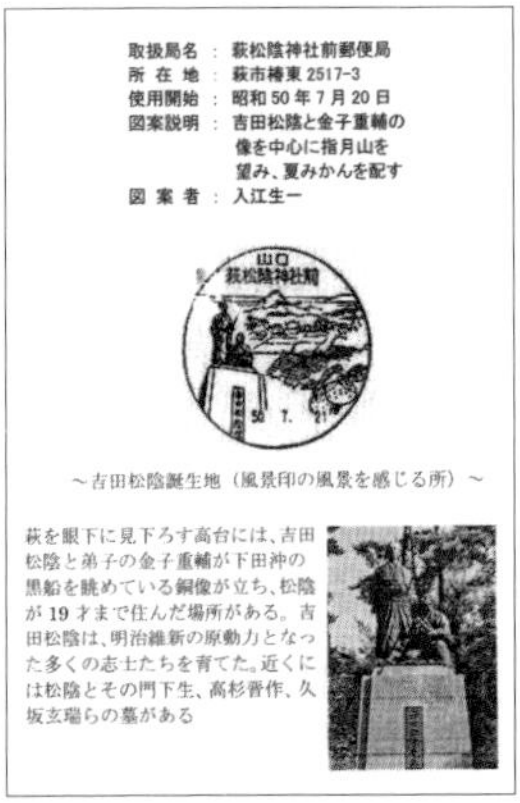
取扱局名：萩松陰神社前郵便局
所在地：萩市椿東2517-3
使用開始：昭和50年7月20日
図案説明：吉田松陰と金子重輔の像を中心に指月山を望み、夏みかんを配す
図案者：入江生一

～吉田松陰誕生地（風景印の風景を感じる所）～

萩を眼下に見下ろす高台には、吉田松陰と弟子の金子重輔が下田沖の黒船を眺めている銅像が立ち、松陰が19才まで住んだ場所がある。吉田松陰は、明治維新の原動力となった多くの志士たちを育てた。近くには松陰とその門下生、高杉晋作、久坂玄瑞らの墓がある

萩松陰神社前《はぎしょういんじんじゃまえ》局（山口・萩市）

吉田松陰と金子重輔の像、指月山、夏ミカン

宝木郵便局　限定！！

ご当地
風景入り日付印

意匠：因幡の白兎に大黒様の銅像と
酒津港と長尾鼻灯台を描く

■お手紙やお葉書などを差し出される際に、この素敵な風景印で消印してお届けします。

■鳥取県東部地域の郵便局全局（56局）にご当地風景印を配備していますので、差し出しの際にお申し出ください。

温泉と名水のまち
宝木郵便局　☎0857-82-0342

宝木《ほうぎ》局（鳥取・鳥取市）

大国主命と因幡の白ウサギの像、酒津港、長尾鼻灯台

図案の説明書

現地訪問でも郵頼でも、図案の説明書をいただくこともある。正しい情報や、カタログより詳しい説明が手に入ってうれしい。ただしこちらも必ず用意しているものではないので、もらえたらラッキーくらいの気持ちで。

局員さんのお便り

郵頼では、まれに風景印と一緒に局員さんのひと言が添えられて戻ってくることがある。そんな時は、はるか数百キロの距離を越えてコミュニケーションが取れたようで、風景印を手に入れたうれしさも倍増する。

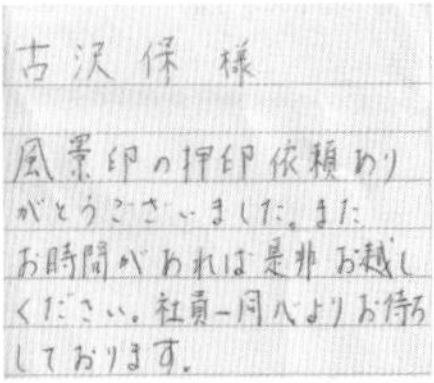
古沢保様

風景印の押印依頼ありがとうございました。また お時間があれば是非お越しください。社員一同心よりお待ちしております。

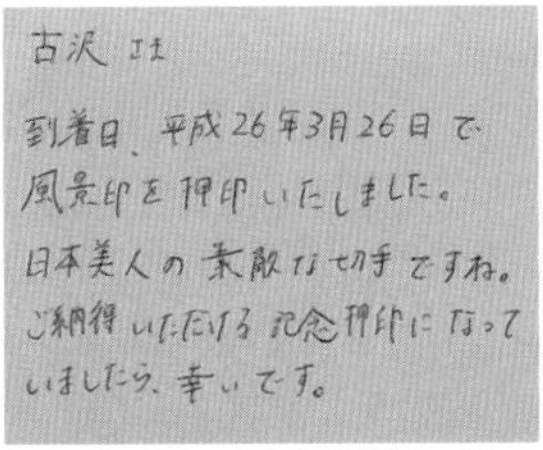
古沢さま

到着日、平成26年3月26日で風景印を押印いたしました。日本美人の素敵な切手ですね。ご納得いただける記念押印になっていましたら、幸いです。

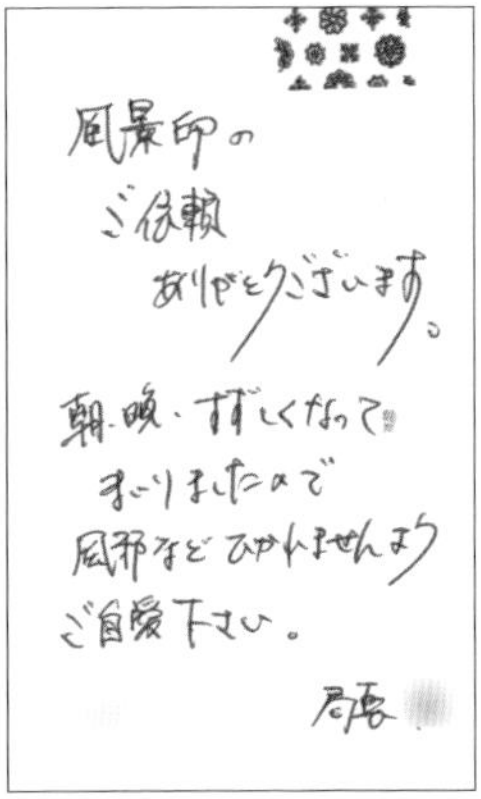
風景印のご依頼ありがとうございます。

朝晩、すずしくなってまいりましたので風邪などひかれませんようご自愛下さい。

局長

Chapter 02

風景印でお便りを出す

chap.02

切手とのマッチングが今、人気を呼んでいる

風景印ファンの間で近年盛り上がっているのが、切手の絵柄と風景印の図案を合わせる「マッチング」。単純に見えて奥深いおもしろさがあり、お便りにひと工夫加えることができる。

1 那覇中央《なはちゅうおう》局（沖縄・那覇市）
シーサー、県花・デイゴ

2 法隆寺《ほうりゅうじ》局（奈良・斑鳩町）
法隆寺金堂、五重塔、瓦の唐草模様

3 妻良《めら》局（静岡・伊豆町）
盆踊り、妻良港、桜の変形

4 新穂《にいぼ》局（新潟・佐渡市）
トキ、小佐渡山脈、佐渡島の変形

5 安宅《あたか》局（石川・小松市）
「勧進帳・安宅関」、勧進帳巻物の変形

シーサー（1）や法隆寺（2）などは、まさにこの切手のためのような風景印で、思わずSNSにアップしたくなる美しさがある。桜や富士山は、切手も風景印も種類が多いので、どうせなら組み合わせを楽しみたい。花びら形の切手（3）なら、風景印も花びら形を選ぶとなんともおしゃれだ。地域限定のふるさと切手やトキ（4）などなら、風景印のある県は見当がつきやすい。歌舞伎の「勧進帳」（5）ならどうだろう？ 弁慶がとっさの機転で義経を救うあの舞台は、安宅《あたか》の関《せき》といって石川県にある。知識が増えれば増えるほど捜索しやすくなるマッチングは、知的な大人の楽しみなのだ。

6 久ノ浜《ひさのはま》局（福島・いわき市）

フタバスズキリュウ、波立海岸、三森山

7 グランベリーモール《ぐらんべりーもーる》局（東京・町田市）※旧印

グランベリーモール、クライミングウォール、ツル

8 奈良元興寺《ならがんごうじ》局（奈良・奈良市）

元興寺禅室、木造聖徳太子孝養像

9 海尻《うみじり》局（長野・南牧村）※廃印

『北国の春』歌碑、ヒメコマツ、海尻城址の丘

10 盛岡中央《もりおかちゅうおう》局（岩手・盛岡市）※旧印

岩手山、盛岡城址、南部鉄瓶の変形

11 日本ビル内《にほんびるない》局（東京・千代田区）※旧印

渋沢栄一像、日本ビル、桜

仲間の手紙にマッチングを教えてもらうこともある。フタバスズキリュウ（6）は鈴木智幸さん、ロッククライミング（7）は高橋由美子さん、聖徳太子（8）は橋尾知子さんから届き、「ぬぬ、オヌシ、なかなかできるな」と唸らされた逸品だ。でも稀少なマッチングも風景印の廃止と図案改正で消滅してしまうことがある。『北国の春』は海尻局（9）の印に歌碑が入っていたが、廃止。盛岡中央局（10）も南部鉄瓶の変形で人気があったが、普通の丸型に変わってしまった。渋沢栄一の像は日本ビル内局（11）の図案になっていたが、郵便局の統合で廃止された。いずれも、二度とできない貴重なマッチングだ。

chap.02

お便りにおすすめの風景印

風景印が押された手紙が届いたら、それだけでうれしいけど、内容に合った図案なら喜びも倍増。そんな挨拶状や四季のお便り、お祝いなどにおすすめの風景印を集めてみた。

お礼状

お礼状は局名で思いを伝えて。嬉野は「うれしーの！」。

嬉野《うれしの》局（佐賀・嬉野市）

茶摘み、温泉マーク

礼文《れぶん》局（北海道・豊浦町）

礼文華海岸、ホタテ

祈願・応援

絵馬や折鶴の風景印で合格や病気快癒を祈願。宝船は幸運を運んでくれそう。上桧木内局の紙風船上げには、よーく見ると「健康幸福」の文字が。

上桧木内《かみひのきない》局
（秋田・仙北市）

紙風船上げ、垂天池沼、大覚野牧場

金沢宝船路《かなざわほうせんじ》局
（石川・金沢市）

法船寺本堂、山門、宝船

桑名八間通《くわなはちけんどおり》局
（三重・桑名市）

はまぐり、六華苑、千羽鶴

国府宮ノ下《こくふみやのした》局
（鳥取・鳥取市）

宇倍神社、社紋の亀崩し、麒麟獅子舞、絵馬の変形

結婚式の招待状

風景印で出したいお便りとしてよく話題になるのが結婚式の招待状。代々木局の明治神宮などが定番だったが、令和３（2021）年、ついに新郎新婦の風景印が！

大江《おおえ》局（熊本・天草市）

恋人の記念の地のイメージ、大江天主堂、椿、夕日

坂本《さかもと》局（徳島・勝浦町）

坂本ひな街道のおひな様、坂本八幡神社鳥居

二見《ふたみ》局（三重・伊勢市）

二見浦夫婦岩、日の出

代々木《よよぎ》局（東京・渋谷区）

明治神宮鳥居、拝殿

お祝い

イセエビや「幸せ手にする」など、めでたい図案でお祝いムード満点。静岡鷹匠局は一富士二鷹三茄子で縁起がいい。１つの印で鶴と亀がそろうのは新飯田橋局だけ。

新飯田橋《しんいいだばし》局
（長野・飯田市）

水引細工のツルとカメ、地場産業センター

静岡鷹匠《しずおかたかじょう》局
（静岡・静岡市）

富士山、鷹狩姿の家康公、冬ナス

幸手《さって》局（埼玉・幸手市）

幸せ手にする街、権現堂桜堤、桜の変形

伊勢《いせ》局（三重・伊勢市）

イセエビ、宇治橋

家族の記念日

出産祝いの新子局は箸袋に「寿」の文字。父の日には島田向谷局のバラの花、でも「ダイエットした方がいいよ」の裏メッセージも。敬老の日にはおじい、おばあの元気な図案で。

黒島《くろしま》局（沖縄・竹富町）

踊りの面、黒島口説を舞う女性

島田向谷《しまだむくや》局
（静岡・島田市）

大井川、河川敷のランナー、市花・バラ

津和《つわ》局（長野・長野市）

「かあさんの歌」発祥の地にちなむ歌のイメージ

新子《あたらし》局（奈良・吉野町）

割りばし、紙すき、吉野山

飲み会のお誘い

今度、思いきり飲もう！でも、奈良西大寺局の大茶わんの中身はお茶。

言いづらいことを…

頂きものにお礼状、でも本当の気持ちはイマイチ…。借金を返さない人には消印で催促を。

奈良西大寺《ならさいだいじ》局
（奈良・奈良市）

西大寺本堂、大茶盛式

楢下《ならげ》局（山形・上山市）

とっくり踊り、加勢鳥、眼鏡橋、古民家、ラ・フランス

銭函《ぜにばこ》局
（北海道・小樽市）

銭の箱、ニシン網、ヨット

今市《いまいち》局（栃木・日光市）

二宮尊徳、墓碑、男体山、杉並木

仲直り

ケンカの後は「話せばわかる」か、素直に謝罪か。高屋局の図案は製塩作業だけど、敵に塩を送っているみたい。窮地の相手が必要なものをこの印で送れば、気持ちは伝わるはず。

大阪天神橋三《おおさかてんじんばしさん》局
（大阪・大阪市）

夫婦橋、石仏・天神天満ほっとなかよし

高屋《たかや》局（石川・珠洲市）

揚げ浜式塩田の海水散布、千本椿、椿の展望台からの風景

根上道林《ねあがりどうりん》局
（石川・能美市）

「勧進帳」で義経に謝罪する弁慶

吉備《きび》局（岡山・岡山市）

犬養毅の生家、話せばわかるの碑

お便り全般

手紙はお祝いや招待の時だけじゃなく、ふと思いついてペンを執ることもある。どんなお便りでもオールマイティになじむのが、郵便を連想させる図案の数々。

函館石川《はこだていしかわ》局
（北海道・函館市）

函館山、特産・イカ

芳川《ほうかわ》局（静岡・浜松市）

ハギを添えて手紙を届けるツバメ

白石大平《しろいしおおだいら》局
（宮城・白石市）

状持ちの嘉右衛門、さかさケヤキ、鉢森山

上富田《かみとんだ》局
（和歌山・上富田町）

郵便橋、橋のモニュメント・丸型ポスト

ハロウィン

かぼちゃの変形印はもちろんのこと、コウモリやフクロウもハロウィンの重要なキャラクター。なかなか気づかないけど、戸山局の舞の人物の首には小さくドクロが…。

戸山《とやま》局（広島・広島市）

阿刃神楽の荒平の舞、大谷の滝、東郷山

恵庭柏木中通《えにわかしわぎなかどおり》局
（北海道・恵庭市）

えびすかぼちゃ、かりんちゃん、えびすくん、スズラン

大和田《おおわだ》局
（北海道・留萌市）

暑寒別連峰、礼受牧場、風車、カボチャの変形

青葉台駅前《あおばだいえきまえ》局
（神奈川・横浜市）

ハロウィンのカボチャ、小学生が描いた青葉台

鳳来寺《ほうらいじ》局
（愛知・新城市）

鳳来寺山、コノハズク

石塚《いしづか》局（茨城・城里町）

スダジイ、伝説のフクロウ・ホロル

土佐山田《とさやまだ》局
（高知・香美市）

龍河洞内の鍾乳石、コウモリ、弥生式土器

三瀬《さんぜ》局（山形・鶴岡市）

ニッポンユビナガコウモリ、白山島、白山橋

クリスマス

立教学院のシンボルはヒマラヤスギの大ツリー。雪だるまでかわいくするか、雪の結晶でおしゃれにするか…。サンタのプレゼントを思わせるおもちゃのまち局も夢がある。

鳥取明治《とっとりめいじ》局
（鳥取・鳥取市）

安蔵スキー場、雪だるま、ブルーベリー、ヤマメ

菱里《ひしさと》局（新潟・上越市）

雪だるまのキャラクター、ゴンドラリフト、菱ヶ岳

早来雪だるま《はやきたゆきだるま》局
（北海道・安平町）

雪だるま、ウマ、スピードスケート、樽前山

立教学院内《りっきょうがくいんない》局
（東京・豊島区）

クリスマス時期の立教大学、区花・ツツジ、桜の変形

おもちゃのまち《おもちゃのまち》局
（栃木・壬生町）

おもちゃ、蒸気機関車

鶴岡大東町《つるおかだいとうまち》局
（山形・鶴岡市）

雪の結晶の変形、「雪の降るまちを」モニュメント

板谷《いたや》局（山形・米沢市）

雪の結晶の変形、栗子国際スキー場、山形新幹線

旭川中央《あさひかわちゅうおう》局
（北海道・旭川市）

雪の結晶の変形、旭橋、大雪山連峰

バレンタイン＆ホワイトデー

この10年ほどで着実に増えたのがハートマークの風景印。愛野局や母間局にも隠れハートが。番外編でハート形土偶や愛の文字、恋人岬の風景印も。

札幌あいの里《さっぽろあいのさと》局
（北海道・札幌市）
モニュメント・MUSE、藍、キューピッド、ハートマーク

浜松西山《はままつにしやま》局
（静岡・浜松市）
ブルーインパルス

新宿アイランド《しんじゅくあいらんど》局
（東京・新宿区）
新宿アイランドタワー、地下鉄、ハートの変形

二ツ井《ふたつい》局（秋田・能代市）
恋文ポスト、米代川、七座山、ハートの変形

矢本《やもと》局（宮城・東松島市）
ブルーインパルス1番機、松島基地格納庫

山形《やまがた》局（鳥取・智頭町）
恋山形駅、スーパーはくと、普通列車、ハートの変形

散岐《さんき》局（鳥取・鳥取市）
八上姫と因幡の白ウサギ、ハートの変形

愛野《あいの》局（長崎・雲仙市）
島原鉄道愛野駅、シンボル塔、ロマンスポテト

母間《ぼま》局（鹿児島・徳之島町）
クジラ、スイカ、ハートロック

免田《めんだ》局（熊本・あさぎり町）
おかどめ幸福駅、リュウキンカ、幸せの黄色いポスト

臼杵《うすき》局（大分・臼杵市）
ほっとさん、臼杵市の「う♥」

水田《みずた》局（福岡・筑後市）
恋木神社、はね丸・パネコ・ポネコ

北山《きたやま》局（岐阜・山県市）
イメージキャラ・山県さくら、北山雨乞い太鼓踊り

中部国際《ちゅうぶこくさい》局（愛知・常滑市）
世界各地へ郵便物を届ける飛行機、ラブレター、地球

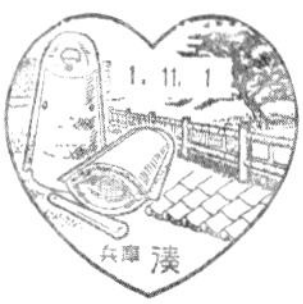

湊《みなと》局（兵庫・南あわじ市）
慶野松原、プロポーズ街道、瓦、松帆銅鐸、ハートの変形

作東《さくとう》局（岡山・美作市）
バレンタインパーク作東、天使と恋人たちの像

土肥恋人岬《といこいびとみさき》局
（静岡・伊豆市）
恋人岬のラブコールベル、メガネ記念碑、富士山

米沢中央七《よねざわちゅうおうなな》局
（山形・米沢市）
直江兼続のキャラクター・かねたん、市花・アズマシャクナゲ

米沢松が岬《よねざわまつがさき》局
（山形・米沢市）
直江兼続の鎧兜、愛の文字、上杉まつりの騎馬武者

岩下《いわした》局（群馬・東吾妻町）
ハート形土偶、神代杉、岩櫃山

chap.02

絵はがきと風景印を合わせる

最近は観光地だけでなく、街の文具店などにもセンスのいい絵はがきが増えている。仲間から届いた風景印との組み合わせが楽しいお便りの数々をたっぷりご覧いただきたい。

1 須賀川局《すかがわ》（福島・須賀川市）

ウルトラマン、市花・ボタン

BACK

FRONT

POST CARD
52
27. 2. 9
須賀川
古沢保様
このラリー参加者は子供より
大人(中年)の方が多いです
景品はすでに品切れとか。
ポスターを見かけたので
数駅だけ押してみました。
今回は郵頼でお送りします
板橋駅
古代怪獣ゴモラ
JR東日本
ウルトラマンスタンプラリー
©円谷プロ
勝田明
おでかけのかいじゅう
MONSTERS D'A COTÉ
©円谷プロ
『ゴモラ想う』

勝田明さんより

2 静岡鷹匠局《しずおかたかじょう》（静岡・静岡市）

富士山、鷹狩姿の家康公、冬ナス

平成27年
家康公
四百年祭
3/28(土) 風景印散歩/に参加します。
よろしくお願いします。

BACK

NIPPON 52
日本郵便
POST CARD
静岡鷹匠
27. 3. 13
古沢保様
金子哲弥
徳川家康公顕彰
四百年記念事業
家康公が愛したまち 静岡
http://ieyasu400.shizuoka.jp

金子哲弥さんより

FRONT

1 JR東日本がウルトラマンスタンプラリーを実施した時に届いたゴモラの絵はがき。サイの切手をゴモラに見立てて。切手と絵はがきの背景が似た色合いなのもいい。

2 街で配布していた徳川家康公四百年祭のPRはがきに、鷹狩姿の家康公を描いた風景印。

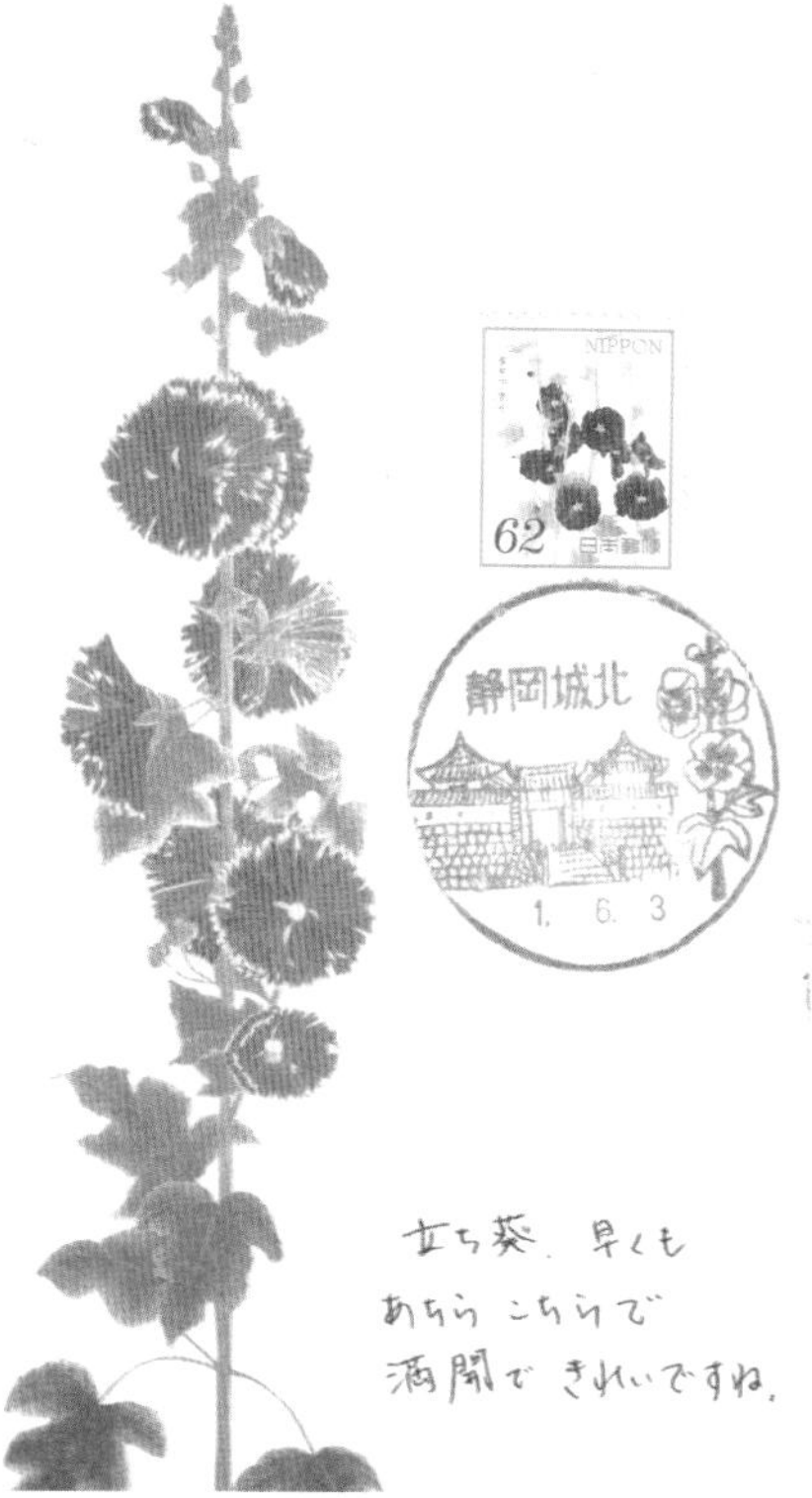

熊澤和枝さんより

6 静岡城北局《しずおかじょうほく》（静岡・静岡市）

駿府城二ノ丸東御門、市花・タチアオイ

3 ブルーインパルスのハートの絵はがき＆風景印。切手が昼間に光る星のよう。

4 葛飾北斎《かつしかほくさい》の赤富士《あかふじ》。江戸時代の府中宿を描く風景印で、雰囲気が出ている。

5 こんな絵はがきを見るとついタコの風景印を押したくなるけど、切手のチョイスや押す位置にセンスが表れる。

※宛名面には「切手裏面貼付」の消しゴムはんこ。これで裏面に郵便料金を貼ることができる（ただ、中には嫌がる局員さんもいるので、その場合は宛名面にもはがき料金の切手を貼って、裏表両方に風景印を押してもらおう）。

6 タチアオイづくし。風景印を押すのにおあつらえ向きの余白を取った絵はがきも増えている。

平松香澄さんより

3 浜松西山局《はままつにしやま》（静岡・浜松市）

ブルーインパルス

田丸有子さんより

4 静岡伝馬局《しずおかてんま》（静岡・静岡市）

府中宿伝馬町、富士山

FRONT

BACK

雨澤ゆう子さんより

5 阿児賢島局《あごかしこじま》（三重・志摩市）

賢島大橋に沈む夕日、アコヤ貝の変形

7
身近な動物シリーズ初日印

ばばちえさんより

田中聡美さんより

8
上山田温泉《かみやまだおんせん》局（長野・千曲市）

万葉歌碑、ツキミソウ、大正橋、城山

沖下倫子さんより

9
広島福屋内《ひろしまふくやない》局（広島・広島市）※廃印

白島線の大正元年創業当時の復元市電、縮景園

10
名古屋東桜《なごやひがしさくら》局（愛知・名古屋市）

テレビ塔、久屋大通公園

名古屋栄四《なごやさかえよん》局（愛知・名古屋市）

オアシス21、テレビ塔

小島章敬さんより

橋尾知子さんより

11
奈良高畑《ならたかばたけ》局（奈良・奈良市）

伐折羅大将、奈良公園のシカ、三笠山

紅葉小禽図

高橋由美子さんより

13 伏見西浦《ふしみにしうら》局（京都・京都市）
石造五百羅漢像、石峰寺山門

7 画家・奈良美智《ならよしとも》の絵はがきに、足跡の切手＆消印を合わせた。選び方がうまい。

8 明治後期〜大正・昭和初期の絵はがきを復刻する「絵葉書資料館」で購入した絵はがきを使用。緑の切手がうまいこと山の緑になじんでいる。

9 戦後復興期と思われる広島の絵はがき。風景印にも時代を越えて路面電車が生きている。

10 切手の花は、テレビ塔の足元の花壇をイメージ？

11 切手の伐折羅大将《ばさらだいしょう》と絵はがきの鹿が風景印で見事、ひとつに融合。

12 高橋由美子さんは絵はがき探しの達人。大仏切手と絵はがきは、同じ写真かと思うくらい。

13 京都で活躍した画家・伊藤若冲《いとうじゃくちゅう》の『紅葉小禽図《こうようしょうきんず》』。絵はがきの中に切手がまぎれてトリックアートのよう。縮尺もほぼ一緒だったらしい。若冲の墓がある石峰寺の風景印と。

14 青岸渡寺三重塔《せいがんとじさんじゅうのとう》と那智大滝《なちのおおたき》の構図が、切手とほぼ一緒！

15 私のような凡人だと風神の絵はがきに押したくなるが、高橋さんのように組み合わせると風雷神図が完成する。

12 奈良県庁内《ならけんちょうない》局（奈良・奈良市）
東大寺仏殿、シカ

高橋由美子さんより

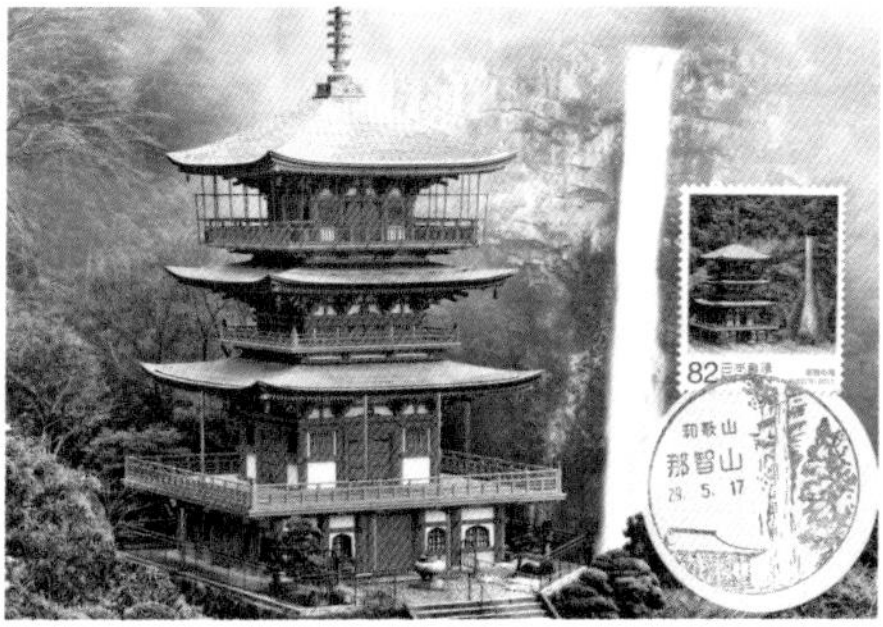

高橋由美子さんより

14 那智山《なちさん》局（和歌山・那智勝浦町）
那智の滝、青岸渡寺本堂

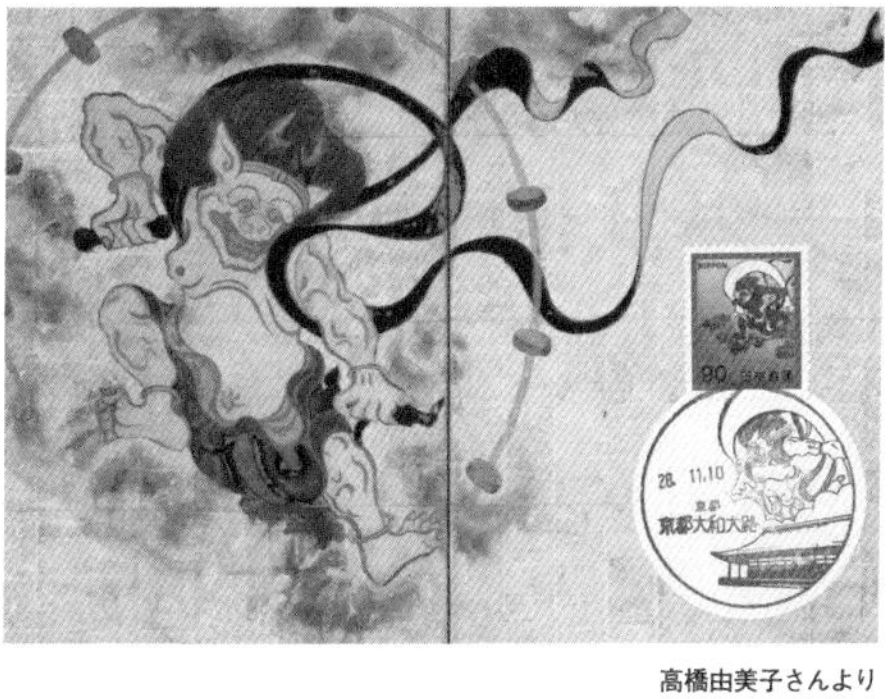

高橋由美子さんより

15 京都大和大路《きょうとやまとおおじ》局（京都・京都市）
建仁寺方丈、風神図

chap.02

地味な通常はがきをおもしろくする

通常はがきは料額印面（切手に該当する部分）のバリエーションが少ないので、マッチングの楽しみが少なそう。でも、私の友人たちは工夫してけっこう楽しそう…。

1 東松山平野《ひがしまつやまひらの》局（埼玉・東松山市）

ひきずり餅、ボタン、ナシの変形

夢前《ゆめさき》局（兵庫・姫路市）

卵、雪彦山、夢前川、釣り人

湯浅英樹さんより

鈴木智幸さんより

2 砂浜美術館小型印

3 ふみの日特印

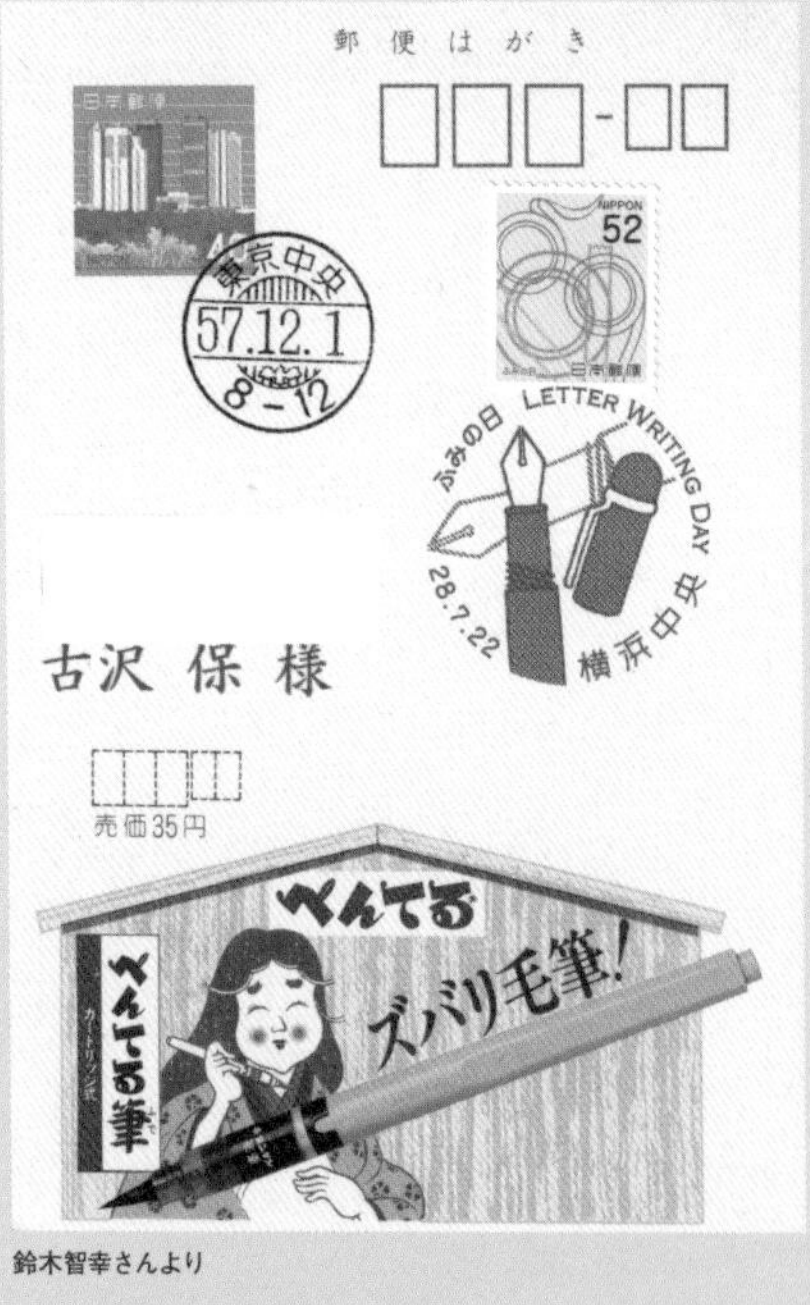

鈴木智幸さんより

近藤満徳さんより

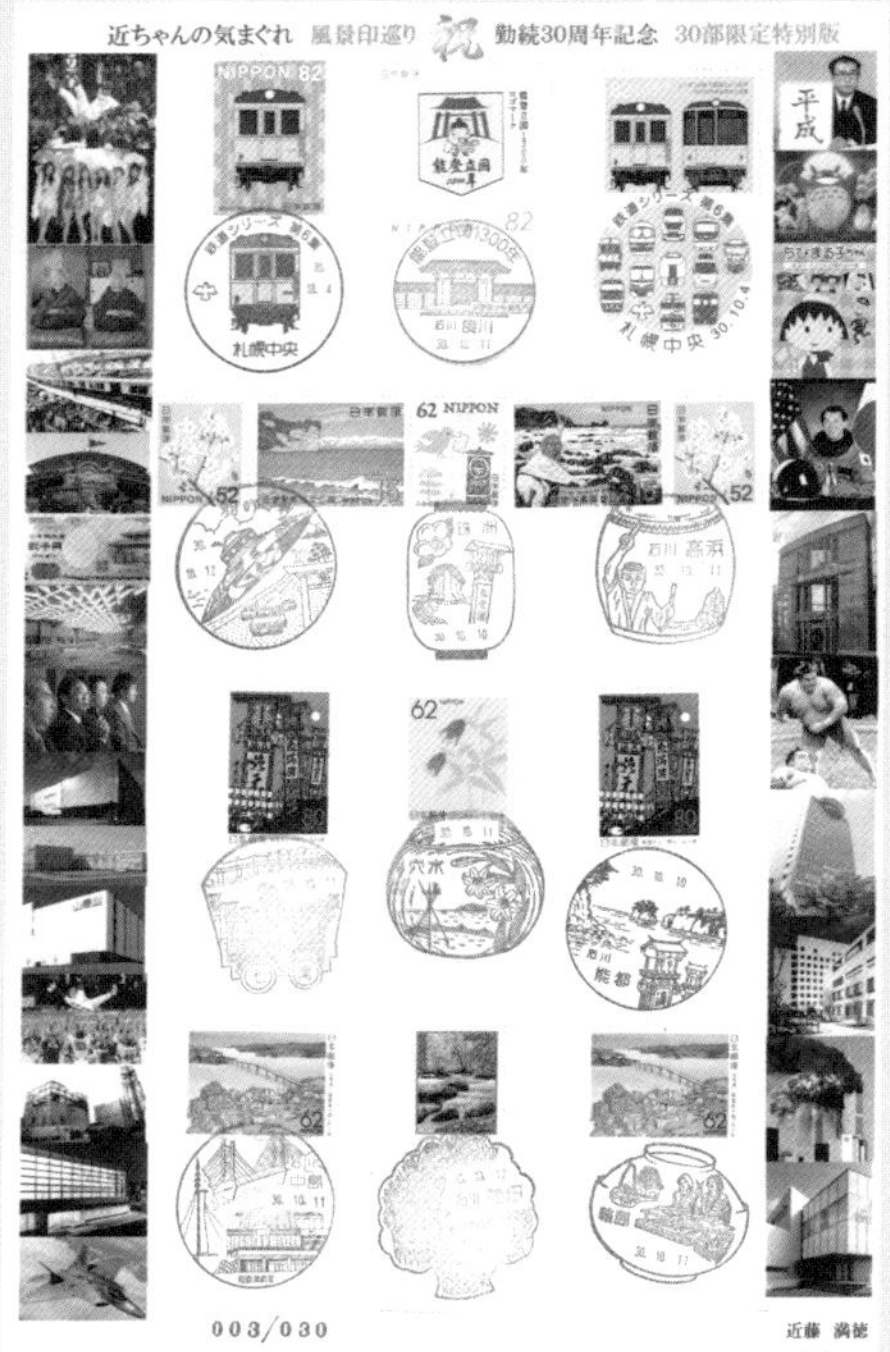

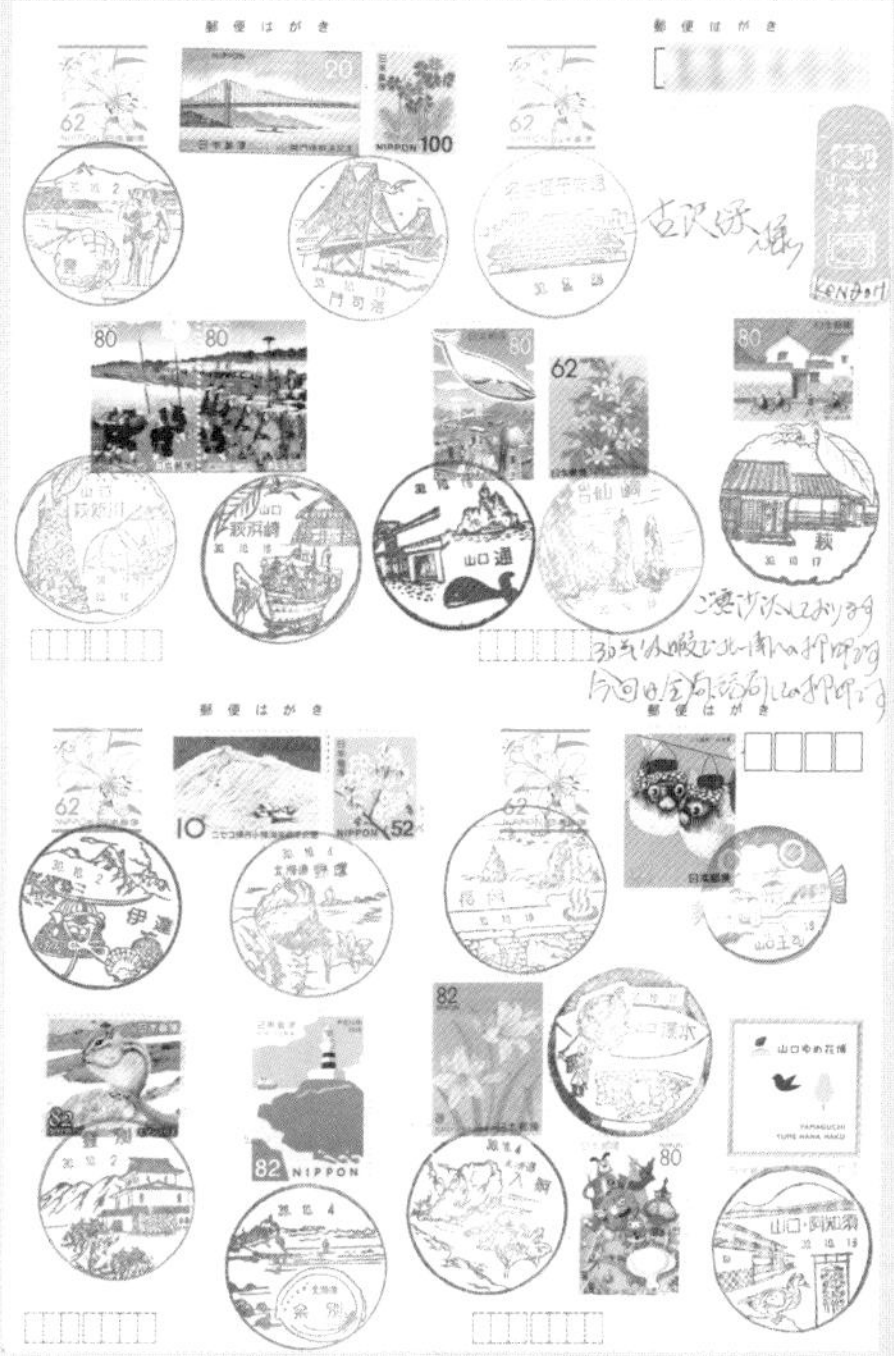

5

BACK

FRONT

1 年賀はがきは毎年、料額印面が複数種類、発売される。焼き餅の印面には餅つきの風景印を組み合わせ、卵の風景印はちょうどニワトリが卵を産んでいるようなポジションに。

2,3 鈴木さんは、昭和末期〜平成初めに多種発行されたエコーはがき（広告付きはがき）の初日印付きを多数所有。広告の絵柄に合う消印を組み合わせている。

4 アメリカ占領下の琉球にも年賀はがきはあった。その初日印付きを再利用し、平成31（2019）年・いのしし年の年賀切手と、48年前の琉球の年賀切手を合わせて。色遣いが琉球独特。

5 通常はがきを四面並べて印刷しやすいA4サイズにした「四面連刷はがき」をご存じだろうか。近藤さんはこの両面目いっぱいに、2112円を使って29個の消印を押して送ってくれた。切手と消印はそれぞれマッチしている力作。勤続30年休暇を使ってめぐったとのことで、裏面には平成の30年間を象徴する写真が走馬灯のように…。

4 那覇中央《なはちゅうおう》局（沖縄・那覇市）

シーサー、県花・デイゴ

鈴木智幸さんより

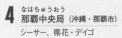

chap.02

絵手紙に風景印を加える

はがきに太い輪郭の絵と飾らない言葉をサラサラッと描く絵手紙は、郵便趣味の中でもファンが多い分野。ここにも風景印を加えることで、味わいをプラスできる。

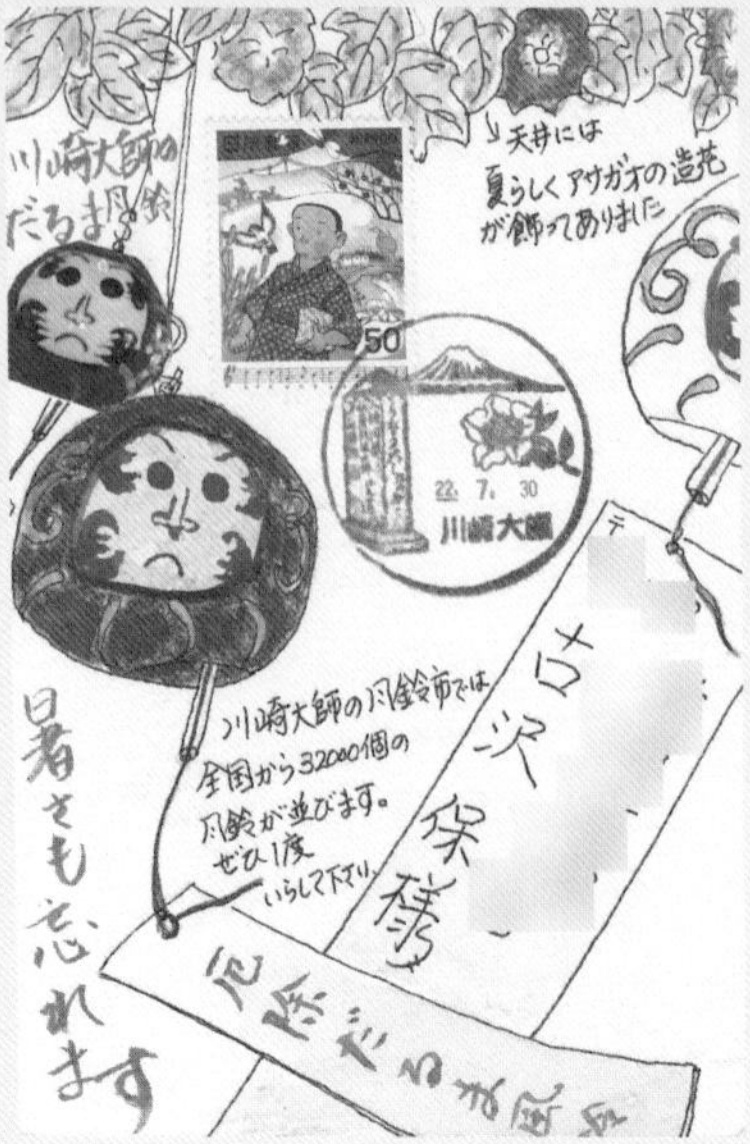

3 川崎大師《かわさきだいし》局（神奈川・川崎市）
弘法大師道標、富士山、市花・ツツジ

石渡眞知子さんより

近松圭子さんより

1 茅ヶ崎海岸《ちがさきかいがん》局（神奈川・茅ヶ崎市）
烏帽子岩、氷室椿庭園のツバキ、カモメ

竹内麿徹さんより

FRONT

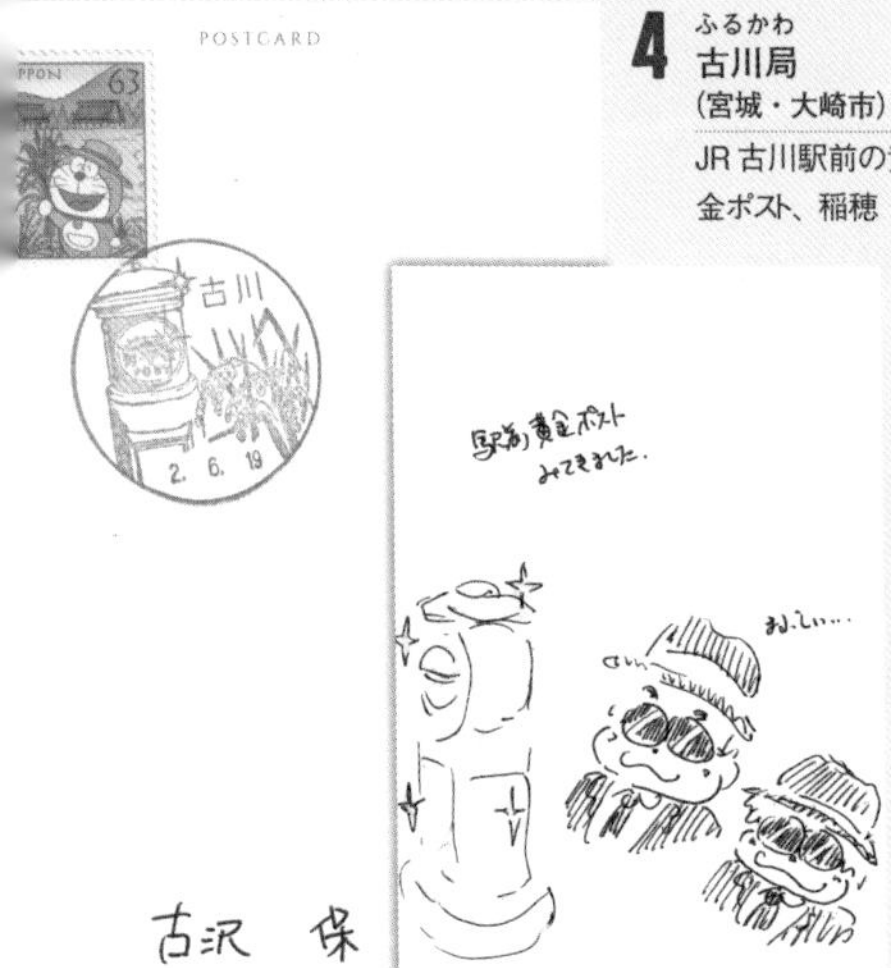

BACK

4 古川《ふるかわ》局
（宮城・大崎市）
JR古川駅前の黄金ポスト、稲穂

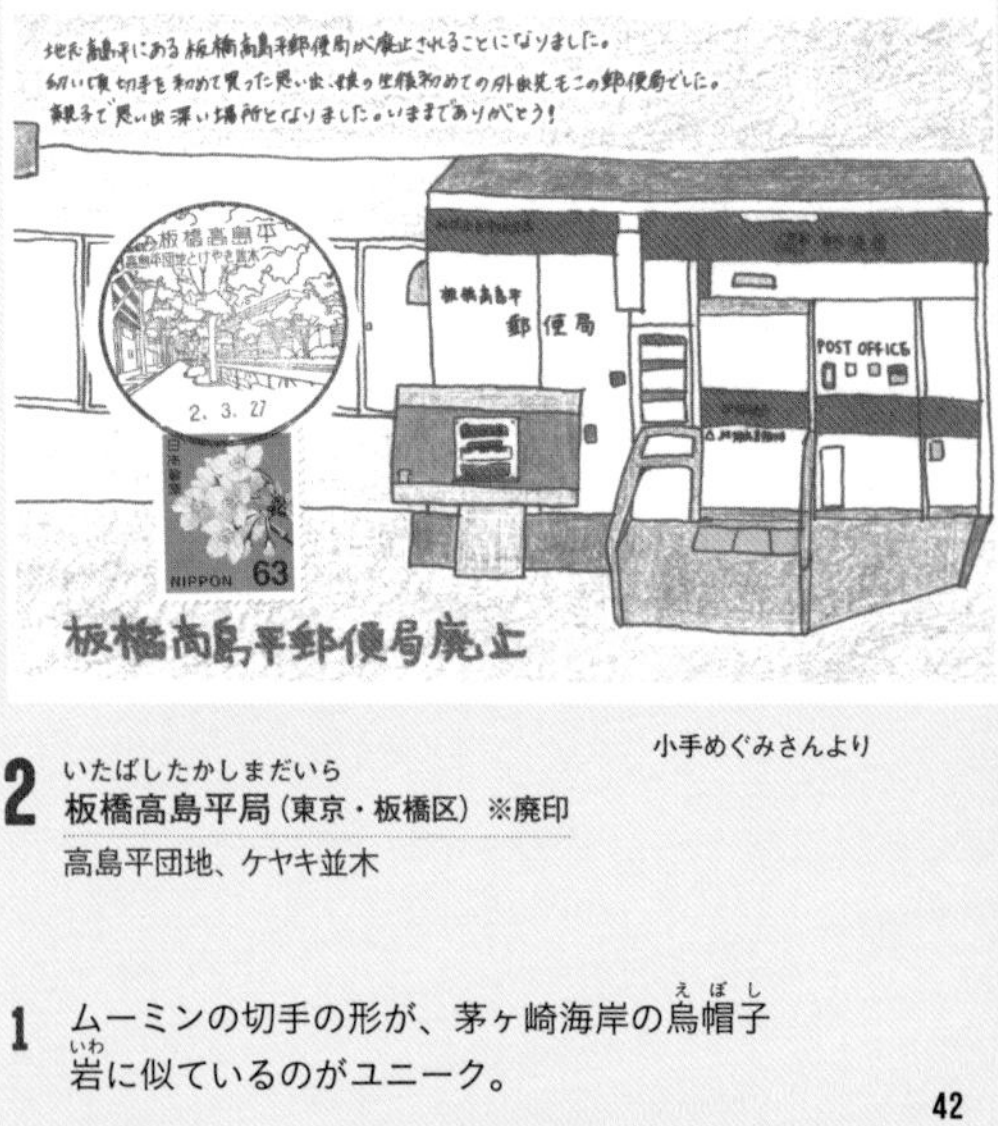

小手めぐみさんより

2 板橋高島平《いたばしたかしまだいら》局（東京・板橋区）※廃印
高島平団地、ケヤキ並木

2 小手さんのご実家近くの郵便局が簡易局になり、風景印が廃止になってしまったことを惜しんで。優しいタッチで感謝が伝わる。

3 「絵は裏面」という固定観念を覆し、風鈴の短冊を宛名スペースにした斬新な一枚。

4 郵便局で番号札を取り、呼ばれるまでにかわいい独自キャラを描き上げてしまう竹内さん。風景印の題材である黄金のポストを目撃。

1 ムーミンの切手の形が、茅ヶ崎海岸の烏帽子《えぼし》岩《いわ》に似ているのがユニーク。

本田美奈子さんより

7 群馬県庁内局《ぐんまけんちょうない》（群馬・前橋市）

群馬県の形、ぐんまちゃん

5 JAPEX2020小型印

嶋根浩さんより

6 明治150年特印

三澤智鶴子さんより

5 嶋根さんは脱力タッチと軽い毒で笑わせるのが持ち味。題材が詰め込み過ぎな小型印を五目飯になぞらえ、ベートーヴェンがボヤいている。

6 消印を見て、しまってあったコーヒーカップを思い出した三澤さん。この一杯はおいしそう。

7 ぐんまちゃんなどのゆるキャラも絵手紙になる。

8 切手好きの女性たちが集まった時に、メンバーから合同の1通。優雅なアフタヌーンティー的な集いなんだとか（あくまでイメージ）。表の切手は私に「早く結婚しろ」というありがたいメッセージ。

名倉恵子さん、朝比奈朋子さん、安田ナオミさんほかより

FRONT

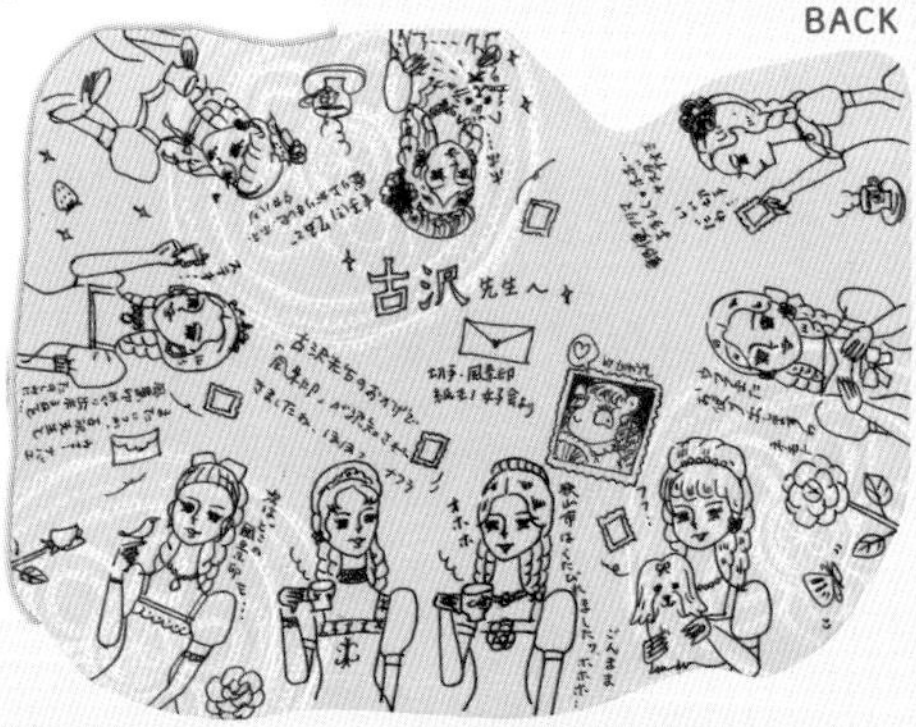

BACK

8 港芝浦局《みなとしばうら》（東京・港区）

南極観測探検隊記念碑、東京港

chap.02

オリジナルのポストカードを作る

風景印好きにはプロのイラストレーターやデザイナーも多い。文具好きが高じて、風景印に合う素敵なポストカードを制作し、イベントやネットで販売する人も。

※1～6はすべて安田ナオミさんより

2 大和田《おおわだ》局（北海道・留萌市）

暑寒別連峰、礼受牧場、風車、カボチャの変形

1 江東亀戸七局《こうとうかめいどしち》（東京・江東区）

旧中川から見える東京スカイツリー、河川敷のアジサイ

FRONT

BACK

3 芦ノ湯局《あしのゆ》（神奈川・箱根町）

二子山、硫黄温泉、町木・ヤマザクラ、モミジ

FRONT

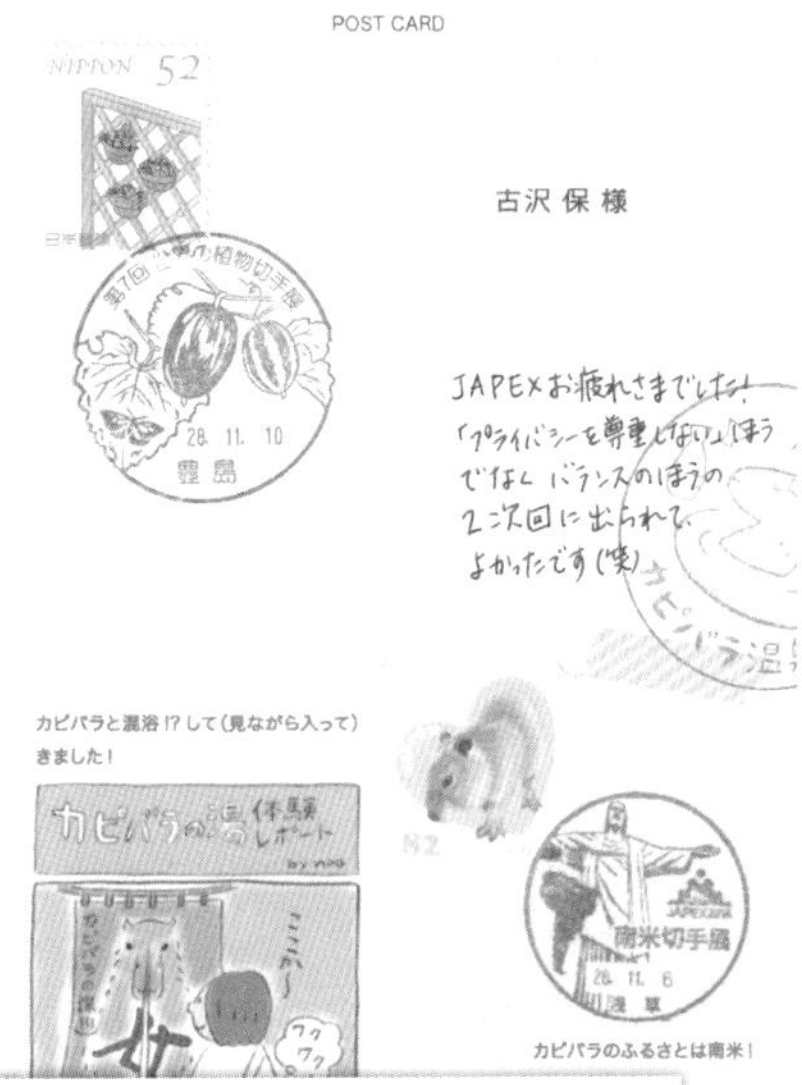

6 植物切手展小型印、南米切手展小型印

BACK

4 切手の博物館♥ LOVE 展小型印

5 切手の博物館のクリスマス小型印

1-6

安田さんは広告や出版物などで活躍するイラストレーター兼デザイナー。「カピバラ舎おたより部」を運営し、動物などをモチーフにしたポストカードやフレーム切手を制作。「Otegami フリマ」や「文文展」などのイベントで人気を博している。押印できる余白を意識して作っているのが、さすが風景印好き。コマ漫画や街レポなどタッチも多彩だ。

エハガキ華さんより

8 動物シリーズ初日印

エハガキ華さんより

7 海のいきものシリーズ初日印

亀山鶴子さんより

9 Otegami フリマ小型印

11 朝戸《あさと》局（鹿児島・与論町）

青空、海、砂浜、満天の星

FRONT

BACK

可周久さんより

10 冬のグリーティング初日印

ハラダユキさんより

FRONT

嘉藤雅子さんより

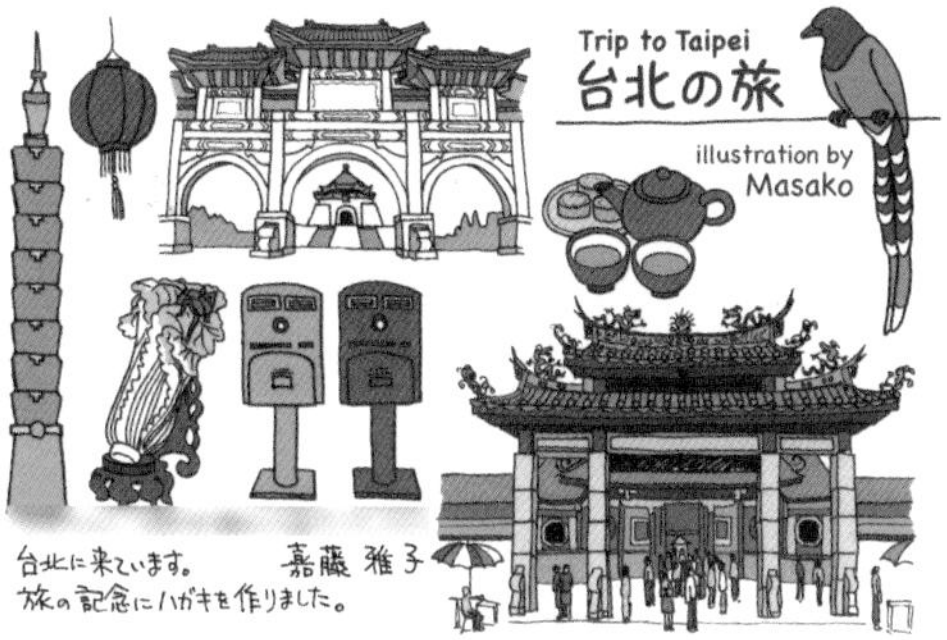

BACK

13 龍山寺《りゅうざんじ》（台湾・台北市）

7,8 ポストカード作家のエハガキ華さんは、独特の童話的なタッチが魅力。クラゲやエイの消印と、どこか妖しげな世界観がマッチしている。

9 亀山さんはプロのイラストレーター。SNSで発表する作品を心待ちにしているフォロワーも多い。

10 デザイナーのハラダユキさんもイベントを中心に活躍。コーヒーカップにラテアートの消印。はがきがブラウンなので、切手の色が引き立っている。

11 風景印好きの陶芸家・可周久さんはイベントで集印帳や郵便グッズを販売し、HP「印カツ！」も運営。

12,13 デザイナーの嘉藤さんは、風景印や小型印を50点以上デザインしており、これもそのひとつ。フレーム切手・ポストカードもおそろいで制作し、送ってくれた。台湾旅行のポストカードは異国情緒満点。

14 布と紙を使ったカルトナージュの講師を務めることもある木村さん。切手のスズメが風景印のポストホルンをくわえて封筒へと。ポストホルンは、近世ヨーロッパで郵便馬車の発着を伝えたラッパのこと。

15 お手紙イベントでポストカードが人気のロコポスト・ねむりねこみけこと塩野さん。動物も木もキノコも自転車も、全部細かく切った紙で作っている。北欧の森に迷い込んだ気分。

嘉藤雅子さんより

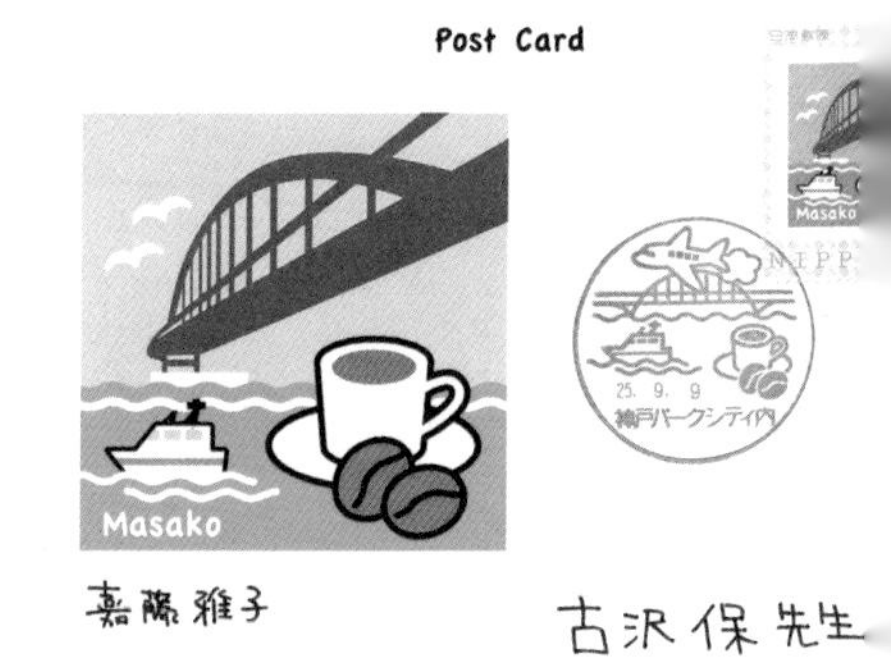

12 神戸パークシティ内《こうべぱーくしてぃない》局（兵庫・神戸市）
神戸大橋、神戸空港からの飛行機、コーヒー

木村晴美さんより

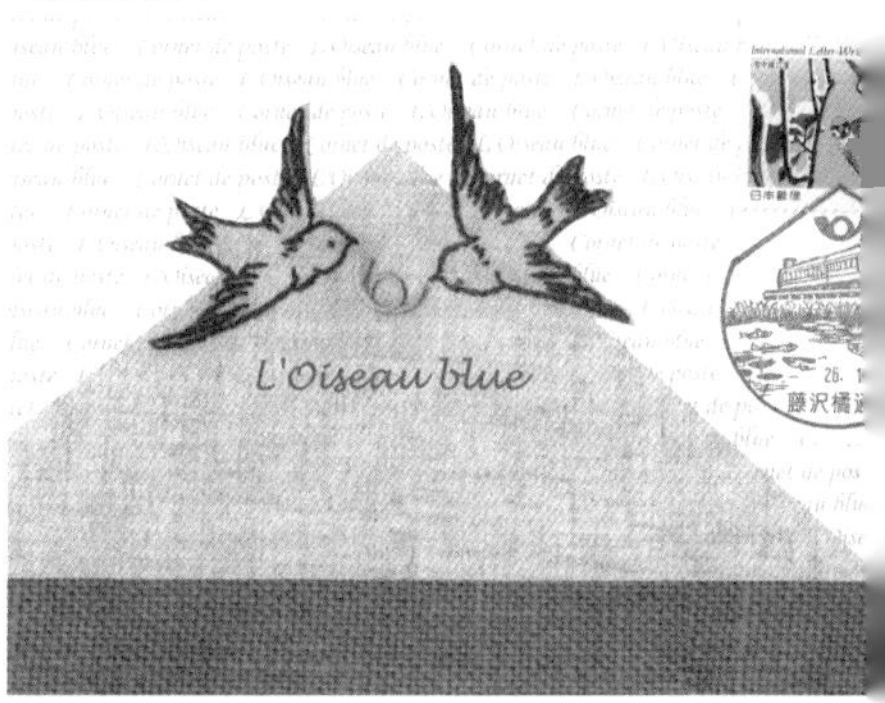

14 藤沢橋通《ふじさわたちばなどおり》局（神奈川・藤沢市）
局舎正面のポストホルン、江ノ電、藤沢メダカ

塩野ゆりさんより

15 日本・フィンランド外交関係樹立
100周年特印

風景印のまわりに絵を描き込む

風景印から線を延ばして背景を広げたり、複数の印をつなげて1枚の絵にしたり、風景印を色鉛筆で塗ったり。創作ユニット「ハイ！レター協会」のメンバーはやりたい放題！

松倉由香さんより

1 盛岡中央《もりおかちゅうおう》局（岩手・盛岡市）
岩手山、さんさ踊り、南部鉄器

松倉由香さんより

2 座間味《ざまみ》局（沖縄・座間味村）
慶良間海峡、ザトウクジラ、太陽

牧志《まきし》局（沖縄・那覇市）
守礼門、シーサー、デイゴ

松倉由香さんより

3 小岩井《こいわい》局（岩手・滝沢市）
ミルク缶、牛乳瓶、牧場、岩手山

盛岡ホットライン肴町《もりおかほっとらいんさかなちょう》局（岩手・盛岡市）
石川啄木、宮沢賢治、もりおか啄木・賢治青春館

1-3 東北の祭りに魅せられた協会メンバーの松倉さん。お祭り好きでパワフルな性格がお便りからも飛び出している。お祭りシーズン以外はしっとり旅かと思いきや文章に人柄が表れていて笑える。かつては「合宿」と称して毎年松澤さん（左ページ）と沖縄へも遠征していた。

what?

圧倒的自由人！ ハイ！レター協会

松倉さんと松澤さんによる創作ユニット。風景印を押してもらった後、下書き一切なしで、その周りの世界を描いていく自分たちの作品を「ハイ！レター」と命名。ププッと笑わせる作風が共通で、お便りを出す以外には、ほぼ活動していないという気の抜け具合も彼女たちらしい。

松澤由加里さんより

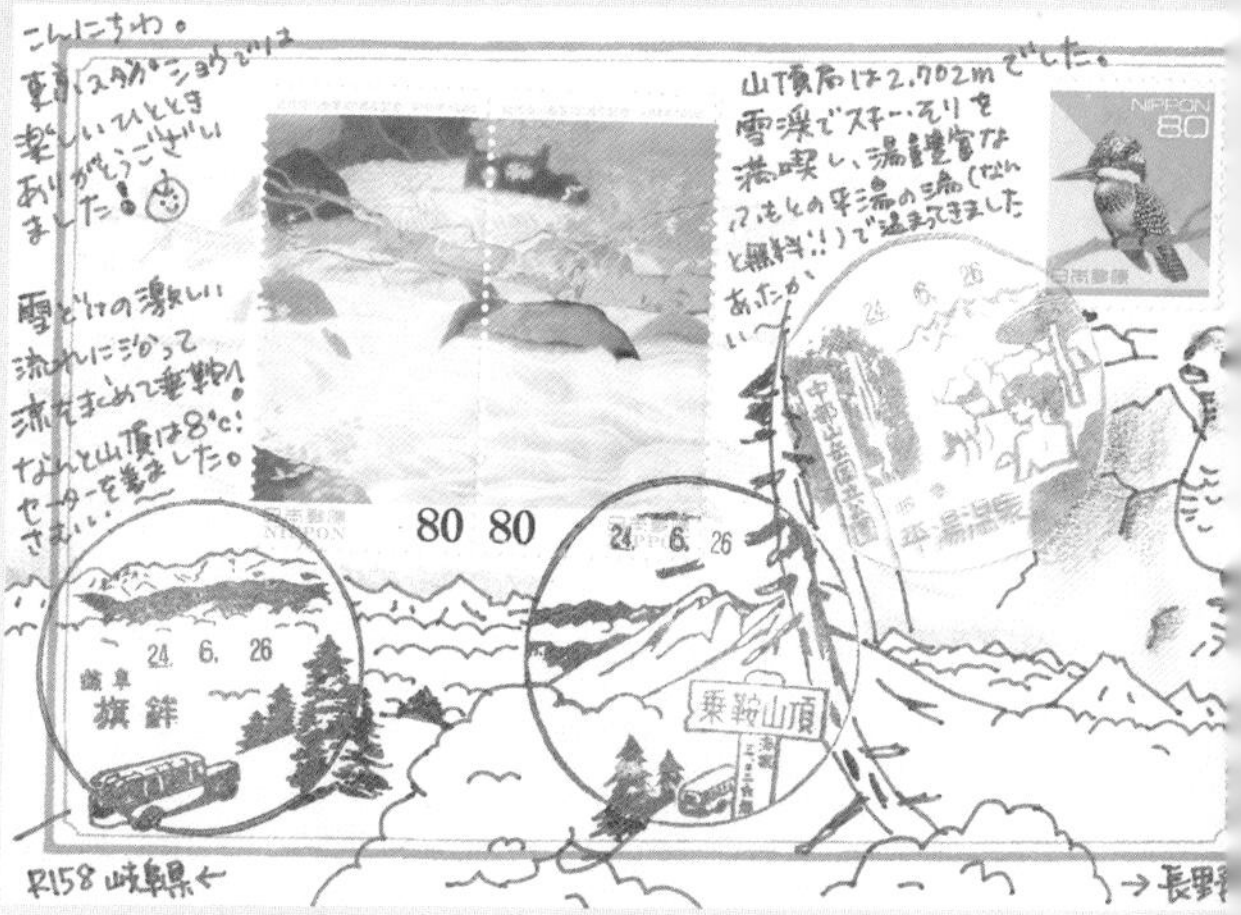

4 旗鉾《はたほこ》局（岐阜・高山市）
乗鞍岳、観光バス

平湯温泉《ひらゆおんせん》局（岐阜・高山市）
平湯大滝、露天風呂、乗鞍岳

乗鞍山頂《のりくらさんちょう》局（岐阜・高山市）
乗鞍山頂への登山道

松澤由加里さんより

5 初狩《はつかり》局（山梨・大月市）
市花・ヤマユリ、富士山、笹子川、シダレザクラ

大月《おおつき》局（山梨・大月市）
市花・ヤマユリ、富士山、岩殿山

猿橋《さるはし》局（山梨・大月市）
猿橋、桂川渓谷の断崖絶壁

6 野尻湖《のじりこ》局（長野・信濃町）
野尻湖、バンガロー、ヨット、テント、シラカバ

4-6 協会メンバー、松澤さんの作品。乗鞍岳のはがきは、わざわざ風景印と同じような色のペンを見つけてきたのがまたニクイ。桃太郎サミットは桃太郎を愛する人たちによる実在のイベント。切手は大月にも桃太郎にも全く関係ないけど、セリフを書いて強引に関連づけている。野尻湖は、お母さんになって少し作風が軟らかくなったかな？

松澤由加里さんより

7 池間《いけま》局（沖縄・宮古島市）

池間大橋、西平安名崎の発電風景

長間《ながま》局（沖縄・宮古島市）

クイチャー、ムイガーの断崖絶壁

城辺《ぐすくべ》局（沖縄・宮古島市）

クイチャー、東平安名崎

田中聡美さんより

成舞和子さんより

8 百沢《ひゃくざわ》局（青森・弘前市）

岩木山、岩木山神社鳥居、のぼり、リンゴ

熱海駅前《あたみえきまえ》局（静岡・熱海市）

熱海駅前の間欠泉、お宮の松、熱海湾

東京風景印歴史散歩 100 回記念展小型印

9 豊岡《とよおか》局（兵庫・豊岡市）

コウノトリ、柳行李、鞄、円山川、来日岳

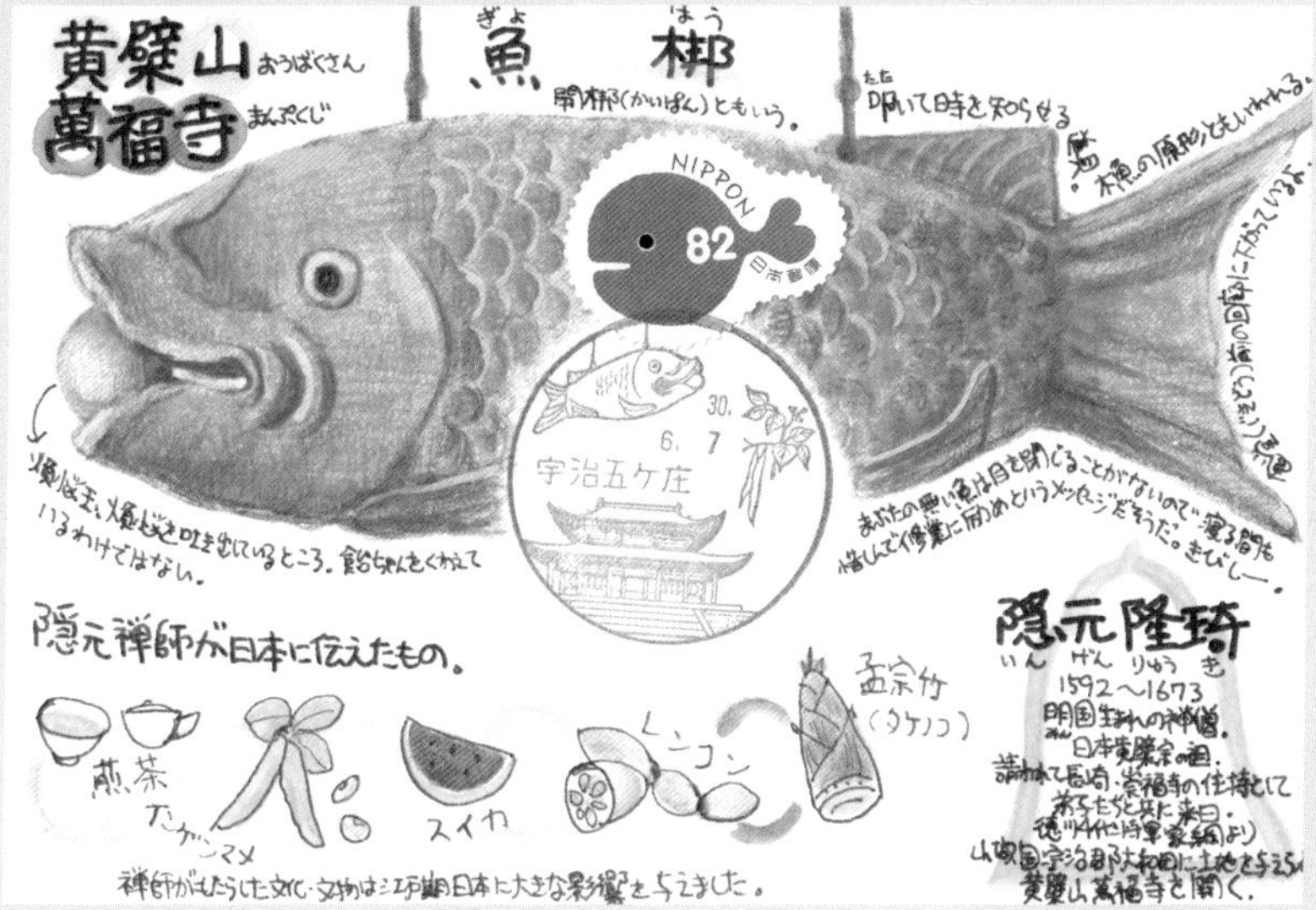

10
宇治五ケ庄局《うじごかしょう》（京都・宇治市）
萬福寺大雄宝殿、魚梆、インゲンマメ

田中聡美さんより

11
三輪局《みわ》（奈良・桜井市）
特産・そうめん、三ツ鳥居

田中聡美さんより

7,8 神出鬼没な「ハイ！レター協会」のメンバーは、2019年末に私が開催した「東京風景印歴史散歩100回記念展」のワークショップにも講師として登場し、たくさんの人が「ハイ！レター」作りを楽しんだ。参加者の成舞さんは、この時に作った「ハイ！レター」をさらにデコって後日、送ってくれた。

9-11 田中さんは元メーカーのデザイナーで、やはり風景印のまわりにイラストを描く作品を作っている。図鑑風の構成で、風景印の題材に関する豆知識が満載。読んでいて「へぇ〜」の連発で、「本当の図鑑を作ってほしい」との声も多数。「ハイ！レター」のふたりとも仲良し。

消印を押して アート作品を完成させる

あらかじめはがきにイラストを描いておく。そこに切手を貼り、消印を押すと、なんと一枚の絵が完成…！ そんな魔法のような高等技術を駆使する人たちもいる。

塩野ゆりさんより

1 スタンプショウかごしま小型印

2 夏のグリーティング初日印

塩野ゆりさんより

塩野ゆりさんより

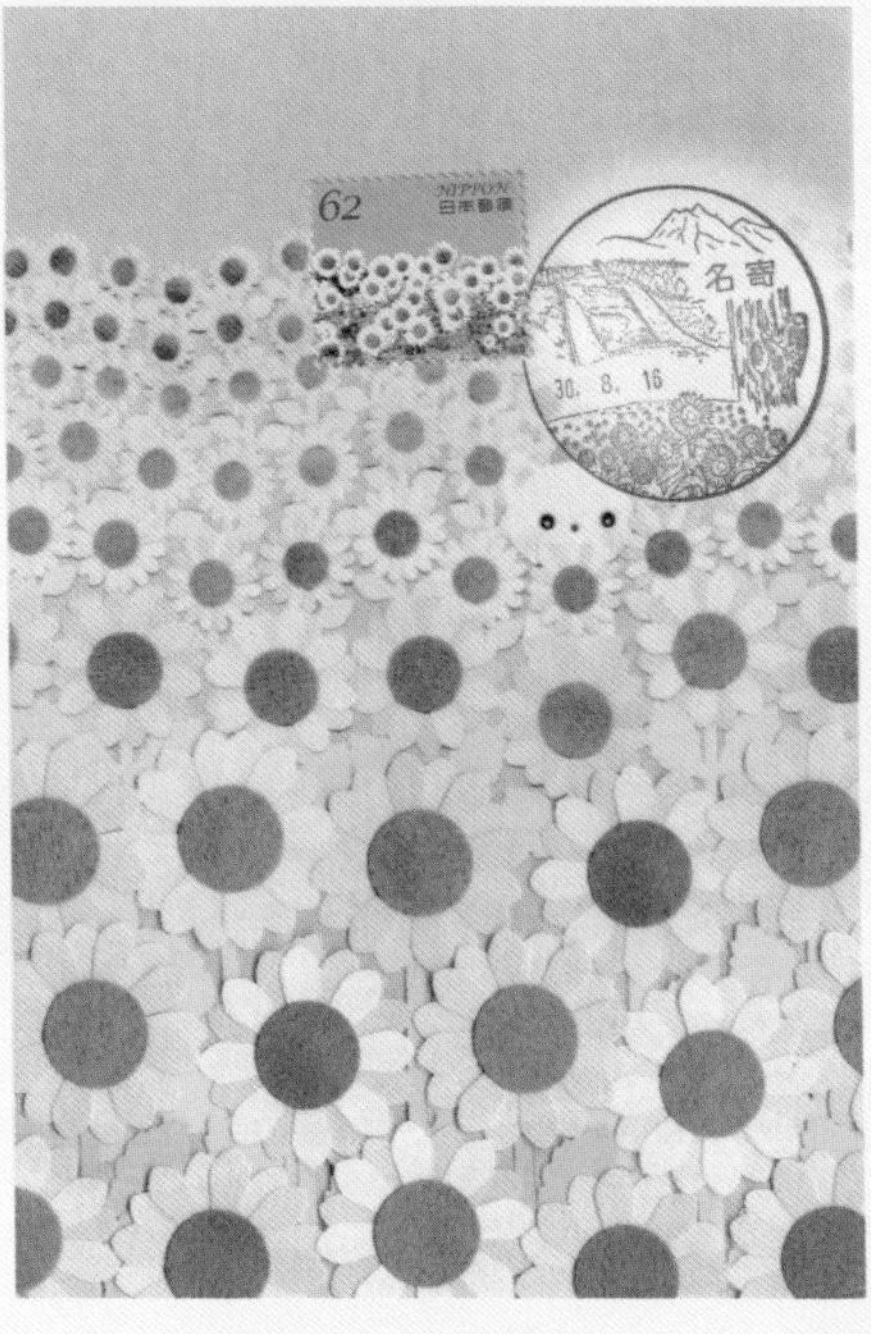

3 名寄《なよろ》局（北海道・名寄市）
国設スキー場、ピヤシリ山、市鳥・アカゲラ、ヒマワリ畑

1 1本の木があって、そこに小型印を押すことによって、てっぺんの枝にコアラがよじ登っているように見える。よ〜く目を凝らして見てほしい。コアラの右上に葉っぱ模様の切手が貼られているのだ。木の葉の1枚1枚は、小さく切った紙を貼ってあり、気の遠くなるような作業。

2 水の中にも金魚の切手が隠れている。ポイに初日印が押されると見事、金魚すくいが完成！

木村晴美さんより

5 ふみの日特印

木村晴美さんより

4 AUTUMN GINZA 小型印

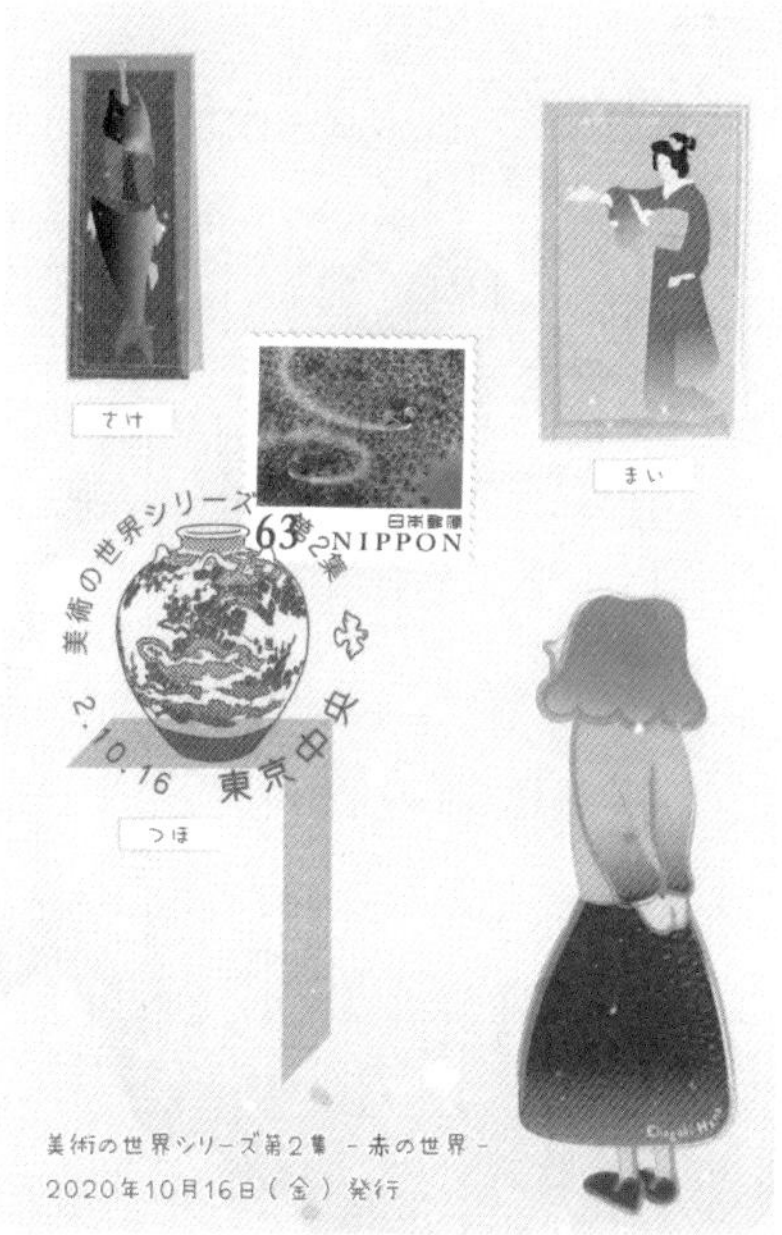

エハガキ華さんより

6 美術の世界シリーズ初日印

3 ひまわり畑の奥のほうに、ひまわり柄の切手がまぎれている。それだけで十分見事だけど、作者としては、本当はもう1.5㎝ほど風景印を上に押してほしかったそう。そうすると切手と印のひまわりがつながり、山などの遠景は青空に入ったはず。局員さんに、正確に希望を伝えるのは難しい…あえて残念な例も載せてみた。

4 小型印が押され、テーブルの花瓶に花が活けられた。貼られた切手は壁にかかった額縁の絵となり、このはがき全体が「静物のある部屋」といったところか。

5 印が押されると、男の子がほおづえをついて考えているシーンが完成。なんで切手が逆さまなんだろうと思ったら、男の子のほうを向いているからなんだね。

6 初日印を押すことで展示台に壺が置かれた状態に。どの名画切手を貼っても、美術館での芸術鑑賞シーンが成立！

chap.02

自分の特技を手紙に活かす

手紙好きの中には、手先が器用な人や一芸を持っている人たちも多い。消しゴムはんこや刺繍、折り紙、切り絵に書道など、各々の見事な技がはがきの上で展開される。

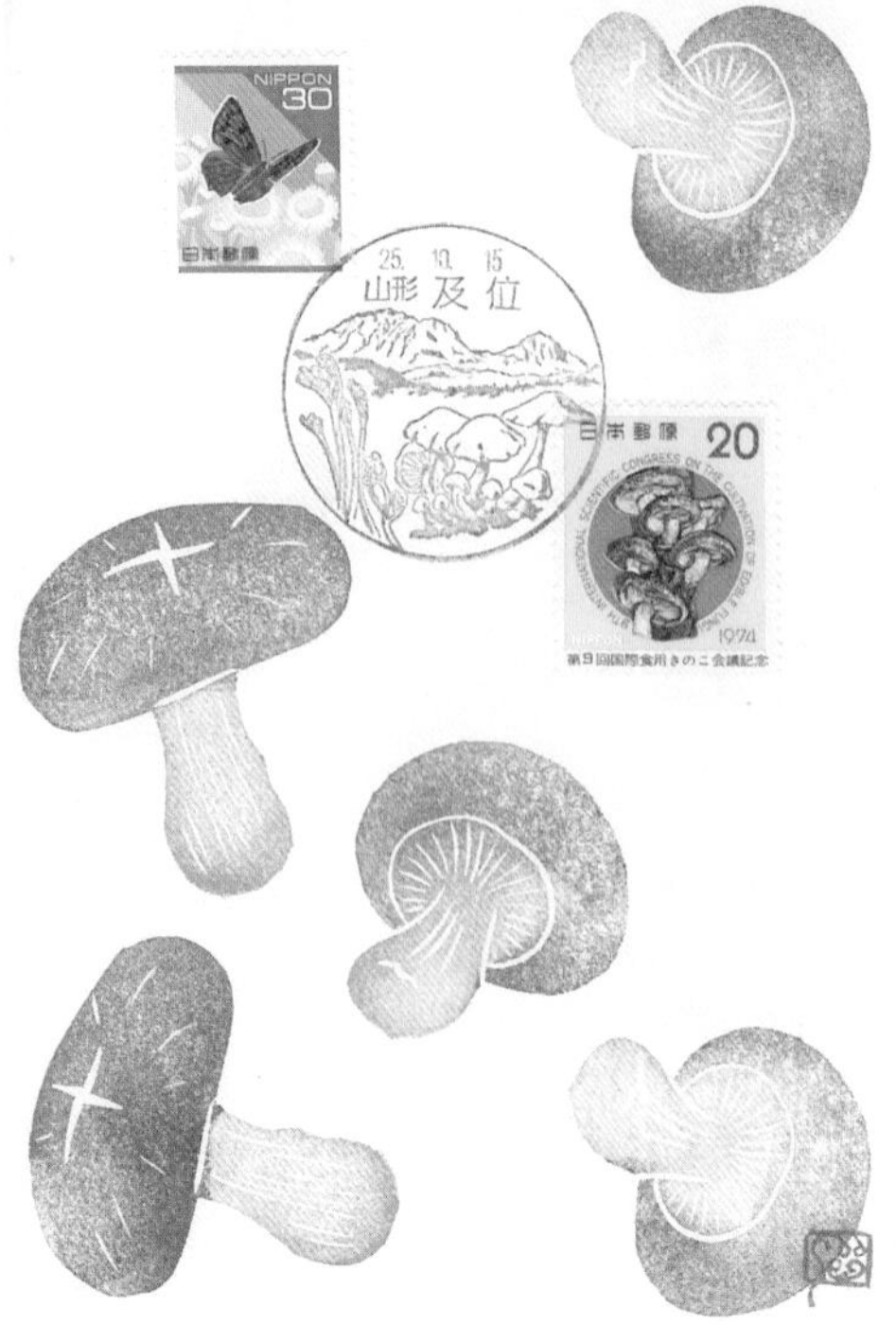

石堀由麻（青雀堂ボリ）さんより

2 及位《のぞき》局（山形・真室川町）

ナメコ、ワラビ、甑山

1 熱海《あたみ》局（福島・郡山市）

萩姫物語の萩姫と雪枝、熱海温泉、五百川

本荘佐智子さんより

石堀由麻（青雀堂ボリ）さんより

3 みどりの山手線50周年小型印

1 風景印の絵柄を、消しゴムはんこで再現。実は、切手は熊野《くまの》古道《こどう》で風景印は東北なんだけど、見事な一体感！

2,3 消しゴムはんこ作家の「青雀堂ボリ」こと石堀さんによる作品。キノコの細かい筋だけでなく、山手線の駅名文字も手彫りで再現。私が郵頼で使う「風景スタンプ押印依頼在中」のハンコはボリさん製。重宝してます。

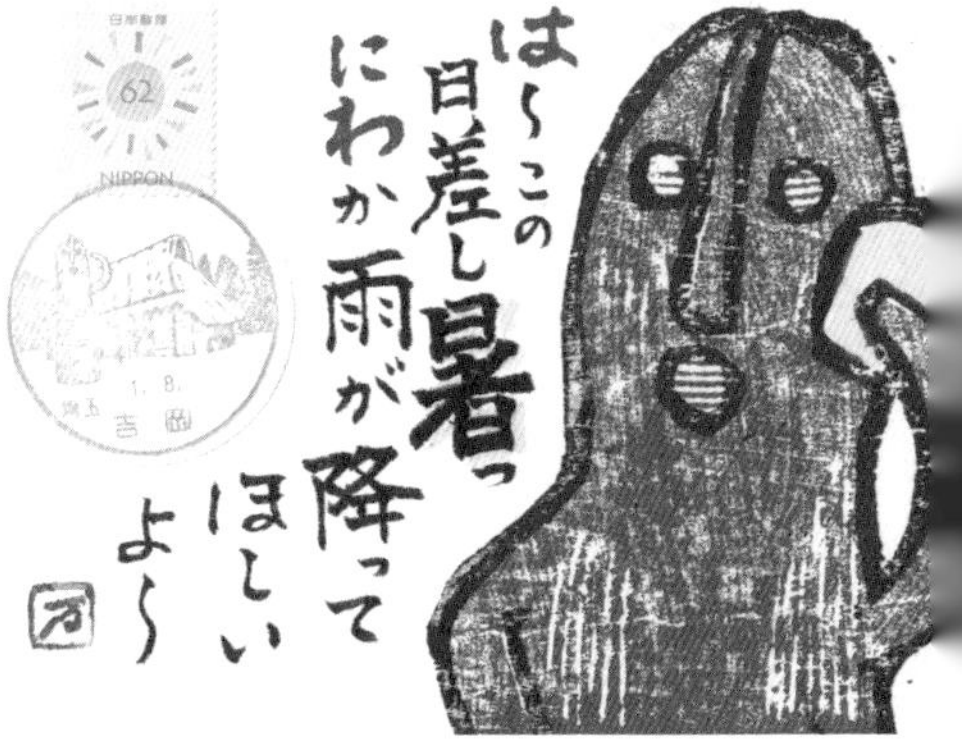

澤倉万紀さんより

4 吉岡《よしおか》局（埼玉・熊谷市）

踊る埴輪、平山家住宅

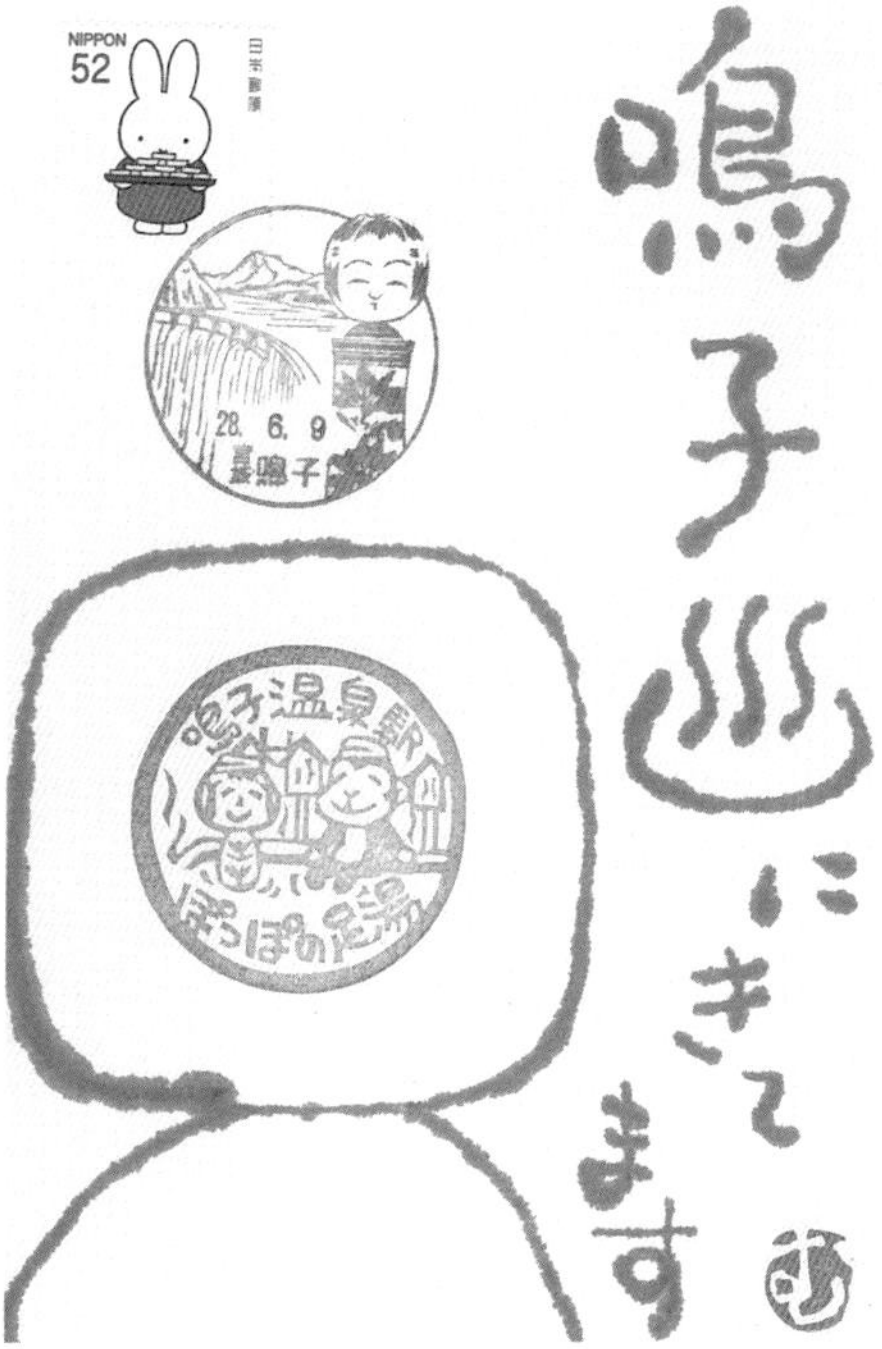

早坂睦子さんより

5 鳴子《なるこ》局（宮城・大崎市）

鳴子ダム、鳴子こけし

中澤眞理子さんより

6 日本の夜景シリーズ初日印

7 グリーティング初日印

中澤眞理子さんより

4 私の高校の先輩、澤倉さんが消しゴムはんこで制作。「作品にオチをつけたらいいのでは」と進言したら毎回ダジャレを入れてくれるようになった。ど〜も、すみません。

5 書が上手で絵手紙の講師をしている早坂さんならではの作品。墨一色でも作品になるからうらやましい。鳴子特産のこけしの風景印と。

6,7 はがきに糸でチクチクと絵を縫って制作。最初から上手だったけど、みるみる細かい絵が糸で再現できるようになっていく中澤さんにみんな驚愕。

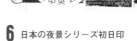

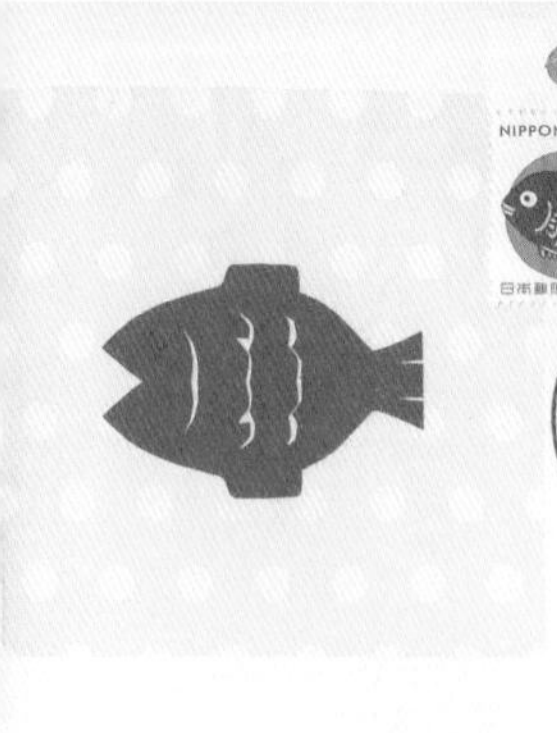

田村はるみさんより

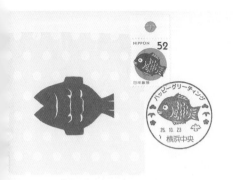

10 ハッピーグリーティング初日印

石田理恵さんより

11 切手の博物館のクリスマス小型印

8 紙刺繍（55ページ参照）の作品を作っていた中澤さん、今度は折り紙に開眼。はがきに朝顔の花が満開に咲いている。

9 切り絵で『星の王子さま』を表現。髪型の再現が細かい。

10 切り絵で作ったたい焼きが可愛らしい。黄色い敷き紙が、たい焼きを引き立てている。

11 クリスマスの消印の題材である「雪だるま」「ラテアート」「ツリー」と同じ小物を手芸で制作。材料はすべて百均で調達したのだとか。

12 はがきの一部をカッターで切り抜き、セロファンで挟んで着色してステンドグラス風に！ 裏から見ると、いかに細かな作業かがわかる。ツバキの切手に、ツバキが有名な五島列島の風景印で。

13 榎本さんの作品はアート書道とでも言うのだろうか。和の心を感じる京都・竜安寺《りょうあんじ》石庭の切手と風景印で。「和」の文字のまわりに打った無数の点々は石庭の砂もイメージさせる。

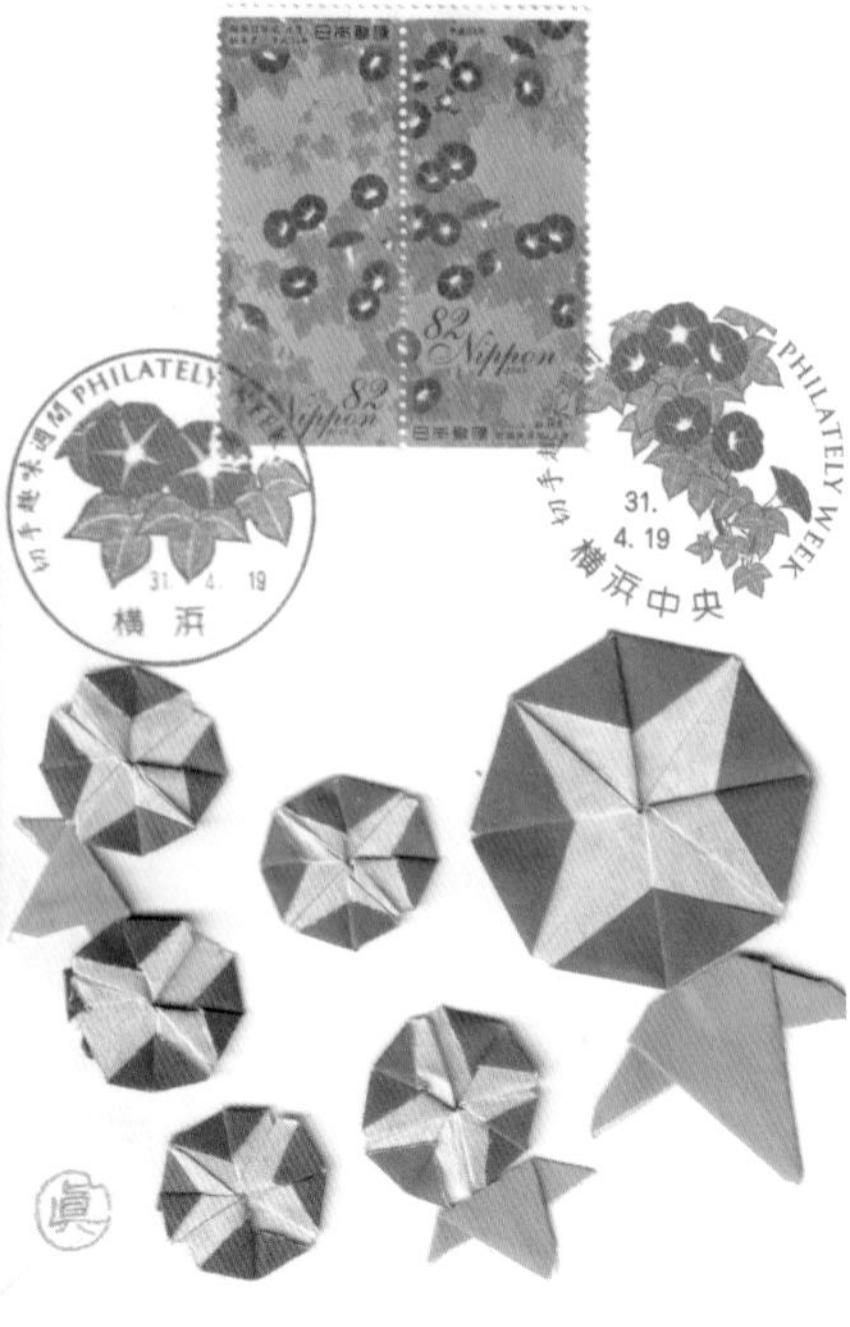

中澤眞理子さんより

8 切手趣味週間特印

エハガキ華さんより

9 グリーティング初日印

郡谷竜二さんより

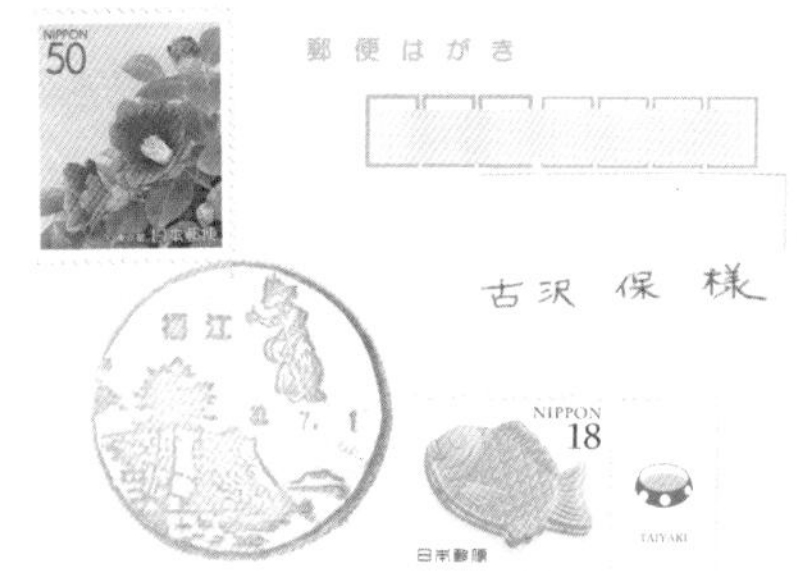

12

福江局《ふくえ》（長崎・五島市）

石田城址、チャンココ踊り

BACK

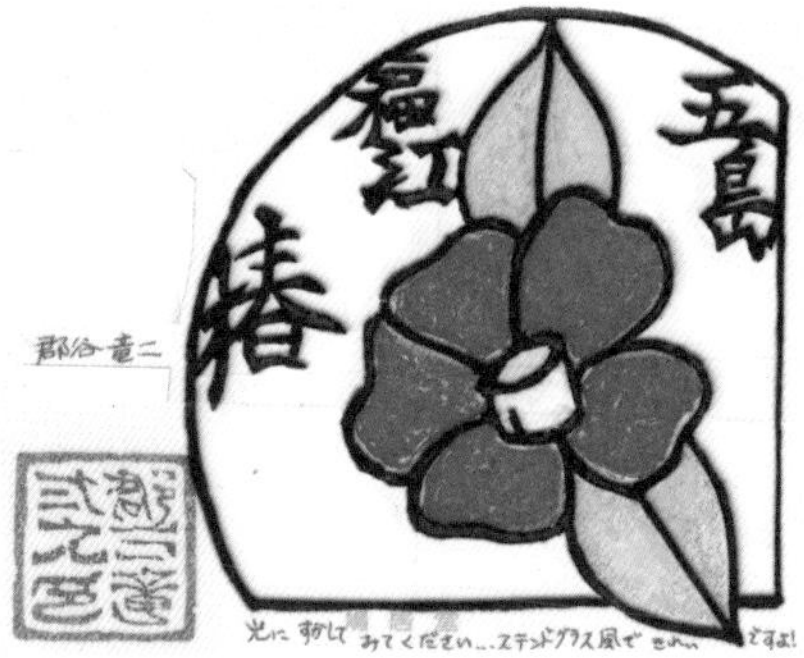

FRONT

13 京都竜安寺局《きょうとりょうあんじ》（京都・京都市）

竜安寺石庭

榎本静江さんより

BACK

FRONT

chap.02

絵封筒に風景印を組み込む

はがきに描く絵手紙に対して「絵封筒」というジャンルもある。はがきよりも面が大きく、宛名面なので元から切手と消印も表現の一部として組み込んでいるのが特性と言えよう。

1 おもちゃのまち《おもちゃのまち》局（栃木・壬生町）

おもちゃ、蒸気機関車

※1～6はすべて小山公子さんより

FRONT

BACK

2 西表島《いりおもてじま》局（沖縄・竹富町）

イリオモテヤマネコ、サキシマスオウ

3 雲原《くもはら》局（京都・福知山市）

鬼の面、コブシ、大江山

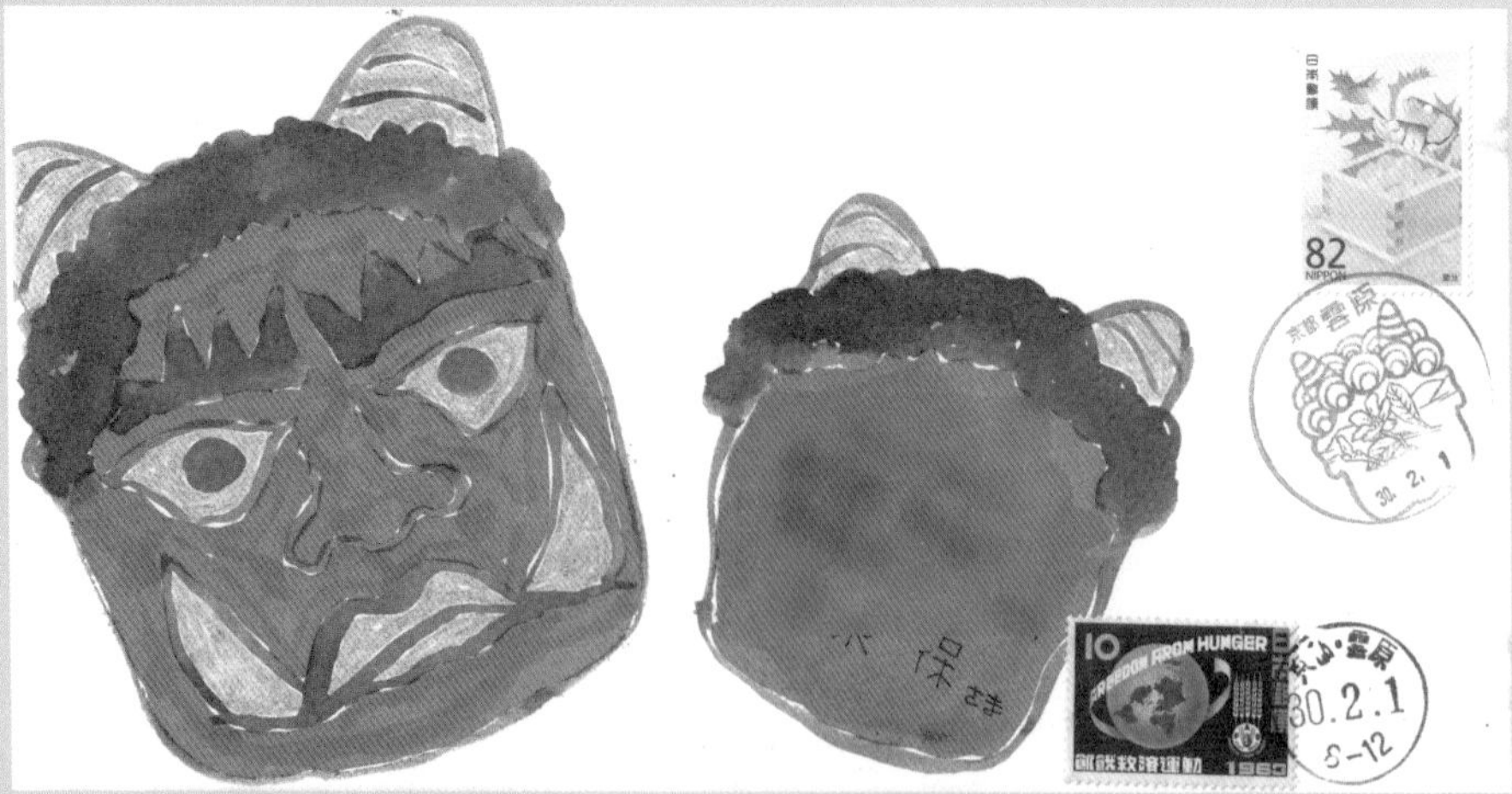

4
上富良野《かみふらの》局（北海道・上富良野町）
日の出ラベンダー園、大雪山国立公園・十勝岳連峰

6
美星《びせい》局（岡山・井原市）
再現した山城、町花・ツツジ、星の変形

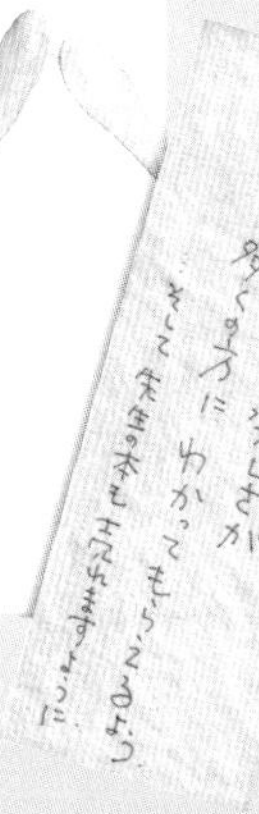

5
鵜鷺《うさぎ》局（島根・出雲市）
ウサギ、コテージ、鷺銅山、鷺浦港の権現島

1 クリスマスのお便り。シルエットで聖夜の神聖な雰囲気がよく出ている。切手は愛唱歌「おもちゃのチャチャチャ」が題材。おもちゃのまち局の風景印と合わせてサンタさんのプレゼントを表現。

2 イリオモテヤマネコが葉陰を歩いている感じがよく出ている。裏面を見ると、実際に西表島に行って送ってくれた模様。

3 節分のお便り。封を開けたら中に福豆が入っていた。小山さんはいつもお便りに、お菓子とティーバッグなど優しいプレゼントを入れてくれる。消印が斜めなのも、この封筒には合っている。

4 倉本 聰さん脚本のドラマを見ていたら、ふと思い立って富良野に行ってしまったそうな。中からはラベンダーとポピーが美しい北海道の絵はがきが。

5 お月見便の中には、うさぎがモチーフのお菓子。空に浮かんだ満月に、月のうさぎがいるイメージ。

6 中身は私の好きな歌川広重の七夕の浮世絵に関するお便り。私からは深川江戸資料館で、広重が描いた江戸時代の七夕を実物大で再現展示している情報を返信したら、早速見に行くとの返事が来た。

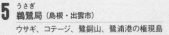

からくり封筒で楽しませる

二重封筒や折り紙で作った封筒を開くと、中から思いがけないものが現れてびっくり…。そんなからくり封筒を使うと、切手や消印の遊び方もまた広がりそう。

FRONT

室谷亜紀子さんより

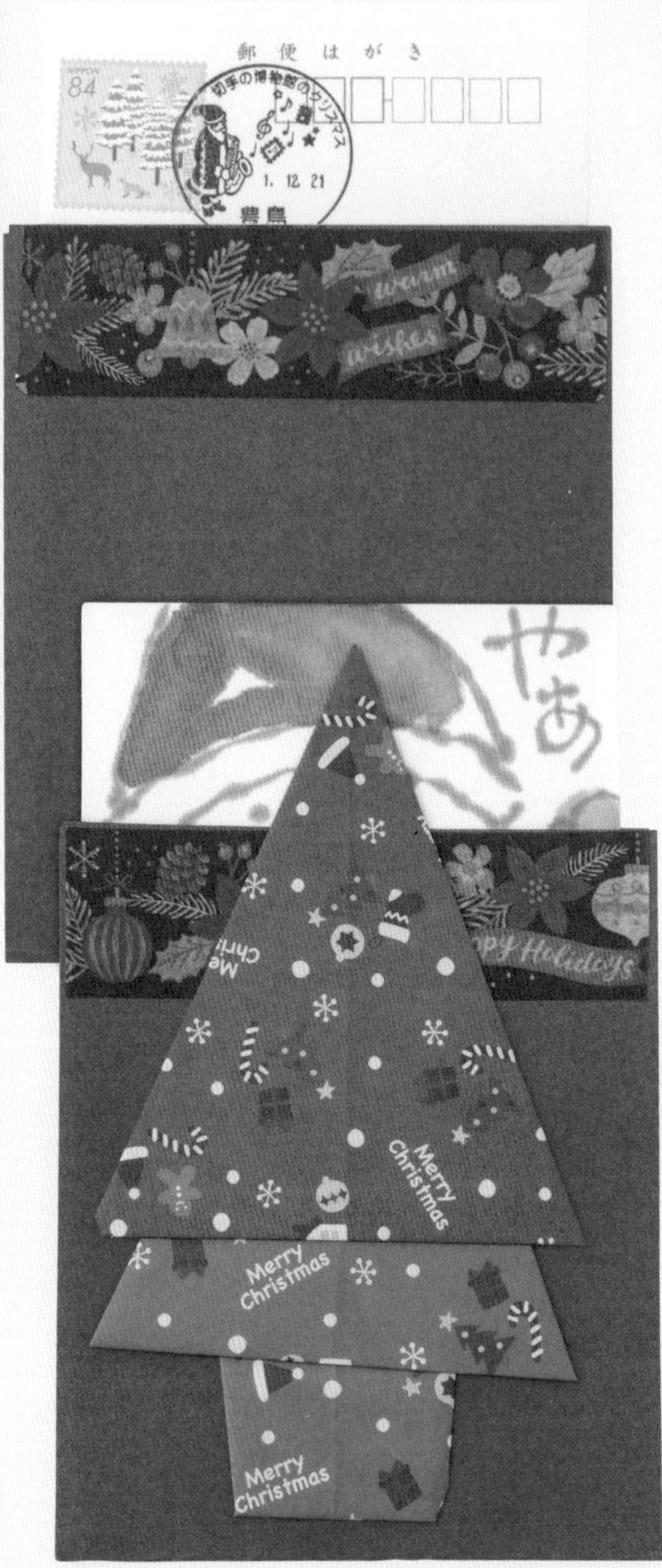

BACK

1 絵手紙教室の先生・室谷さんは、おもしろい手紙のアイデアを常に考えている。透明な封筒に「やあ」とのぞくサンタさんの顔？と思わせて、開くと雪ダルマだったのね。クリスマスの切手にサンタの小型印で。

1 切手の博物館のクリスマス小型印

IN▶

◀IN

飛田 操さんより

FRONT

2 須賀川南町《すかがわみなみまち》局（福島・須賀川市）

ウルトラマンゼロ、ボタン

2 飛田さんからはウルトラマンの切手と風景印で、六角形に折りたたんだお便りが。開くとご本人の似顔絵と、折り紙入りの手紙が出てきた。似顔絵の叫び声はジュワッチだろうか？

FRONT

室谷亜紀子さんより

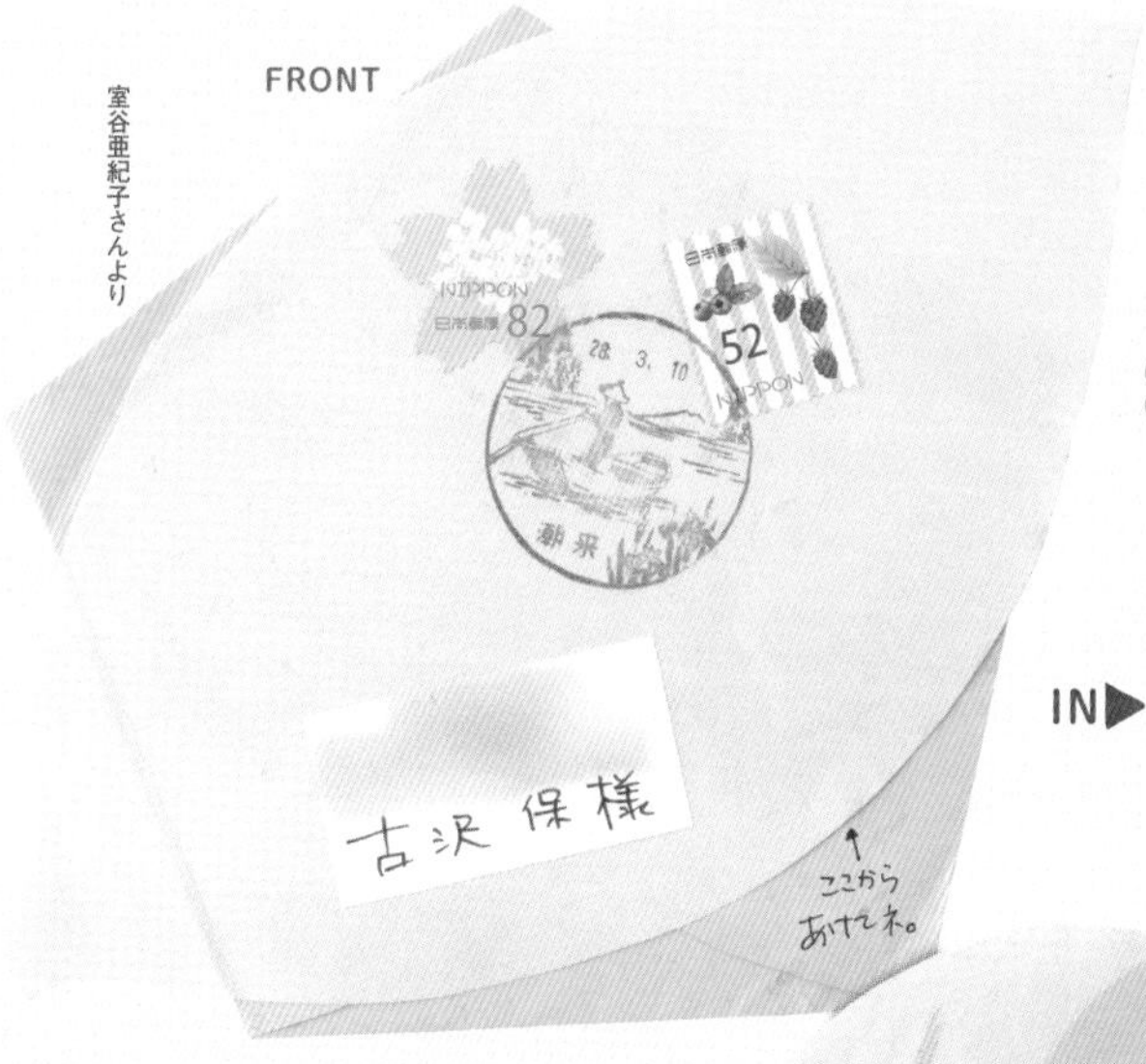

3 潮来《いたこ》局（茨城・潮来市）

水郷、アヤメ、筑波山

IN▶

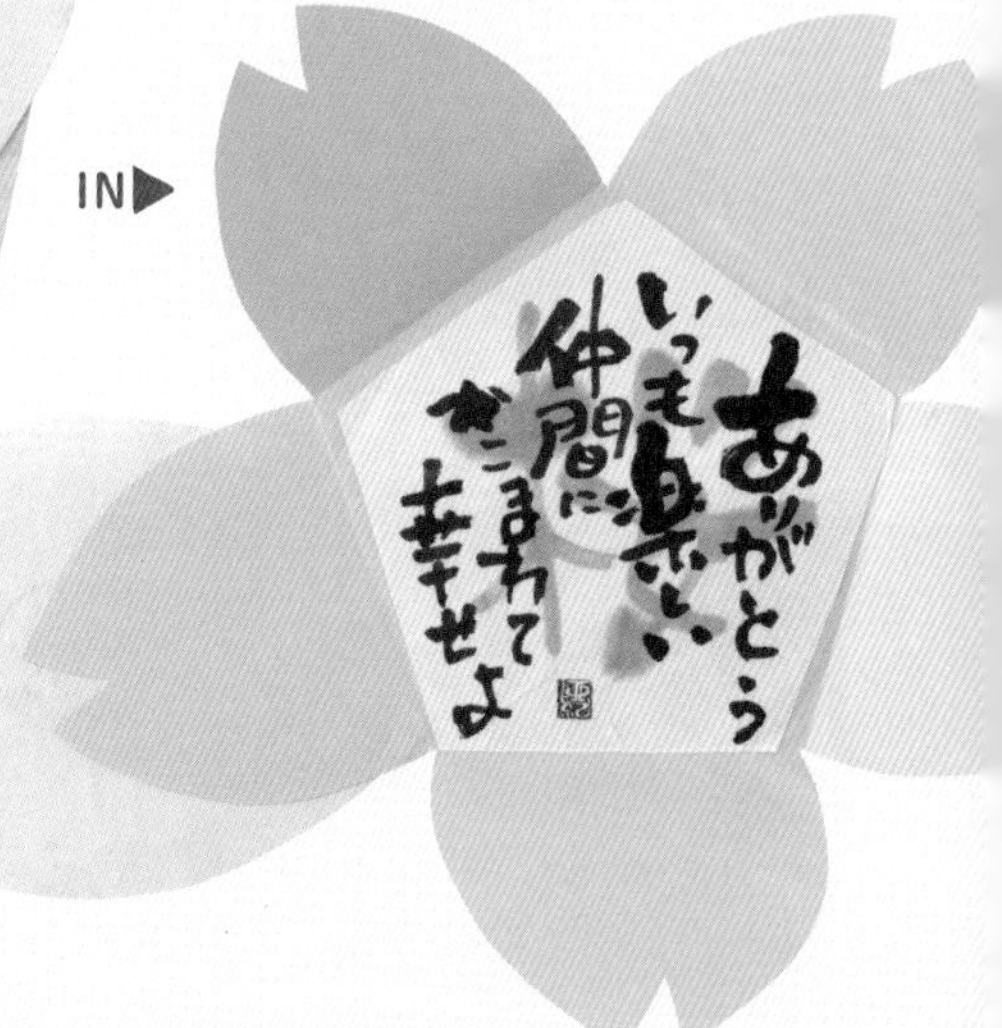

3 桜餅のような手紙が届いた。「ここからあけてネ。」の指示に従って葉っぱを開けると、切手と同じような桜の花びらが広がって、筆文字のお便りが…。

chap.02

撮影した写真ではがきを作る

絵を描いたりモノを作ったり、「自分にはムリ！」と思った人も多いかも（私がその代表）。ここからはそんな器用でない人向けのアイデア。まずは写真を使った例から。

山内和彦さんより

1 熊野前《くまのまえ》局（東京・荒川区）

都電荒川線、日暮里舎人ライナー、区木・サクラ

2 障害者スポーツ切手展小型印

鈴木光則さんより

二宮景喜さんより

3 鹿島台《かしまだい》局（宮城・大崎市）

デリシャストマト、互市のにぎわい、淡水魚シナイモツゴ

1 風景印とまったく同じ構図で、日暮里舎人ライナーの下を都電荒川線がくぐっている。撮影者の山内さんによれば、実際にこの構図で写真を撮るのは不可能で編集を加えているそうだが、見た人誰もが唸る一枚。

2 “風景印サイクリスト”の鈴木さんは、タンデム自転車（二人乗り自転車）の小型印に合わせて、折々に夫婦で撮影したタンデムとの写真をコラージュ。自身が自転車屋さんで、タンデム自転車作りの第一人者と聞けば、こんなに写真が豊富なのも納得。

3 二宮さんは、宮城県鹿島台局の図案改正仕掛人のひとり。縁日の互市や、ご自身が保護に関わっている淡水魚シナイモツゴなどを題材に提案した。それらの写真を集めてはがきに凝縮。

4
御岳《みたけ》局（東京・青梅市）
玉堂美術館、御岳橋、カヌー、御岳山

6
芝《しば》局（東京・港区）
東京タワー、増上寺三解脱門

高橋直樹さんより

5
KDDI大手町ビル内局《けいでぃでぃあいおおてまちびるない》
（東京・千代田区）※廃印
逓信総合博物館モニュメント、カルガモの親子

難波江美紀さんより

4 私が作った一枚。こういうはがきを作るようになってから、風景印が押せるよう写真の余白を意識して撮影するようになった。

5 写真は一枚使いだけでなく、コマ割りにしても楽しい。難波江さんは皇居のお堀近くのカルガモを連日撮影。成長が追えるのはコマ割りならでは。カルガモ図案の普通切手がこのはがきにピッタリ。

6 最近はコンビニのプリンターの技術が進化。高橋さんは外出先で押してもらった風景印を、東京タワーバックに写真撮影。近くのコンビニでプリントして、即発送した。令和３(2021)年3月3日と高さ333 mの東京タワーをかけているアイデア賞もの。

7 これも私が作成。色によっては写真を表面にして宛名も書ける。山内さんほどすごくなくても、この程度のはがきなら誰でも作れるはず。

7
大井金子《おおいかねこ》局（神奈川・大井町）
ヒョウタン、キンモクセイ、スイセン、メジロ

chap.02

地図・路線図と風景印を合わせる

風景印は、地図や路線図と合わせるとよく映える。郵便局の場所や、図案の景色がどこにあるのかが伝わりやすいからだろう。簡単で素朴な図でも味わいがある。

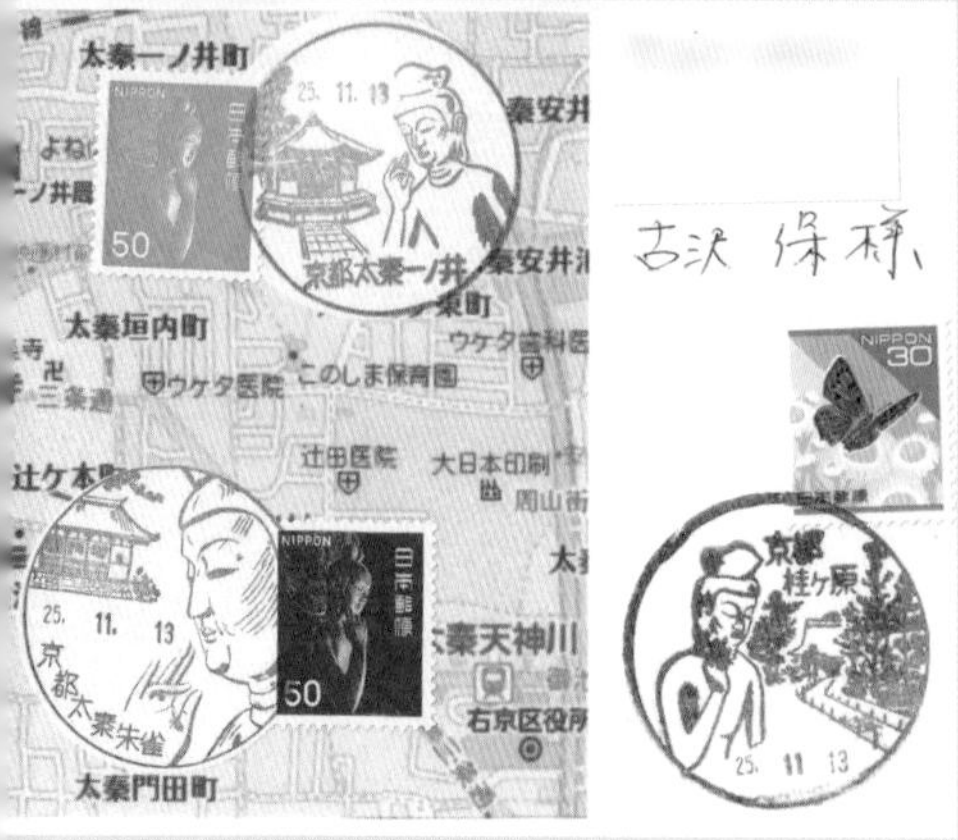

柴田公子さんより

1
京都桂ヶ原《きょうとかつらがはら》局（京都・京都市）
広隆寺、弥勒菩薩像

京都太秦一ノ井《きょうとうずまさいちのい》局（京都・京都市）
広隆寺八角円堂、弥勒菩薩像

京都太秦朱雀《きょうとうずまさすじゃく》局（京都・京都市）
広隆寺講堂、弥勒菩薩像

田村はるみさんより

4
下関本村三《しものせきほんむらさん》局（山口・下関市）
彦島パーキングエリアのオランダ風車、彦島大橋

2
松島《まつしま》局（宮城・松島町）
瑞巌寺本堂、庫裏、僧侶、松島

佐藤英幸さんより

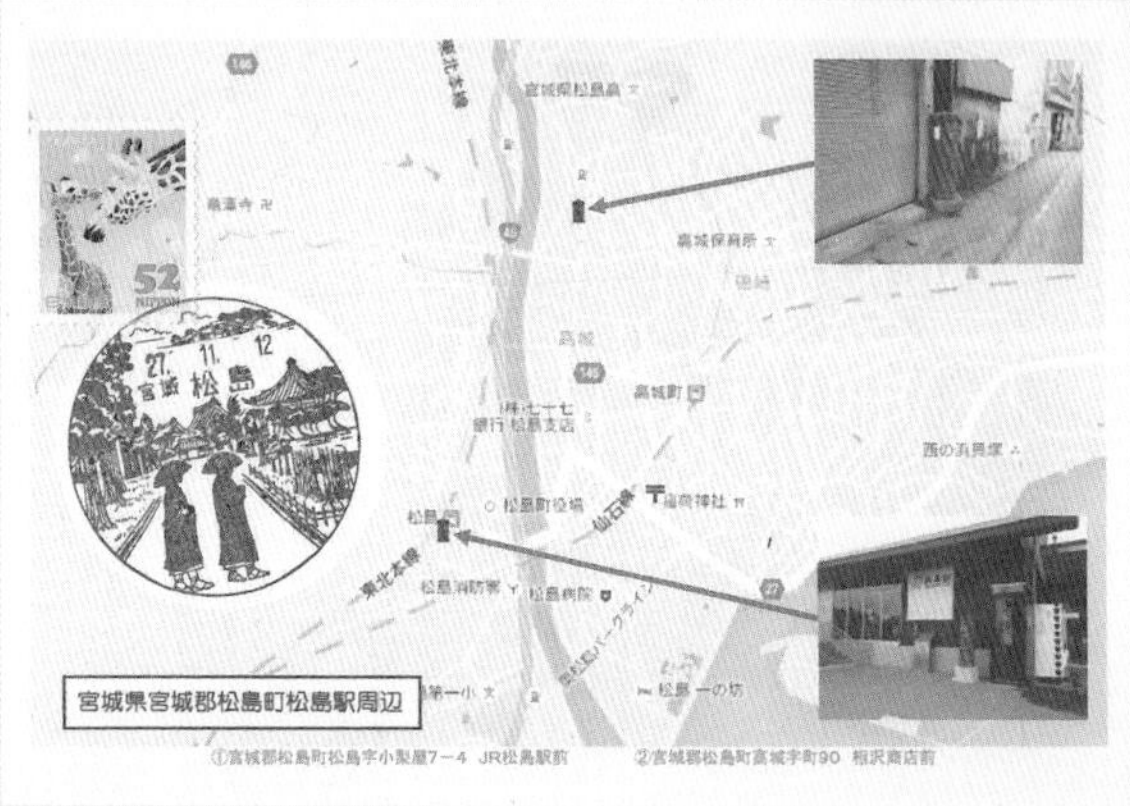

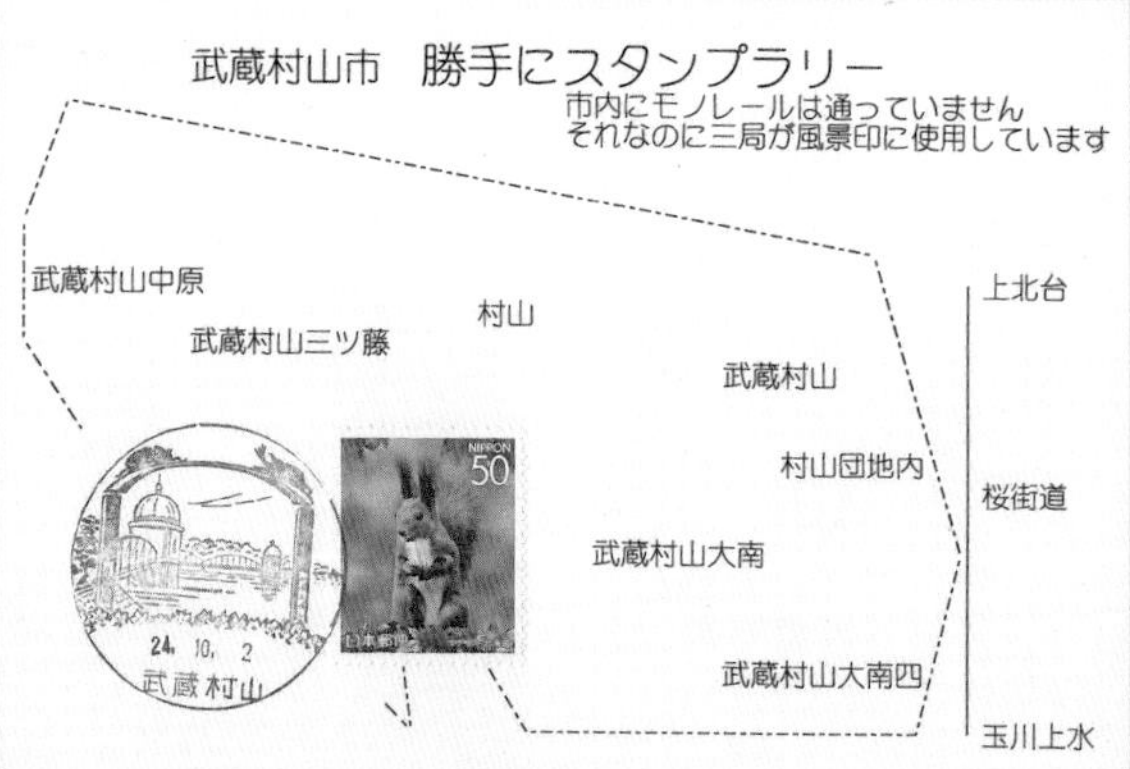

鈴木均さんより

3
武蔵村山《むさしむらやま》局（東京・武蔵村山市）
かぶと橋アーチ、多摩湖取水塔

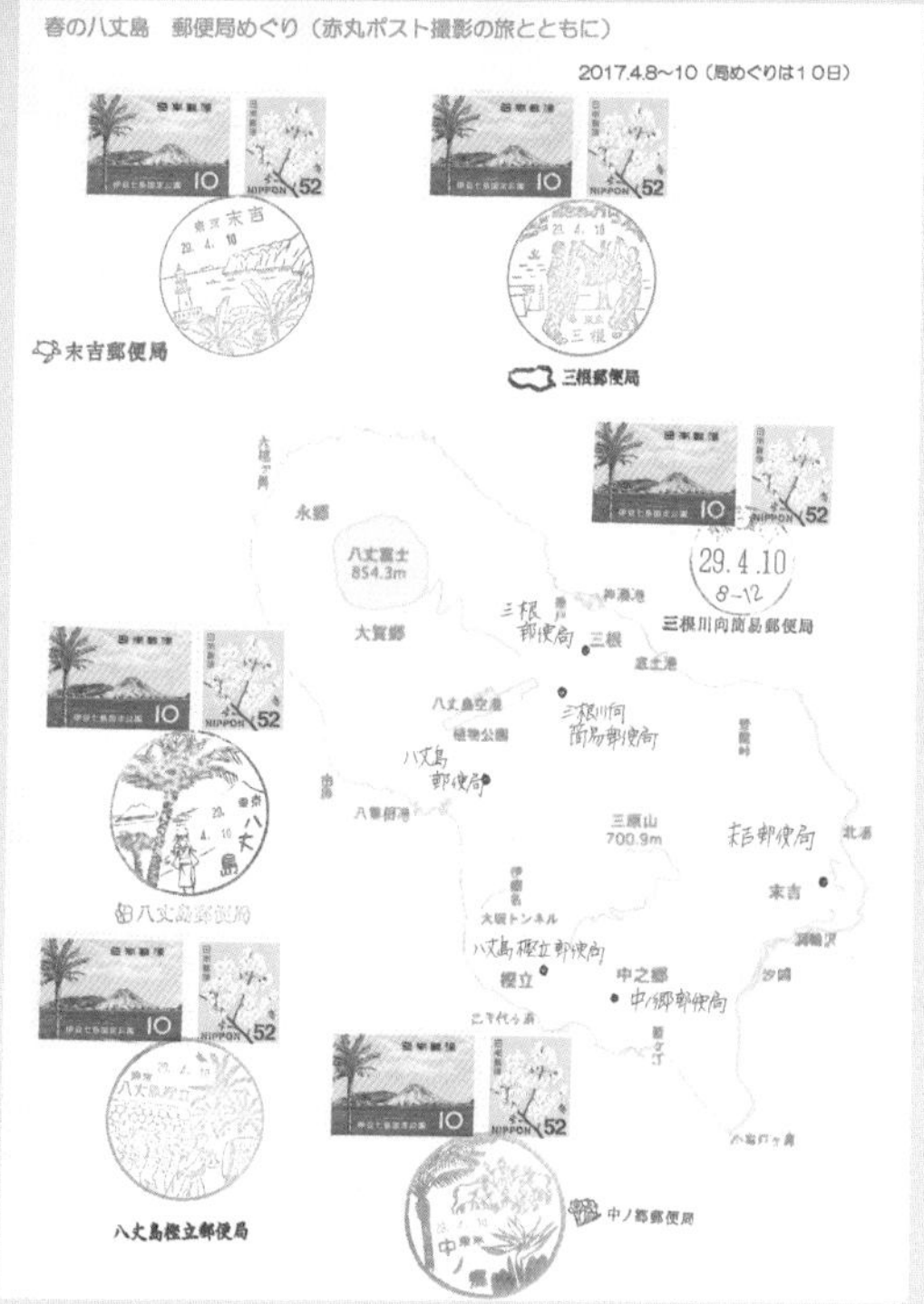

財前京子さんより

金木容子さんより

6

末吉《すえよし》局（東京・八丈町）
八丈島灯台、青ヶ島、バナナの木

三根《みつね》局（東京・八丈町）
大太鼓たたき、笠松からの神湊港

八丈島《はちじょうじま》局（東京・八丈町）
大坂トンネルから見た源為朝自刃の地・八丈小島、フェニックス

中ノ郷《なかのごう》局（東京・八丈町）
牛角力、フェニックス、ストレチア

八丈島樫立《はちじょうじまかしだて》局（東京・八丈町）
ソテツ、樫立踊り、玉石垣

5

岩井《いわい》局（千葉・南房総市）
南総里見八犬伝の伏姫と八房、日本一の大ソテツ

館山船形《たてやまふなかた》局（千葉・館山市）
船形山大福寺崖観音、サクラ、ヨット

1 地図を使ったよさがよく出ているのが柴田さんの例。風景印配備3局と、図案の弥勒菩薩を安置している広隆寺《こうりゅうじ》の位置関係が一目瞭然。切手を一枚だけ赤にしたのもアクセントになっている（切手は中宮寺《ちゅうぐうじ》の弥勒菩薩で、ご自身も承知の上で代用。中宮寺の弥勒菩薩は風景印にはなっていない）。

2 佐藤さんは宮城県内のポストを写真に撮ってコツコツとマッピング。域内の風景印を押して差し出している。ポストの写真も風情がある。

3 鈴木さんは「勝手にスタンプラリー」と称して各地を局めぐり。パソコンで作った線と局名だけの簡単な地図だけど、モノレールが市域から逸れていることもちゃんと伝わる（点線内が武蔵村山市で、右端の縦線がモノレール路線）。

4 田村さんは下関の「彦島」をかわいい手描きのイラストマップに。図案の位置がわかり、プチ情報もあって楽しい。

5 金木さんは、はがきの裏表で内房線沿線の4局を集印（表にも2局ある）。本当に簡単な手描きの路線図だけど、十分に雰囲気は伝わる。これくらいなら自分にもできるかも？ と思わせてくれる好例。

6 財前さんは、A4 サイズで八丈島の風景印と貯金の局印（貯金すると通帳に押してもらえる局名入りのはんこで、これを集めている人もいる。100ページ参照）を全局集印。裏面に宛名と定形外料金分の切手が貼ってあって、ペラ一枚で折れずに届いた。

chap.02

記念スタンプとコラボさせる

駅や観光施設など、世の中には記念スタンプがあふれている。絵を描くのが苦手な人は、スタンプに代わりを果たしてもらおう。名物の描かれ方を風景印と比較するのもおもしろい。

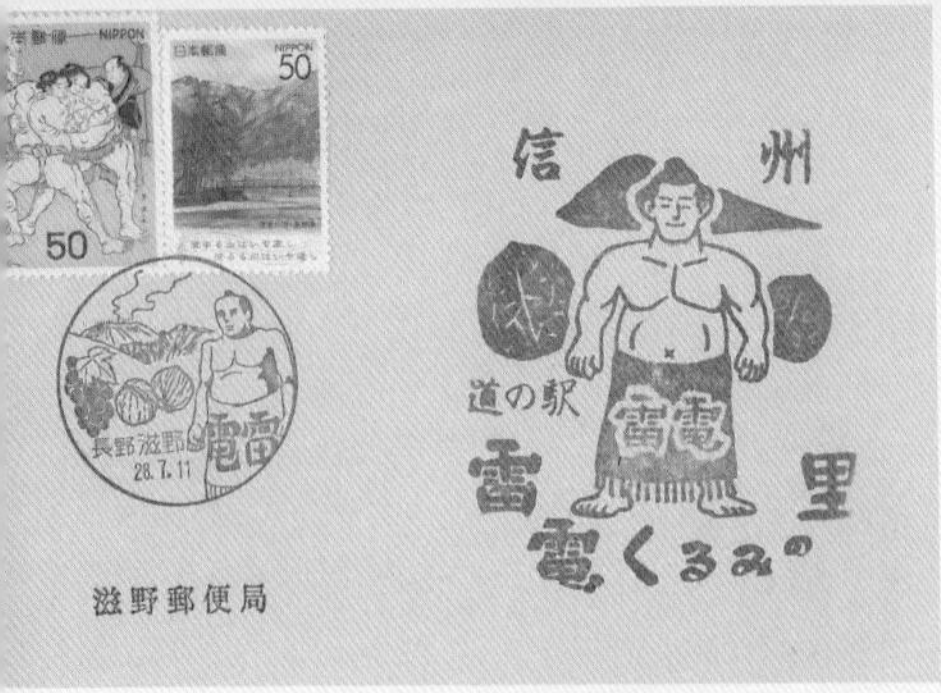

芳治さんより

1 滋野局《しげの》（長野・東御市）
雷電像、クルミ、巨峰、浅間山

川元比呂秋さんより

2 蒲田局《かまた》（東京・大田区）
大田区産業プラザ、区民ホール、ジェット機、ウメの変形

東京交通会館内局《とうきょうこうつうかいかんない》（東京・千代田区）
東京交通会館、東海道新幹線

金井敬之さんより

3 富岡局《とみおか》（群馬・富岡市）
製糸工場、マユ、絹糸、妙義山

世界遺産シリーズ初日印

4 ふみの日特印

FRONT

BACK

若林正浩さんより

1 鉄道だけでなく、道路にもスタンプはある。安田さんはドライバーという職業柄、全国行く先々のサービスエリアや道の駅のスタンプと風景印、局印を合わせている。雷電とくるみと浅間山、同じ素材でも描き方の違いがおもしろい。特に雷電の髪のボリュームが…。

2 ガンダムの切手に風景印。これだけだと関連が不明だけれど、下を見て納得。JR 東日本のスタンプラリー、有楽町駅がガンダムで蒲田駅がアムロ・レイだったのだ！ JR のスタンプを見て、この連刷切手の存在を思い出した川元さんに感心しきり。

3 金井さんから送られてきたのは、富岡製糸場で有名な富岡市の駅スタンプを押したはがき。風景印・駅スタンプ・局印に、マユがトリプルで登場している。

4 若林さんは、群馬県榛名《はるな》地区で押せるスタンプを両面に目いっぱい押してにぎやか！

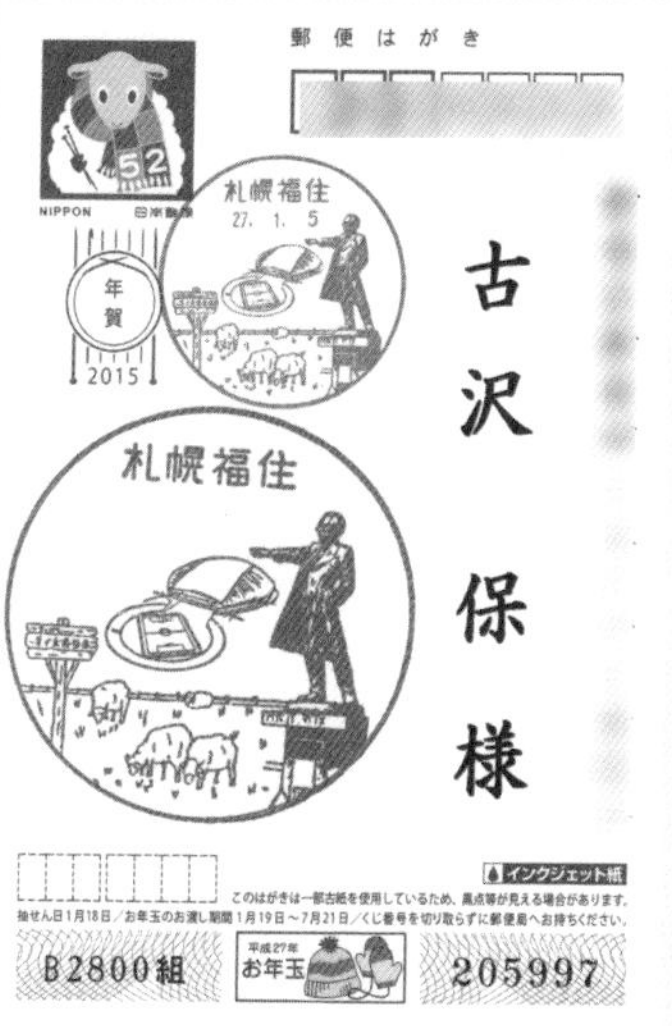

湯浅英樹さんより

7 札幌福住《さっぽろふくずみ》局（北海道・札幌市）
羊ケ丘展望台、クラーク博士像、札幌ドーム

8 焼尻《やぎしり》局（北海道・羽幌町）
白亜の灯台、船

皆川吉雄さんより

5 こけしのフォルムカードに風景印、日本こけし館のスタンプがぴったり。

6 中央郵政研修所には、風景印に似た記念スタンプがある。一般客が入れるのは郵便局までで、研修所は研修で使用する郵政職員しか入れない。これは知り合いの局員さんが研修時に押して送ってくれたもので、ある意味レア印。

7 札幌市内数局では一時期、風景印と同図案の大型スタンプが押せた。

8 消印以外の記念スタンプを持っている郵便局は、案外存在する。皆川さんが送ってくれた焼尻局のスタンプもかわいい。

5 鳴子《なるこ》局（宮城・大崎市）
鳴子ダム、鳴子こけし

佐藤礼子さんより

6 中央郵政研修所内《ちゅうおうゆうせいけんしゅうじょない》局（東京・国立市）
国立駅、中央郵政研修所、前島密像、ウメの変形

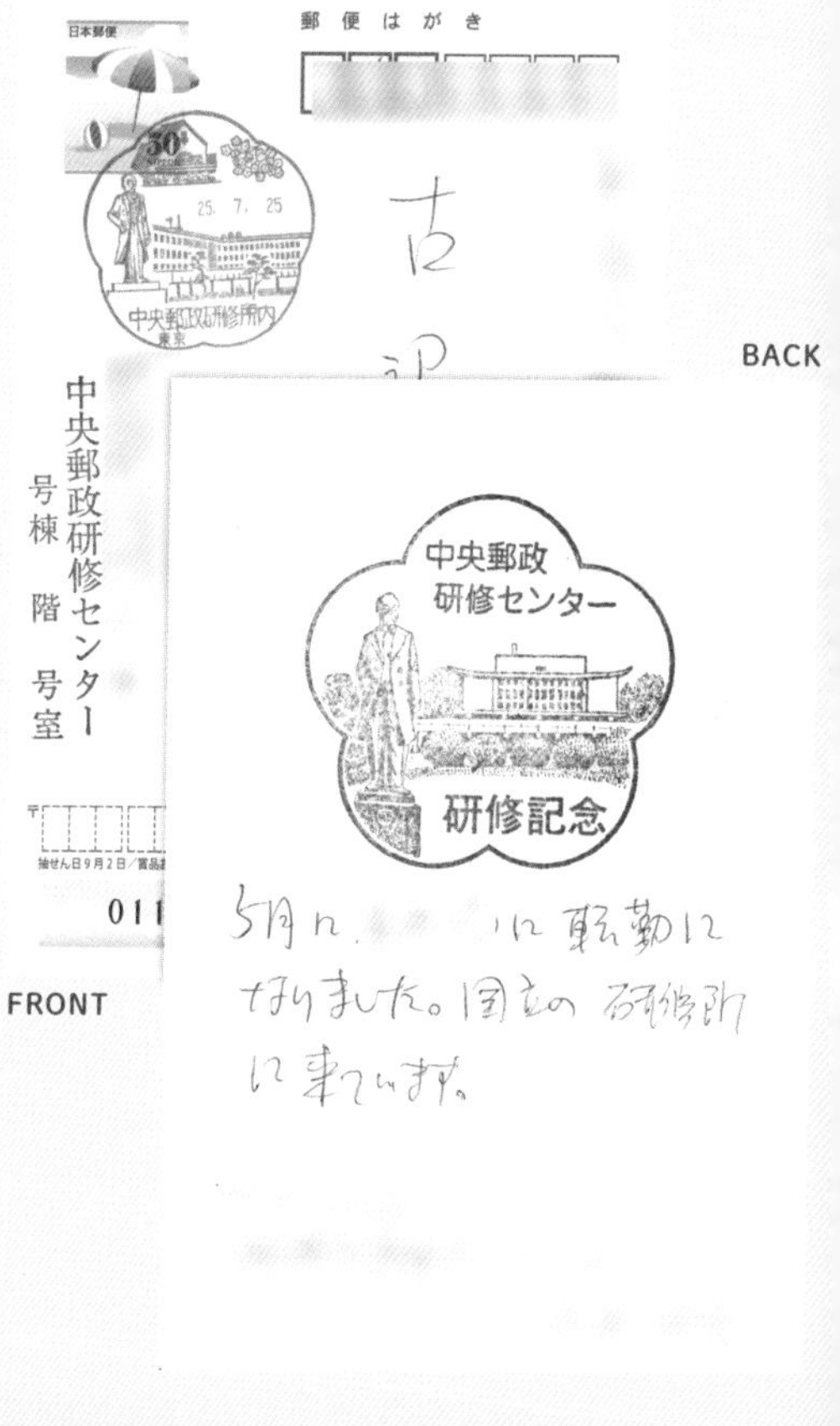

chap.02

デコレーション文具で便りを彩る

文具好きの人たちはマスキングテープを筆頭に、シールやはんこ、使用済み切手などを使いこなしてお便りを飾る。簡単そうに見えて貼り方や押す角度などにセンスが表れる。

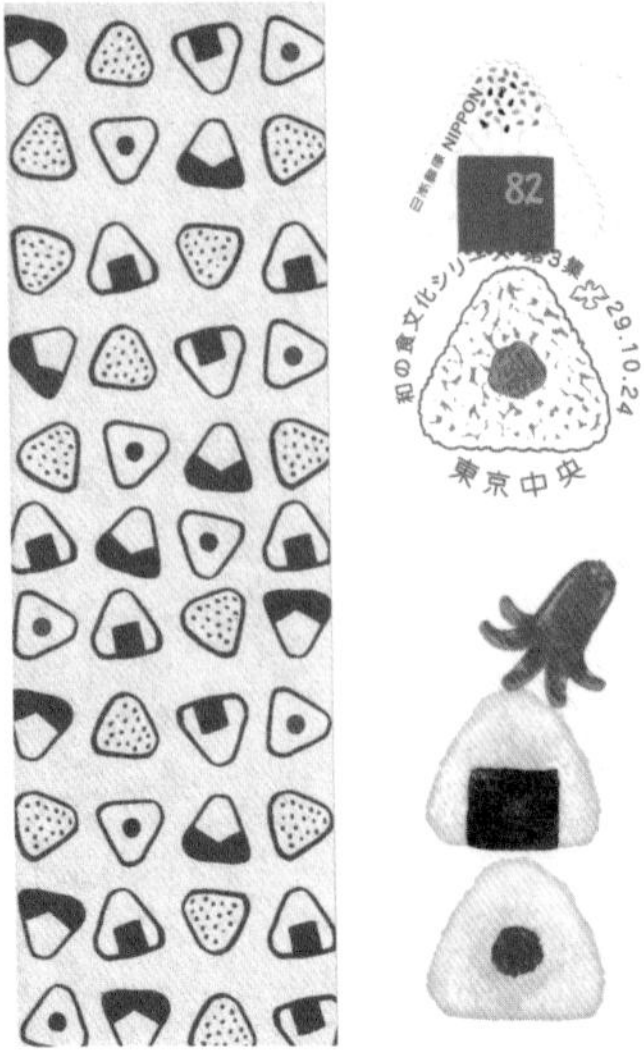

1
和の食文化シリーズ初日印

根本美穂さんより

2
三島大社町《みしまたいしゃちょう》局（静岡・三島市）
三島大社、狛犬、富士山

新井直美さんより

BACK

FRONT

3
若狭野《わかさの》局（兵庫・相生市）
市木・ツバキ、羅漢渓谷、感状山城址

橋尾知子さんより

1 根本さんからは、かわいいおにぎり便が到着。シールやおにぎり柄の折り紙も使いこなしている。

2 スッと一筋入れたマスキングテープや鳥居のスタンプなども合わさって、和の雰囲気がよく出ている。

3 竹久夢二の切手に大輪の椿の風景印を押印。椿のテープ下に、椿を連想させる赤と黄色のテープがあるのがまたおしゃれ。裏面はもちろん夢二の絵はがき。

4 尼崎さんは天文台の風景印を星空のテープで装飾。切手の望遠鏡をのぞく女性たちも、きっとこんな天体を眺めているのだろう。東京都が作成する文化財の絵はがきは無料で配布しているので、お便り好きの人は重宝する。

4 三鷹局《みたか》（東京・三鷹市）

井の頭公園、国立天文台三鷹キャンパス

尼崎久子さんより

FRONT　　BACK

6 切手フェスタ小型印

下條朋子さんより

5 青葉台駅前局《あおばだいえきまえ》（神奈川・横浜市）

ハロウィンのカボチャ、小学生が描いた青葉台

下條朋子さんより

5 テープやはんこがハロウィン仕様。黒猫の切手にカボチャの風景印で。

6 小型印の図案となっているふみの日切手の実物や、丸ポストのはんこを複数の色でコラージュして。

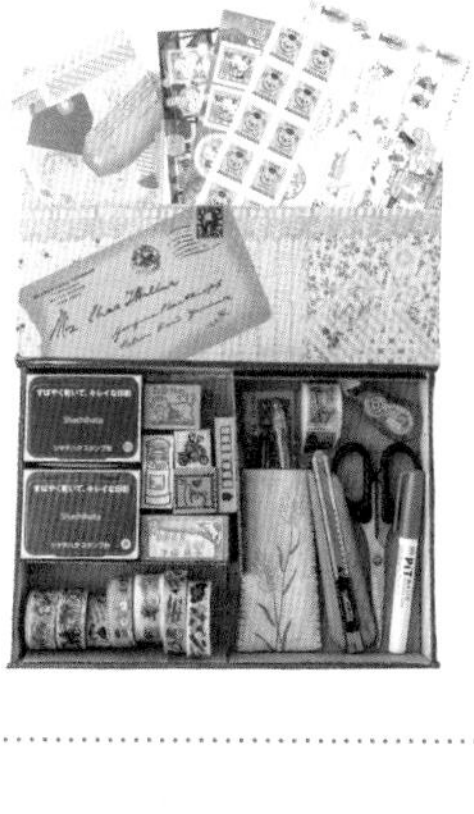

下條さんのバッグにいつも入っている道具箱。空き箱に郵便アイテム柄の布を貼って手作りしている。箱の中にはお便り作成時の必須アイテムを取り出しやすく配置し、イベントのテーマに合わせて切手、シールなどは毎回詰め替える。「マスキングテープは、種類が豊富な百均の定期巡視は欠かせません。観光地では御当地物に期待で、金沢では老舗の味噌屋さんでオリジナルテープ、書店内の文房具コーナーで近江町市場とひがし茶屋街のテープを見つけて即買いしました。こんな私でも、近年は買い過ぎないよう定期的に在庫確認し、店先でも熟慮するようになりました（笑）」と下條さん。

chap.02

切ったり貼ったりして はがきを飾る

このところ工作にはまる大人が急増中で、切ったり貼ったりして見事なお便りを作成する人も増えている。大人の工作は、上手でもヘタでも「味がある」と許してもらえそう…？

前原義子さんより

1 切手の博物館のクリスマス小型印

2 東京2020寄付金付特印

松浦まり子さんより

松浦まり子さんより

3 尾道《おのみち》局（広島・尾道市）

浄土寺多宝塔、尾道市街、千光寺山ロープウエー

4 日・シンガポール外交関係樹立50周年特印

赤尾光男さんより

1 サンタが隠れているのかと思いきや、裏返すと脱ぎ散らかした衣装だけ。百均のクリスマス飾りを使った楽しいお便り。

2,3 松浦さんは紙モノ好き。チラシや観光パンフレットなどを切って、センスのいい絵はがきや封筒に仕立てる。オリンピックの展覧会のチラシはモノクロにカラーの切手が映えるし、尾道のパンフはロープウエー越しの遠景が風景印とシンクロしている。

4 赤尾さんは「勝手に国旗シリーズ」を開始。国交関係の切手が出るたびに、色紙で国旗はがきを作成している。フリーハンドな感じがいい。

中澤さか枝さんより

5 横浜本牧元町《よこはまほんもくもとまち》局（神奈川・横浜市）

三渓園、旧燈明寺三重塔

九段《くだん》局（東京・千代田区）

靖国神社拝殿、九段のサクラ

川守田賢治さんより

6 盛岡大通《もりおかおおどおり》局（岩手・盛岡市）

石川啄木像、岩手山、開運橋、市花・カキツバタ

7 中尊寺《ちゅうそんじ》局（岩手・平泉町）

中尊寺金色堂覆屋、800年目に開花したハスの花

8 朝倉《あさくら》局（奈良・桜井市）

白山神社境内の万葉集詠始めの地碑、詠歌の情景、ツバキ

郡谷竜二さんより

9 若松本町《わかまつほんまち》局（福岡・北九州市）

若戸大橋、若松恵比須神社

渡辺知行さんより

10 上越新幹線開業35周年小型印

5 中澤さんは桜の押し花を貼り込んで毎年、お便りをくれる。来年の桜はどんなかな？

6 川守田さんは地元商店会「南部もりおか暖簾の会」の包装紙をカットして岩手山を表現。スタンプや短歌の配置もよく、私が好きな一通。

7 次の2通は私もやってみた編。使用済み切手なら山ほどストックがあるので。

8 切手のシート余白にもきれいなデザインが多く、捨てるのはもったいないので有効活用。切手、風景印と合わせて万葉期の雰囲気が出ている。

9 郡谷さんは市の情報誌を活用。青空の下、真っ赤な若戸大橋が堂々とたたずんでいる。はがきサイズだけどスケール感のある一枚。

10 渡辺さんは、かつては鉄道車両を設計していた筋金入りの鉄道ファン。平成29（2017）年に上越新幹線開通35周年の小型印が出た時に、コレクションから35年前の貴重な記念入場券とコラボさせた。

chap.02

局名で遊ぶ

全国のおもしろい地名や局名に敏感に反応する人もいる。中でも“局名おじさん”を自称する加藤和夫さん（郵政OB）は全国のおもしろ局名がほとんど頭に入っている局名博士。

高知・新居
1.6.20
8-12

BACK

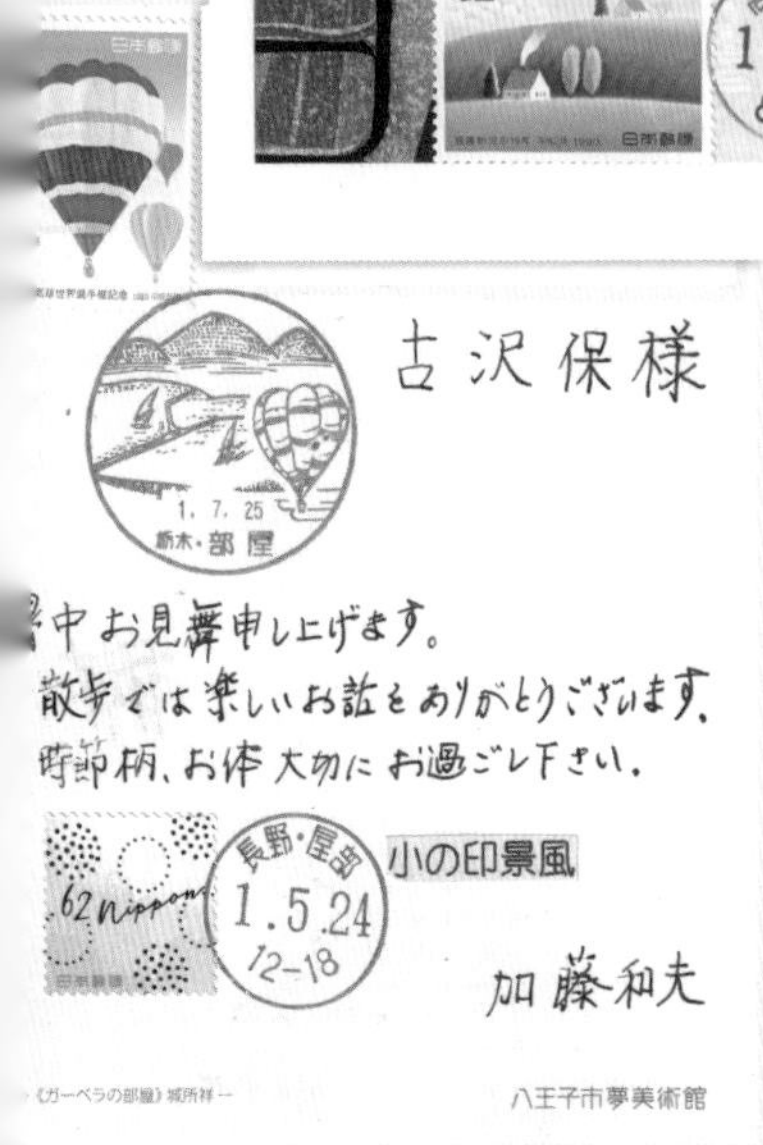
古沢保様
1.7.25
栃木・部屋
中お見舞申し上げます。
散歩では楽しいお話をありがとうございます。
時節柄、お体大切にお過ごし下さい。
長野・屋部
1.5.24
12-18
小の印景風
加藤和夫
《ガーベラの部屋》城所祥一
八王子市夢美術館

FRONT

1

部屋《へや》局（栃木・栃木市）
谷中湖、熱気球、三毳山

加藤和夫さんより

BACK

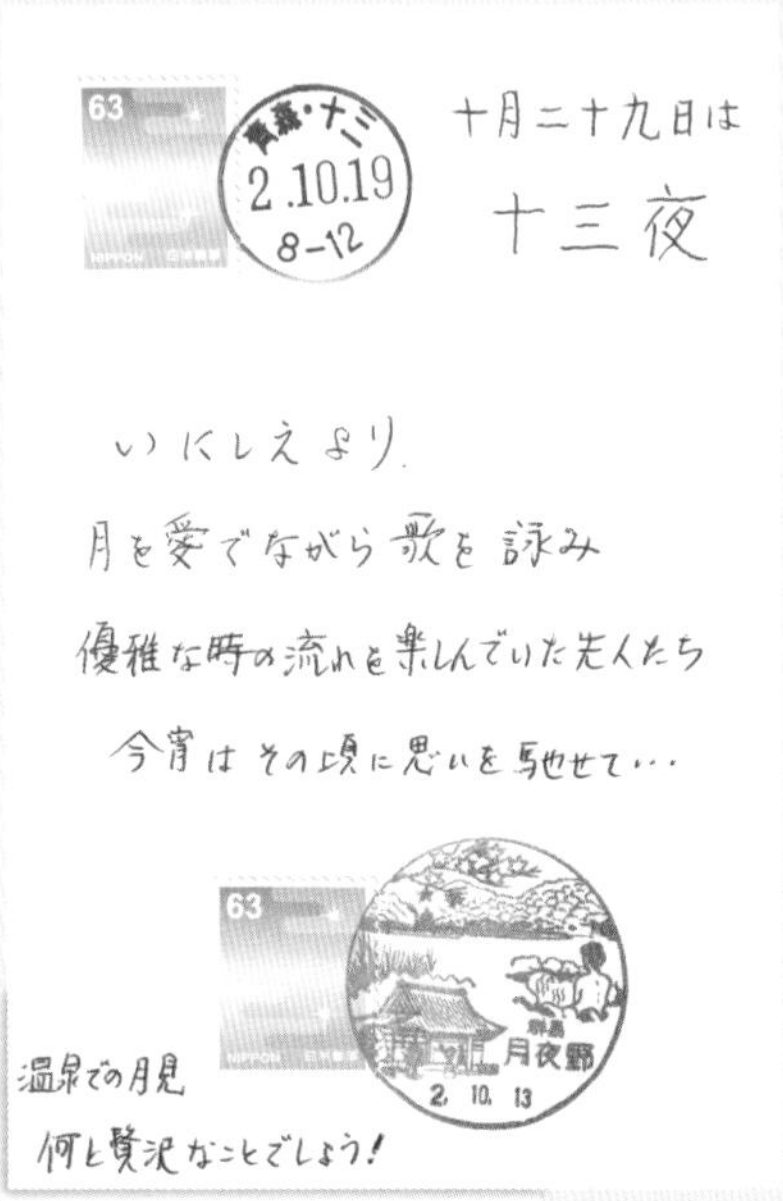
2.10.19
8-12
十月二十九日は
十三夜
いにしえより
月を愛でながら歌を詠み
優雅な時の流れを楽しんでいた先人たち
今宵はその頃に思いを馳せて・・・
温泉での月見
何と贅沢なことでしょう！
群馬
月夜野
2.10.13

FRONT

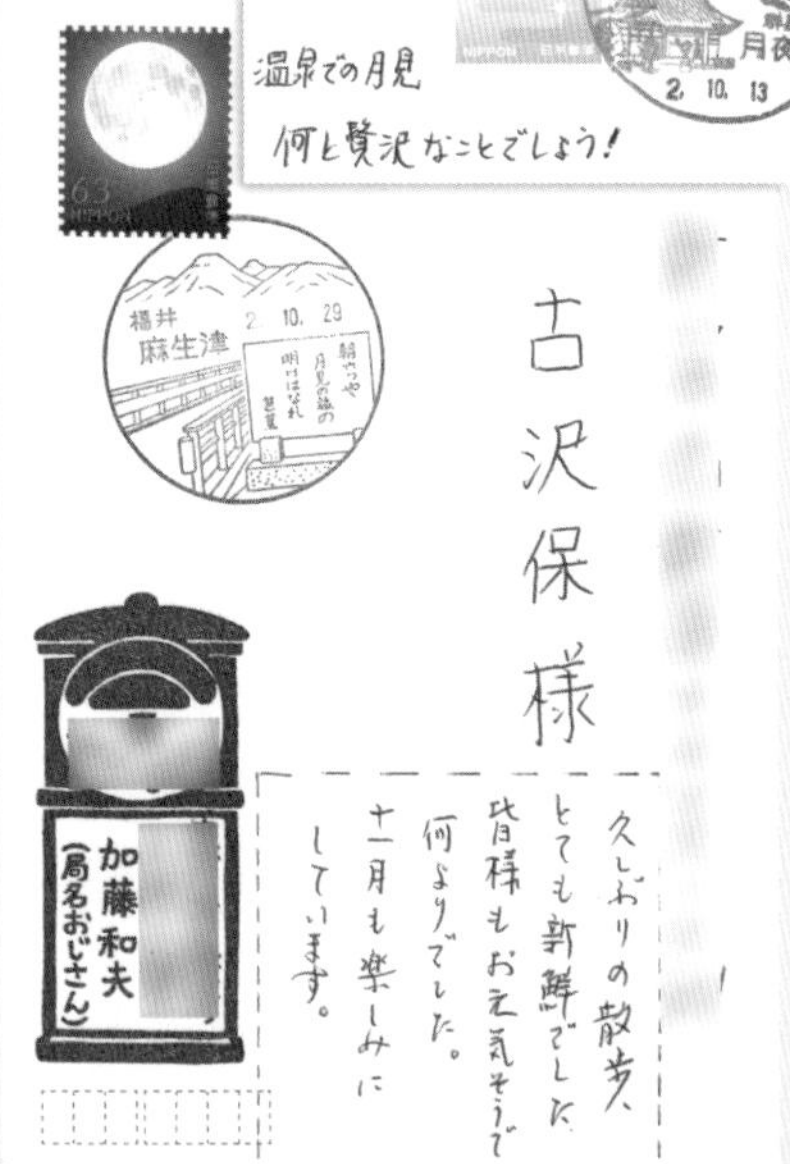
福井
麻生津
2.10.29
古沢保様
加藤和夫
（局名おじさん）
久しぶりの散歩、
とても新鮮でした。
皆様もお元気そうで
何よりでした。
十一月も楽しみに
しています。

2

月夜野《つきよの》局（群馬・みなかみ町）
千日堂、奈女沢温泉、大峰山

麻生津《あそうづ》局（福井・福井市）
あさむつ橋、芭蕉句碑、文殊山

加藤和夫さんより

1 加藤さんは、私がイベントで実施している「風景印の小部屋」（21ページ参照）を文字で表現。風景印は部屋局で、屋部《やぶ》局の黒活印を右読みで「風景印の小部屋」に改造（笑）。裏面は新居《にい》局の黒活印でマイホームのイメージ。本物の風景印の小部屋（＝私の自宅）はこんなおしゃれではありませんがね…。

2 こちらは十三夜のお便り。十三《じゅうさん》局の黒活印をお月様に見立てて、月《つき》夜《よ》野局の温泉の女性が見上げているのかな。表面は、お月様の切手に芭蕉の月見の句の風景印。

3 亀嵩《かめだけ》局
（島根・奥出雲町）
亀嵩そろばん、シャクナゲ、渓谷・鬼の舌震

亀田《かめだ》局
（秋田・由利本荘市）
史跡保存伝承の里・天鷺村、不動の滝

蒲田《かまた》局
（東京・大田区）
大田区産業プラザ、区民ホール、ジェット機、ウメの変形

岡本康子さんより

丸山雅之さんより

4 泉岳寺駅前《せんがくじえきまえ》局（東京・港区）
赤穂義士の墓とその門、大石内蔵助、サクラ

大石田《おおいしだ》局（山形・大石田町）
最上川、再現した江戸時代の船着場、小鵜飼船

京都御所ノ内《きょうとごしょのうち》局（京都・京都市）
若一神社のオオクス、鳥居、平清盛像

赤穂忠臣蔵《あこうちゅうしんぐら》局（兵庫・赤穂市）
赤穂城、大石内蔵助、浅野家と大石家の家紋

足助《あすけ》局（愛知・豊田市）
香嵐渓、アユ

FRONT

BACK

3 岡本さんからは謎かけのはがきが届いた。島根県亀嵩、秋田県亀田、東京都蒲田。一見バラバラなこの3局の関連とは？　ある世代以上の人ならピンとくるはず。

4 丸山さんは赤穂義士の切手に討ち入りの日付で泉岳寺駅前局から。裏側は局名の一部をつなげると大石内蔵助に。５文字ができたので、次は６文字に挑戦かな？（…と焚きつける）

※岡本さんのはがきの答え：松本清張の小説『砂の器』で刑事たちがたどる土地。蒲田で殺人事件が起き、証言者が耳にした会話を基に亀田を訪ねるが手がかりはなく、言葉のなまりに着目した結果、耳にしたのは亀嵩だと判明する。清張にちなんで、はがきも推理風なのが楽しい。

chap.02

訪問困難な土地から手紙を送る

訪問して、そこからお便りを出してくれたこと自体に価値がある場所もある。登るのが大変な山の頂上や海を隔てた離島、1日でハシゴするのは困難な複数の場所、などなど…。

FRONT

1

青瀬《あおせ》局（鹿児島・薩摩川内市）

カノコユリ、観音滝

高橋直樹さんより

BACK

2

FRONT

富士山頂局《ふじさんちょう》（静岡・富士宮市）

富士山、富士山頂局舎

富士山五合目局《ふじさんごごうめ》（山梨・鳴沢村）

富士山、ポスト、県花・フジザクラ

岡本康子さんより

BACK

FRONT

田邉友晴さんより

BACK

3

大泊局《おおとまり》（鹿児島・南大隅町）

佐多岬展望台、灯台、バナナの木

岡本康子さんより

4
乗鞍山頂《のりくらさんちょう》局（岐阜・高山市）
乗鞍山頂への登山道

上高地《かみこうち》局（長野・松本市）
大正池からの穂高岳

古川貴子さんより

5
#ALLFOR916
小型印

1 離島ハンターの高橋さんは、鹿児島県の竹島・黒島・甑島《こしきしま》の3島を制覇。風景印の青瀬局は甑島で、他の2島は黒活印。船が欠航したら会社は休む気満々？（笑）

2 山好きの岡本さんは長いはがきで富士山の2局を踏破。山頂には早朝に着いて開局前に下山しなければならなかったため、はがきは山小屋の方が預かってくれたそう。押印位置も、ちょうど五合目と山頂っぽい？

3 田邉さんは、本土最南端の佐多岬にある局から。風景印以外にも記念スタンプがある。本州や本土、日本の東西南北端も人が制覇したくなる場所。「本土」の解釈には諸説あり。

4 乗鞍と上高地は1日でハシゴ。両局にも素敵なスタンプがある。

5 近年は郵頼《ゆうらい》（18ページ参照）を受け付けず、特設ポストに投函しないと押してもらえないなど条件付きの小型印も存在する。沖縄の安室奈美恵小型印もそのひとつ。沖縄まで行ってこれを送ってくれた古川さんに感謝！

6 湯浅さんは、北海道の夜景を描いた切手の初日印を押すために4都市を1日で巡回。すべて道内と言えど朝から晩まで1日がかりで、周到に準備しないとまわり切れない。

湯浅英樹さんより

6
室蘭《むろらん》局
（北海道・室蘭市）
白鳥大橋、船、カモメ、クジラの変形

小樽《おたる》局
（北海道・小樽市）
小樽運河、旧倉庫群

函館中央《はこだてちゅうおう》局
（北海道・函館市）
五稜郭、五稜郭タワー、金森倉庫、夜景、函館山

日本の夜景シリーズ
初日印

佐々木秀司さんより

1 江原南山《こうげんなんざん》局（韓国・江原道）※廃印

片山 俊さんより

2 承恩門《しょうおんもん》（台湾・台北市）

ウィンシーさんより

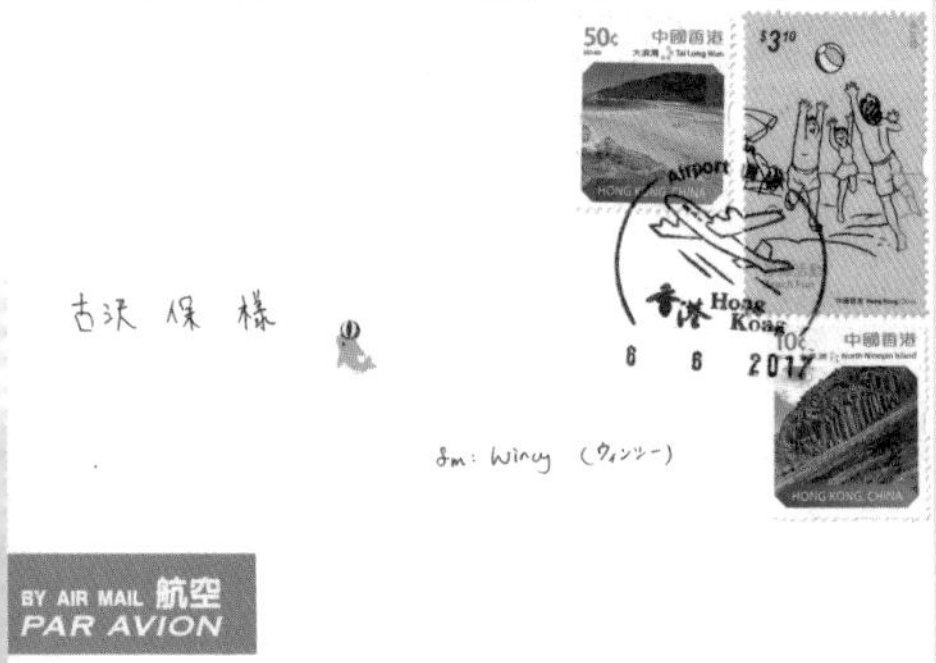

3 機場《きじょう》局（香港・香港島）

chap.02

外国から風景印で送る

フットワークよく海外から風景印でのエアメールに挑戦してくれる人もいる。外国は風景印の実態がよくわからない国が多く、届くお便りの一つひとつが貴重な情報だ。

1 佐々木さんは韓国に足繁く通って風景印を集めている。図版の冬のソナタ像の風景印は、残念ながら2020年に使用局自体が廃止になった模様。日本よりやや小さい直径33㎜ほどで、黒インク。

2 台湾の風景印は切手を消印するのではなく、郵便物の余白に記念スタンプのように押す。直径40㎜ほど、色は赤紫。印上の地名は郵便局名ではなく観光地名。

3 香港の空港内の局から。ウィンシーさんは日本留学中に東京風景印歴史散歩に参加してくれていたが、今も元気そうで何より。直径32㎜ほどで黒色。はんこ文化のアジア圏には風景印が存在する国が多い。

4 木村さんは珍しい東欧のチェコから。直径28㎜とコンパクトで黒色。

5 山本さんはパリの郵便博物館から。直径32㎜ほどで濃い紫色。

6 石渡さんはヴァチカン市国から差し出してくれたが普通の機械印が押されてしまい、記念押印できたものをコピーで送ってくれた。直径35㎜ほどで黒色。

7 世界遺産にも登録されているスイスの名峰、ユングフラウヨッホが描かれた風景印。直径31㎜ほどで黒色。

8 南半球を攻めた石田さん。オーストラリアで写真のポストに投函するとキャプテン・クックの家の消印が押される。機械印が重なっているのが残念。直径39㎜ほどで黒色。

9 ニュージーランドは日本のようにきれいな押印。直径36㎜ほどで黒色。

判明している海外の風景印使用国一覧

韓国、中国、台湾、香港、シンガポール、ミャンマー、インド、パキスタン、イギリス、フランス、ドイツ、スペイン、オーストリア、スイス、スウェーデン、ノルウェー、フィンランド、スコットランド、リヒテンシュタイン、ヴァチカン市国、モナコ、サンマリノ、ノルウェー、チェコ、ベラルーシ、ロシア、トルコ、南アフリカ、アメリカ、カナダ、グリーンランド、オーストラリア、ニュージーランド、ニューカレドニア、ジンバブエ、ミクロネシア

木村晴美さんより

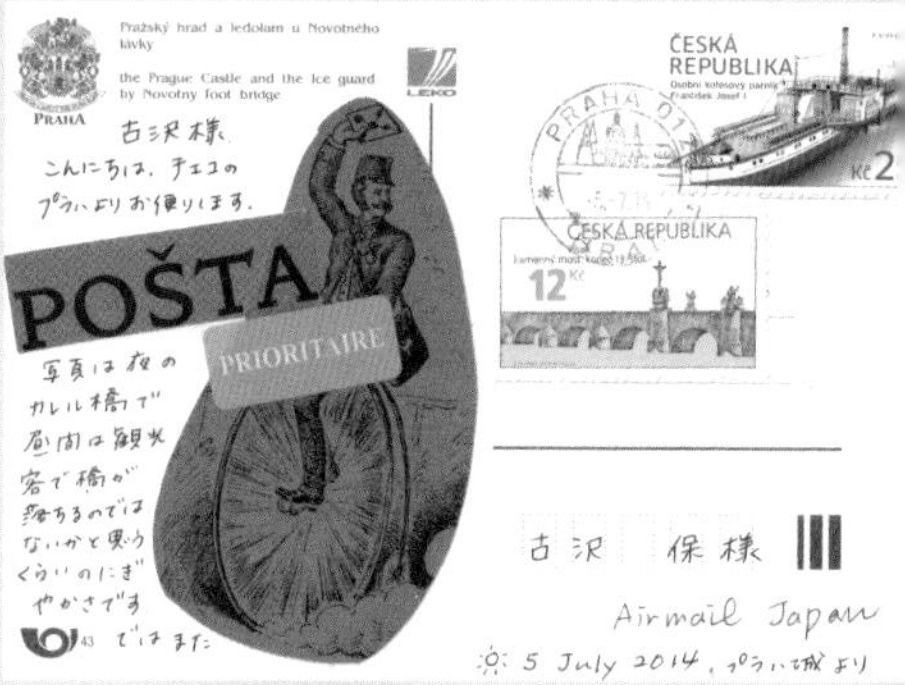

4 プラハ012《ぷらはぜろいちに》局（チェコ・プラハ）

山本美佳さんより

5 郵便博物館《ゆうびんはくぶつかん》（フランス・パリ）

石渡眞知子さんより

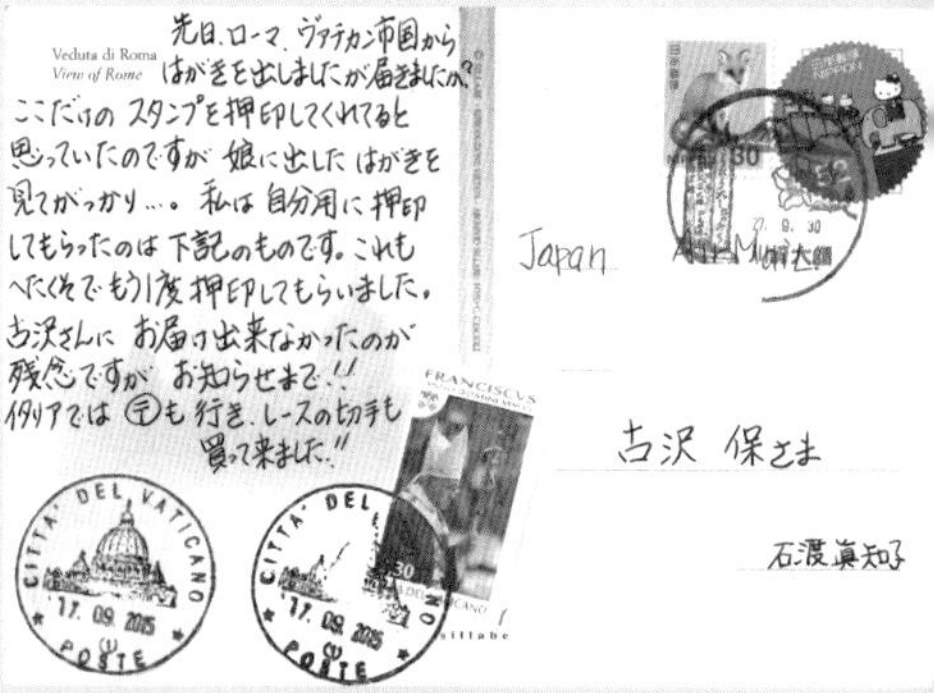

6 ヴァチカン《ゔぁちかん》局（ヴァチカン市国）

片山 俊さんより

7 ユングフラウヨッホ山頂《ゆんぐふらうよっほさんちょう》局（スイス・ベルン州）

石田理恵さんより

英国から移築されたキャプテン・クックの家
この可愛らしいレトロな丸ポストに投函すれば
必ず絵入消印が押されるんだそうです。

8 Cooks' Cottage前ポスト《くっくすこてーじまえぽすと》（オーストラリア・メルボルン）

石田理恵さんより

9 オークランドメールサービスセンター《おーくらんどめーるさーびすせんたー》
（ニュージーランド・オークランド）

各国の風景印事情

私のブログで外国の風景印情報を募集したところ、多くの投稿が届いた。
ぜひ、集める際の参考にしていただきたい。

韓国

配備局リスト：https://stamp.epost.go.kr/sp2/sc/spsc0242.jsp?selKeyword=

自分で押す方式。リストには現在500種類弱が掲載されている。

1

中国

愛好家サイト：https://www.youcbook.com/a/fengjingrichuo/

郵頼しても返ってこない。現地の郵便局窓口で依頼すると、オフィスに通され、押印してもらえたという情報も（1）。

香港

配備局リスト：https://aaos.hongkongpost.hk/aaos/Pages/postmark_s01_tc.html

2021年時点で、各局固有の図案が11局、共通の図案が27局に配備。郵政総局やビクトリアピーク郵政局などに風景印ポストがあり、そこに投函する。日本から郵頼もOK。

世界の風景印の現状

小村啓さんより

「オランダ、ベルギー、イタリアではすべて廃止になっています。現在でも盛んに使われ、新印も発表されているのはカナダ、オーストラリア、スペインです。ノルウェーは新しい風景印が出る時、メールで案内してくれます（4）。南アフリカ（5）、中国はIRC（国際返信切手券）を同封して依頼しても何も返ってきません。ロシアもうまく回収できないことが多く困っています（6）」

4

5

6

台湾

配備局リスト：https://www.post.gov.tw/post/internet/Philately/index.jsp?ID=508

世代が変わる毎にすべての風景印を作り直しているようで、現行のものが第４世代。複数種類の風景印を持つ局もあり、現在300種類以上。日本から郵頼もOKだが、UPU（万国郵便連合）に加盟していないので、現地の切手が必要（※次ページ参照）。

2

ミャンマー

日本の郵便技術をミャンマーに伝える事業の一環で導入されたもので、ヤンゴン中央局、マンダレー中央局、ネーピードー中央局に配備。日本から郵頼もOKだが、現在は情勢的に可能か不明（2）。

3

インド

愛好家サイト：http://www.indianphilately.net/ppc.html

1951年にデリーの世界遺産クトゥブ・ミナールなどの郵便局で使用を開始し、1974年からインド全土に拡大。名所近辺等の専用ポストに投函すれば押印される。ただ、手入れが悪いらしく、きれいに押されたものは少ない（3）。

フランス

郵便物は風景印ポストに投函する。記念押印はノートのみで、日本のようにはがきや名刺カードには押してくれない。郵便博物館やモンサンミッシェル内局などにある。

モナコ

切手とコインの博物館で風景印ポストに郵便物を投函すると押してもらえる。

ニュージーランド

郵趣センターリスト：https://collectables.nzpost.co.nz/postmark-date-stamp-service/

国内数か所のセンターで収集家向けに押印サービスを実施。受付は郵頼だけの模様。

依頼状はどうする？

依頼状見本（8）を提供してくれたのはIRCを使った海外郵頼の先駆者・小村啓さん。見本はスペイン宛ての例。「依頼文は英語で、英語以外の言語の国には『私はそちらの言葉が書けませんので、申しわけないが英語で書かせていただきます』と加えます。できるだけ『ありがとう』ぐらいはネットで調べて、相手国の言葉で書いています」とのこと。

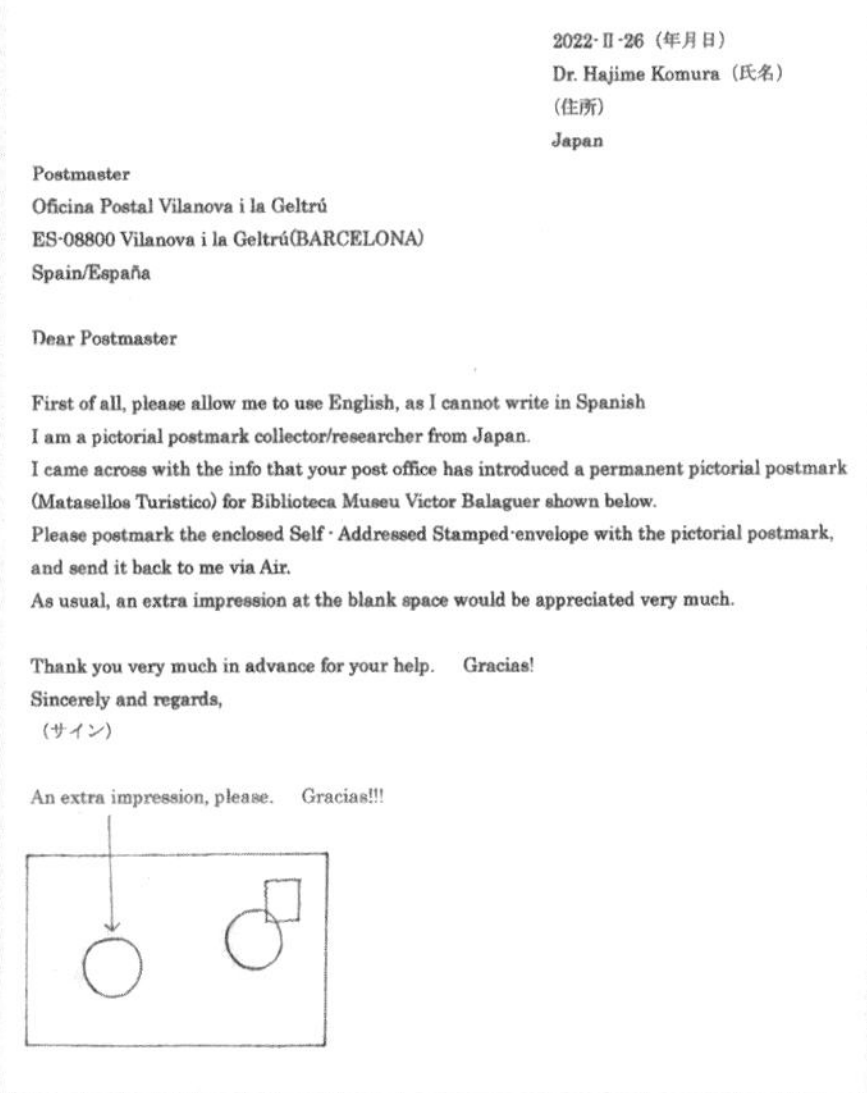

2022･Ⅱ･26（年月日）
Dr. Hajime Komura（氏名）
（住所）
Japan

Postmaster
Oficina Postal Vilanova i la Geltrú
ES-08800 Vilanova i la Geltrú(BARCELONA)
Spain/España

Dear Postmaster

First of all, please allow me to use English, as I cannot write in Spanish
I am a pictorial postmark collector/researcher from Japan.
I came across with the info that your post office has introduced a permanent pictorial postmark (Matasellos Turistico) for Biblioteca Museu Victor Balaguer shown below.
Please postmark the enclosed Self・Addressed Stamped-envelope with the pictorial postmark, and send it back to me via Air.
As usual, an extra impression at the blank space would be appreciated very much.

Thank you very much in advance for your help.　Gracias!
Sincerely and regards,
（サイン）

An extra impression, please.　Gracias!!!

8

7

外国に風景印を郵頼するには？

風景印配備局に日本にいる自分宛ての手紙を送り、風景印で発送（引受消印）してもらう。相手国の切手を持っていればいいが、ない場合に役に立つのがIRC（国際返信切手券）だ（7）。UPU（万国郵便連合）に加盟している国であれば、IRCを受け取った相手は現地の郵便局でレートと関係なく手紙（航空便）の基本料金ぶんの切手と交換できる。日本では郵便窓口で1枚150円で販売しており、受け取った場合は130円切手か、料額印面が印刷された国際郵便はがきまたは航空書簡と引き換えてもらえる。

郵頼結果報告

青木伸太郎さんより

9

青木さんは『地球の歩き方』や『WORLD RADIO TV HANDBOOK』を参考に、風景印のありそうな都市の郵便局に郵頼している。「返信率は70%くらい。インド、パキスタンは取り扱いがずさんなのか封筒が汚れてくることが多く、アメリカ（9）、カナダは風景印の上に機械印が二重消印されることが多い。北欧、スイス、リヒテンシュタインなどは消印が切手に少しだけかかり、封筒もきれいなまま。お国柄がよくわかります」。

※情報提供、ありがとうございました：小村啓さん（このページの図版もすべて）、青木伸太郎さん、坂上充彦さん、山本美佳さん、石田理恵さん、片山俊さん、nozomaroさん、asuranさん、山岡武志さんほか

chap.02

郵便規則を活用する

郵便には様々な規則があり、上手に活用するとちょっと変わったお便りを送れることもある。種明かしをされて「なるほど～」と思わされる手紙はおもしろい。

谷之口 勇さんより

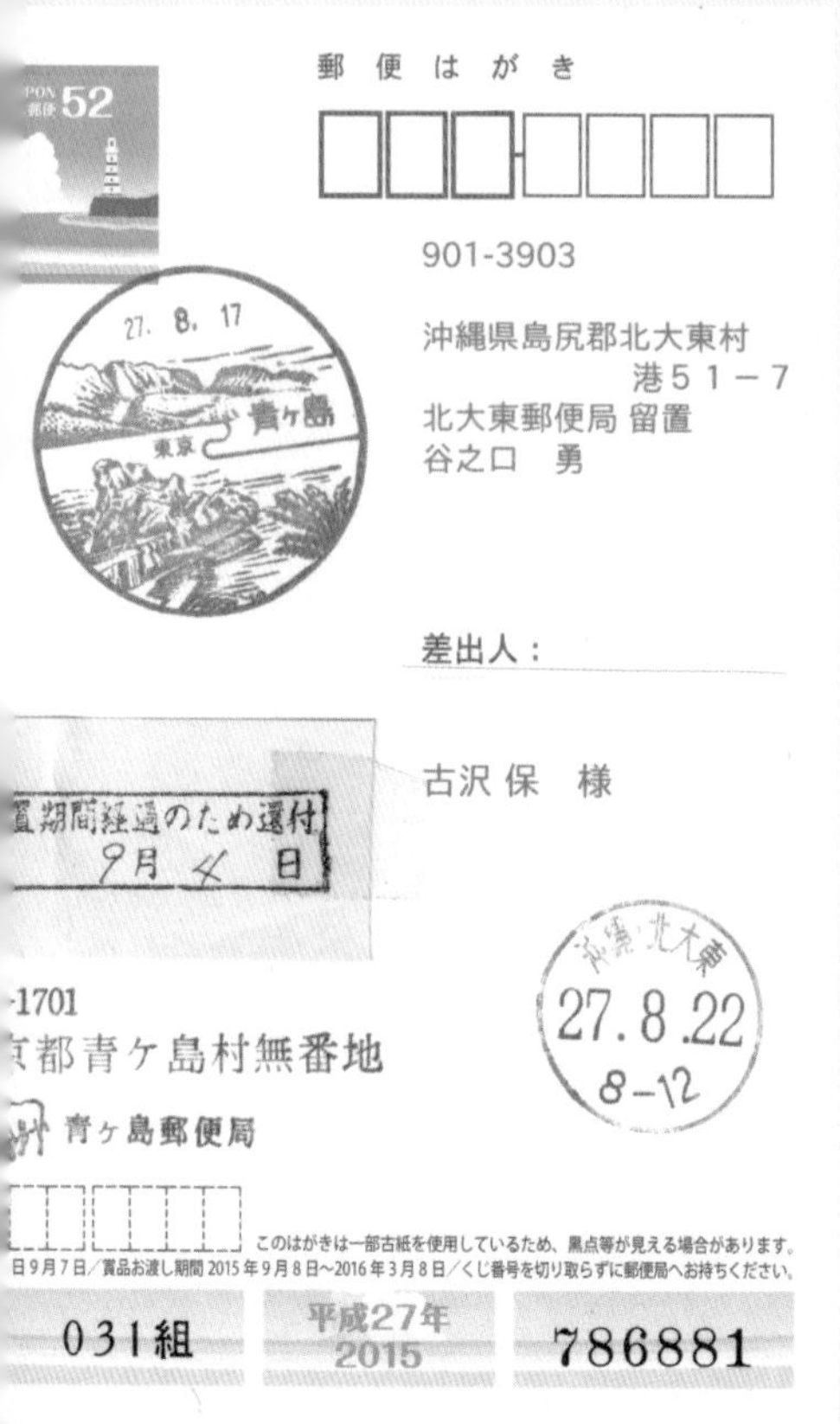

1 青ヶ島《あおがしま》局（東京・青ヶ島村）

三宝港、島の観葉植物・オオタニワタリ、池之沢

牛尾隆興さん、一美さんより

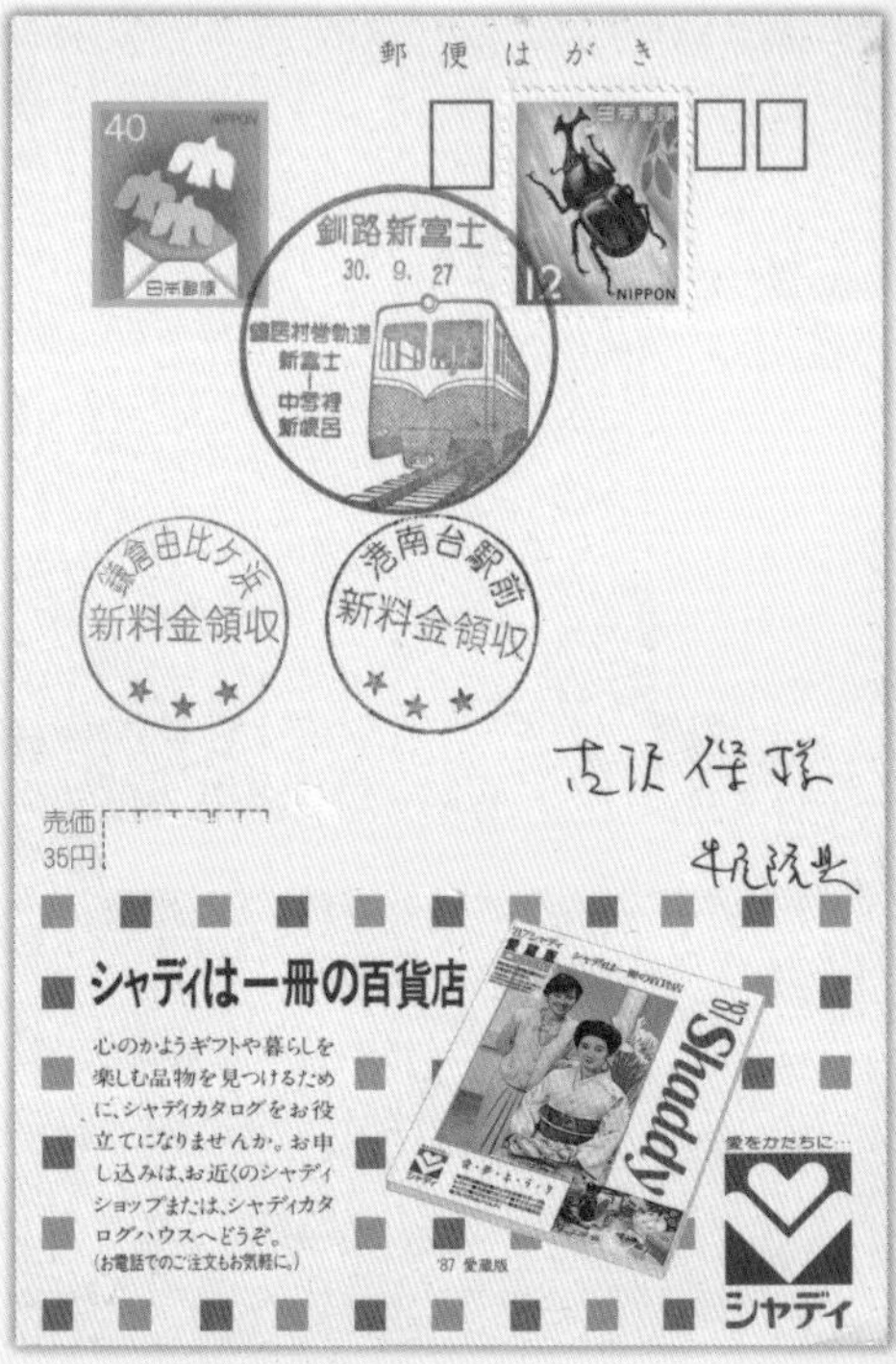

2 釧路新富士《くしろしんふじ》局（北海道・釧路市）

かつて運行していた簡易鉄道・鶴居村営軌道

1 出した覚えのないはがきが、沖縄県から返ってきたミステリー。「留置《とめおき》」は指定した局で郵便物を受け取れる制度で、受け取りに行かないと２週間後に差出人に戻される。谷之口さんは東京・青ヶ島局から沖縄・北大東局留のご自分宛てに差し出し。差出人を東京の古沢にしていたため、私のところに届いたのだ。

2 はがき料金62円の時代に切手は52円分のみ？　かつては郵便料金が上がった時、差額を窓口に払って「収納印」を押す制度があった。このはがきには赤と青２つの収納印があり、40円→41円の時に１円、41円→50円の時に９円支払い済みなのだ。

3 岡崎北野《おかざききたの》局（愛知・岡崎市）
鹿ヶ松、三頭の白いシカ

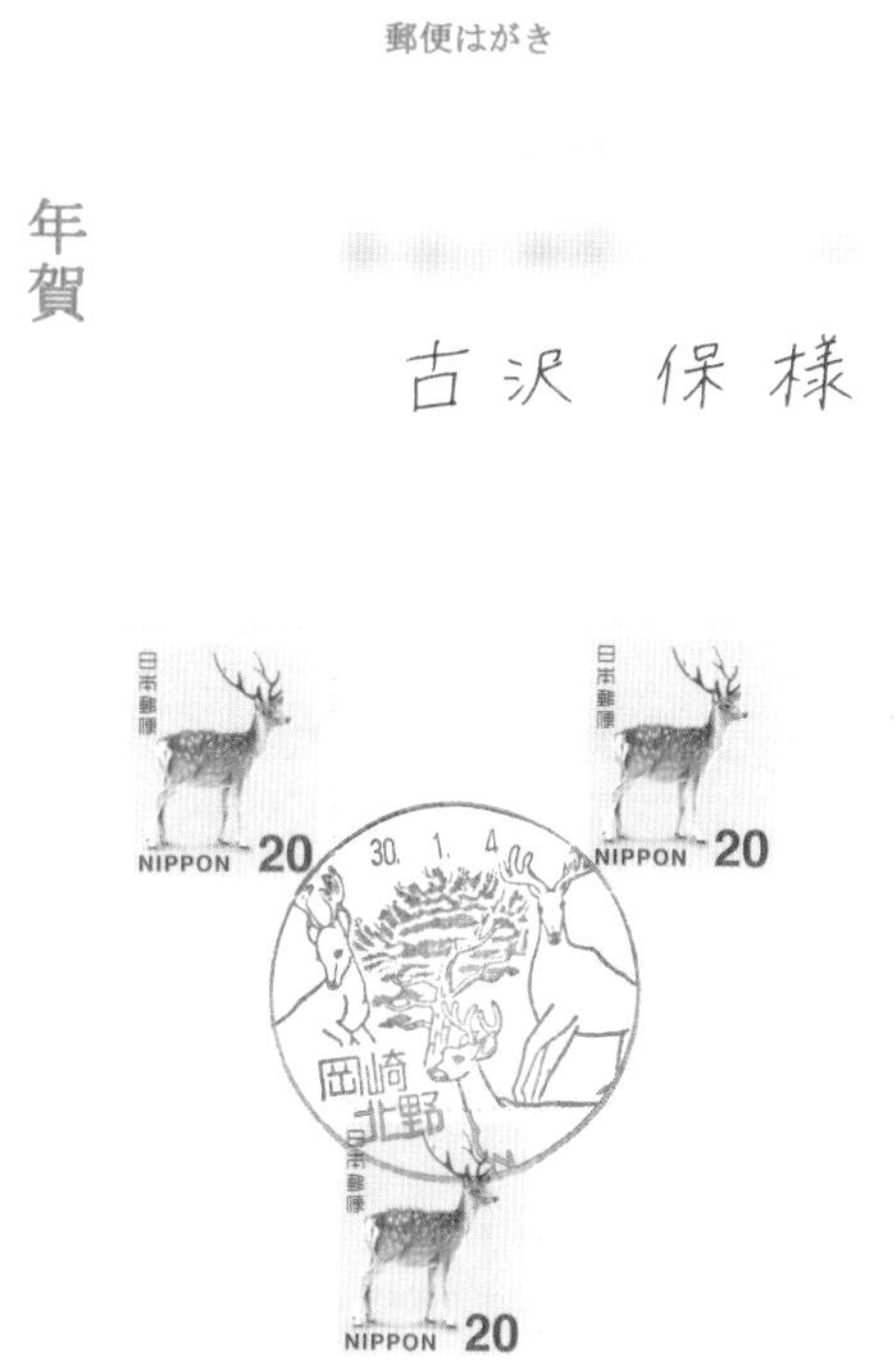

3 私もやってみた編。鹿の切手を３枚貼って鹿３頭の風景印で出したかったのだけど、平成30（2018）年のはがき料金は62円。そこで、はがき料金が上がった初年に年賀状だけは旧料金の52円で配達してくれた特別措置を活用。これなら60円で足りているというわけ。

4 18円切手と52円切手に記念押印した年賀カード２枚を、木村さんからいただいた。１種類の消印なら、大きな台紙に２つ押印してもらい、２枚にカットしたのだとわかるが（24ページ参照）、２枚にはＡとＢ別々の消印が押してあり、謎は深まる…。木村さんに作成法を聞くと、大きな台紙をカットするところまでは正解。52円にも18円にもＡを押したものとＢを押したものを多数作成し、カットした後にＡとＢを１セットにしていろんな友人にあげていたのだそう。あ〜、頭の体操になった！

A

B

4
平成30年用年賀初日印（機械）Ｂ
平成30年用年賀初日印（手押し）Ａ

木村晴美さんより

chap.02

変わり種の郵便物に風景印を押す

はがき代わりに紙皿やうちわが送られてきたり、しゃもじやひょうたんがむき出しで届いたり。配達員さんにしてみれば、我が家はきっと、ヘンな家…。

FRONT

BACK

1 十日町高田《とおかまちたかだ》局（新潟・十日町市）

雪輪文様の中に着物、糸車、雪ときもののまちの文字

和の文様シリーズ初日印

高橋由美子さんより

2 宮島《みやじま》局（広島・廿日市市）

厳島神社の平舞台、大鳥居、舞楽

原田洋子さんより

4 重茂《おもえ》局（岩手・宮古市）

重茂半島トドヶ埼灯台、アワビ、ワカメ、鵜

赤尾光男さんより

原田洋子さんより

BACK

FRONT

3 恩納《おんな》局（沖縄・恩納村）

谷茶海岸、アダン

BACK

4 赤尾さんから届いたのは、本州最東端訪問証明書。風景印にはそこにあるトドヶ埼灯台が描かれている。本州の東西南北に証明書があるそう。

1 変形のはがきを「ダイカットカード」と言う。着物型のカードを使ったのは、絵はがき探しのプロ・高橋さん。

2 宮島の送れるしゃもじは土産品としても有名。わりと古くから存在する変わり種郵便物のひとつ。

3 原田さん第2弾はゴム製のパイナップルはがき。触り心地はクニャクニャ。

6
切手趣味週間特印

石田理恵さんより

高橋由美子さんより

5 京都中央局《きょうとちゅうおう》（京都・京都市）

東寺五重塔、舞妓

下條朋子さんより

7
冬のグリーティング
初日印

8 切手の博物館の
クリスマス小型印

根本美穂さんより

FRONT

5 はがき代用品の定番と言えば、うちわ。夏になると街で配っていて、いいデザインも多いから使わない手はない。

6 風神雷神の切手が出るのを知って、改源のど飴を消費しまくった石田さん。よくぞ思いついたこのコラボ。

7 下條さんの空き箱をカットしたクリームシチュー便はFKD総選挙（88ページ参照）でも人気の高かった一通。ちょうどシチューの切手が出て、初日印と完璧なマッチング。

8 根本さんは雑誌の表紙を切り抜いてクリスマスのお便りに。

9 前原さんは百均で販売している紙皿を利用。

9
神田局《かんだ》（東京・千代田区）
聖橋、ニコライ堂大聖堂

前原義子さんより

石渡眞知子さんより

11 大里《おおざと》局（沖縄・南城市）

鬼、ムーチー、四角の変形

BACK

FRONT

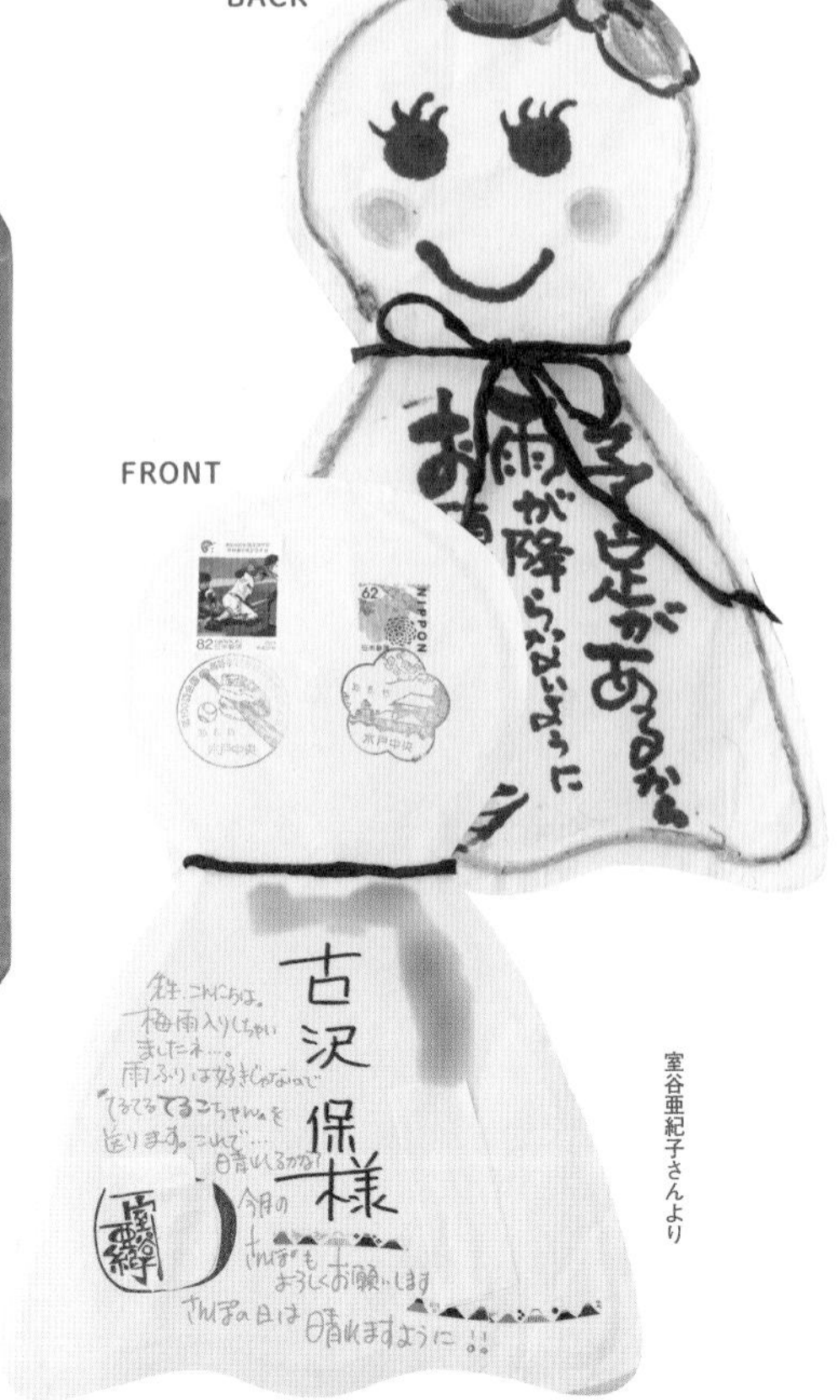

室谷亜紀子さんより

10 水戸中央《みとちゅうおう》局（茨城・水戸市）

偕楽園好文亭、ウメ、ウメの変形

高等学校硬式野球大会特印

12 佐原《さわら》局
（千葉・香取市）ほか

小江戸・佐原、小野川、伊能忠敬旧宅、柳

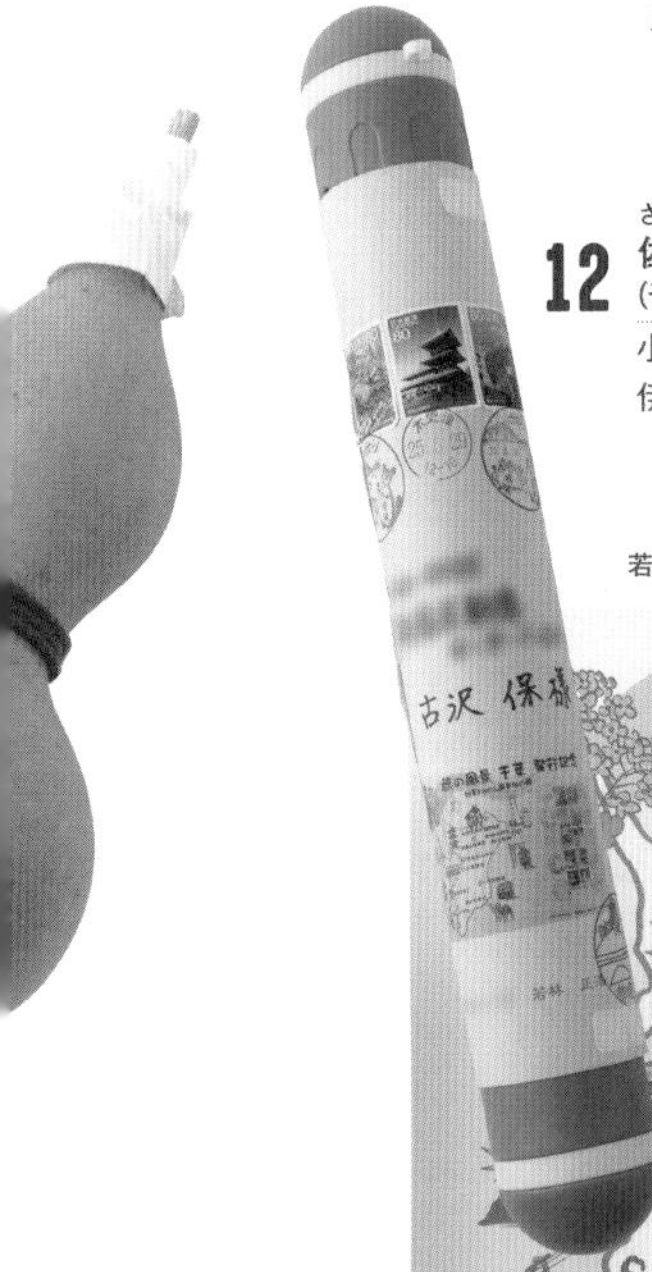

若林正浩さん、石堀由麻さん、嘉藤雅子さんより

13
福岡《ふくおか》局（富山・高岡市）
岸渡川、ニシキゴイ、サクラ、菅笠

FRONT

BACK

船嶌雅道さんより

10 雨の季節に室谷さんから、てるてる坊主がむき出しで届いた。長辺は28㎝程度で、表面に宛名が書いてある。裏面は画用紙の縁に紙ロープを貼って頑丈にし、半紙を上貼りしている。雨に濡れることなく、無事我が家に届いたよー。

11 石渡さんから届いた迫力の節分便り。段ボールを切ったままなのが、ワイルドタッチの絵に合っている。

12 ある日、私の家に筒が届いた。中から出てきたのは平成25（2013）年に発行した「旅の風景シリーズ・千葉」の10種類の切手に、10局の関連風景印を押してまわった見事な台紙。差し出しは３人連名で、楽しく千葉を縦断した様子が伝わってきた。

13 最近、“風景印探偵見習い”を名乗る船嶌さんからクリアファイルを封筒代わりにした手紙が届くようになった。中身は残暑見舞いなら、ラジオ体操の出席カードに映画『少年時代』の古いチラシなど夏休みを思わせるもの。宝物が出てきそうで届く度にワクワクする。

14 木村さんから届いた、荷札の付いた小さなひょうたん。楊枝を挿した栓を抜くと、巻物の手紙が出てくるという仕掛け。風景印の図案はひょうたんと大わらじ。ミニわらじは手編みで作り、ひょうたんは実家の父上からいただいたとか（何でも調達できる素敵な親子！）。

14
千歳《ちとせ》局（大分・豊後大野市）
ひょうたん祭の装束人形、ひょうたん、大わらじ

木村晴美さんより

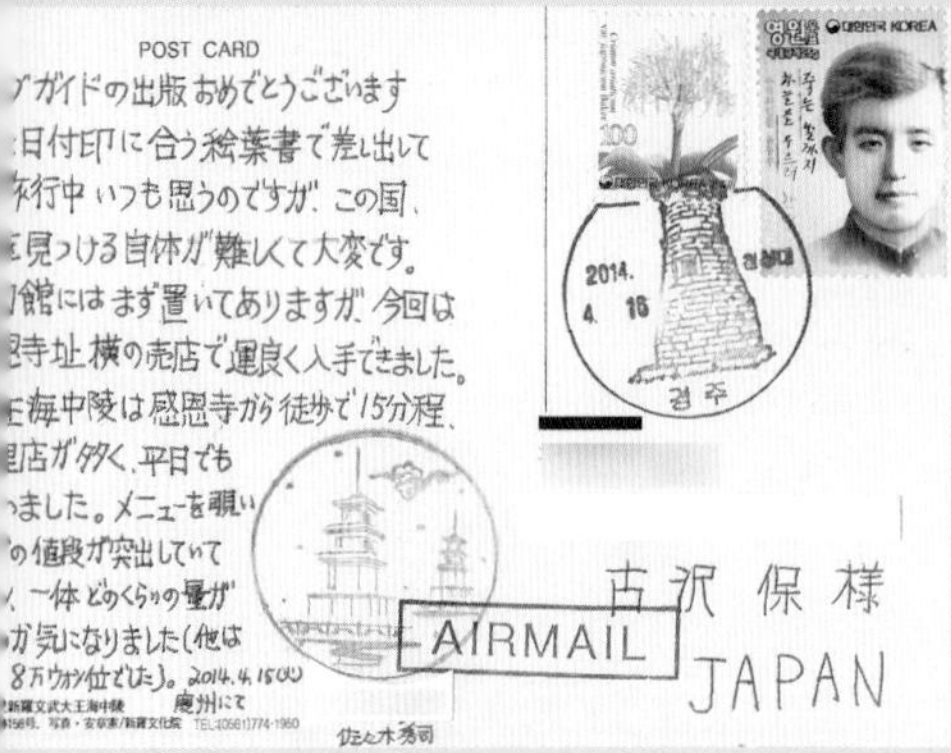

佐々木秀司さんより

1 慶州《けいしゅう》局（韓国・慶州市）

風景印のまわりを文字で埋める

文字も手紙の大切な要素のひとつ。絵や写真がなくても、風景印の図案説明や旅先の体験などを、きれいな文字でギッシリ書いてくれれば、素敵な風景印便りになる。

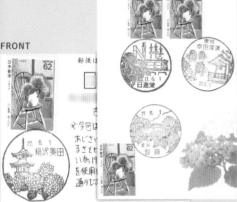

FRONT

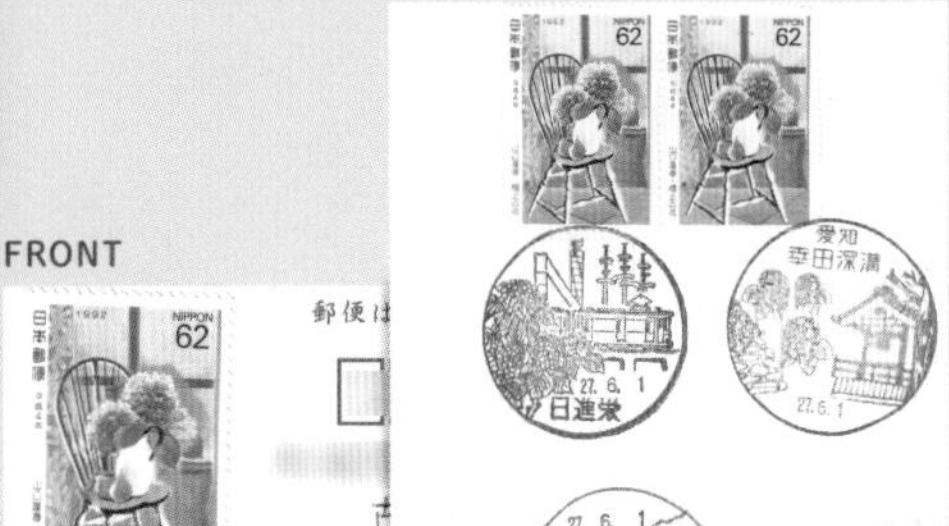

BACK

内藤嘉信さんより

3 稲沢奥田《いなざわおくだ》局（愛知・稲沢市）ほか

性海寺、アジサイ

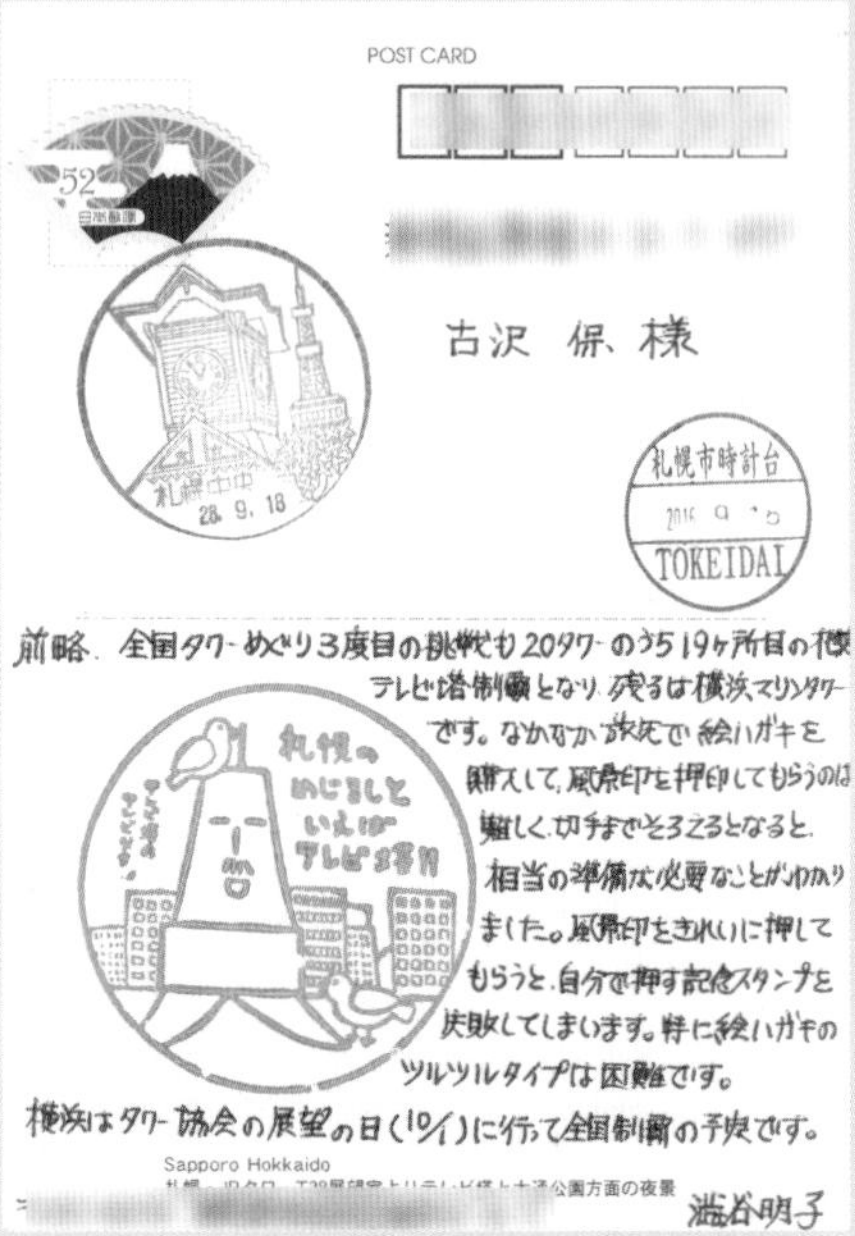

澁谷明子さんより

2 札幌中央《さっぽろちゅうおう》局（北海道・札幌市）

時計台（旧札幌農学校演武場）、テレビ塔、ライラック

1 佐々木さんは韓国から。ハングルを彷彿させる四角い文字で、異国の様子を伝えてくれる。

2 澁谷さんは家族で全国のタワーめぐりを楽しんで３周目！ 記念スタンプの円周をぐるっと囲むように文字が続いており、それほど伝えたいことがいっぱいなのだろう。

3 内藤さんは地元であじさいめぐり。名所の説明が詳しく書き込まれ、現地を旅したような気分になる。裏面はあじさいの絵はがきで、日進栄局など３局の風景印が押されている。

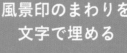

chap.02

個人的な事柄を手紙で表現する

誰が見ても感心する「作品」に仕上げるのも大事だけど、送り主だけがわかる超個人的なお便りも、もらったらうれしい。その人の生活の一端をかいま見せてもらえた気がする。

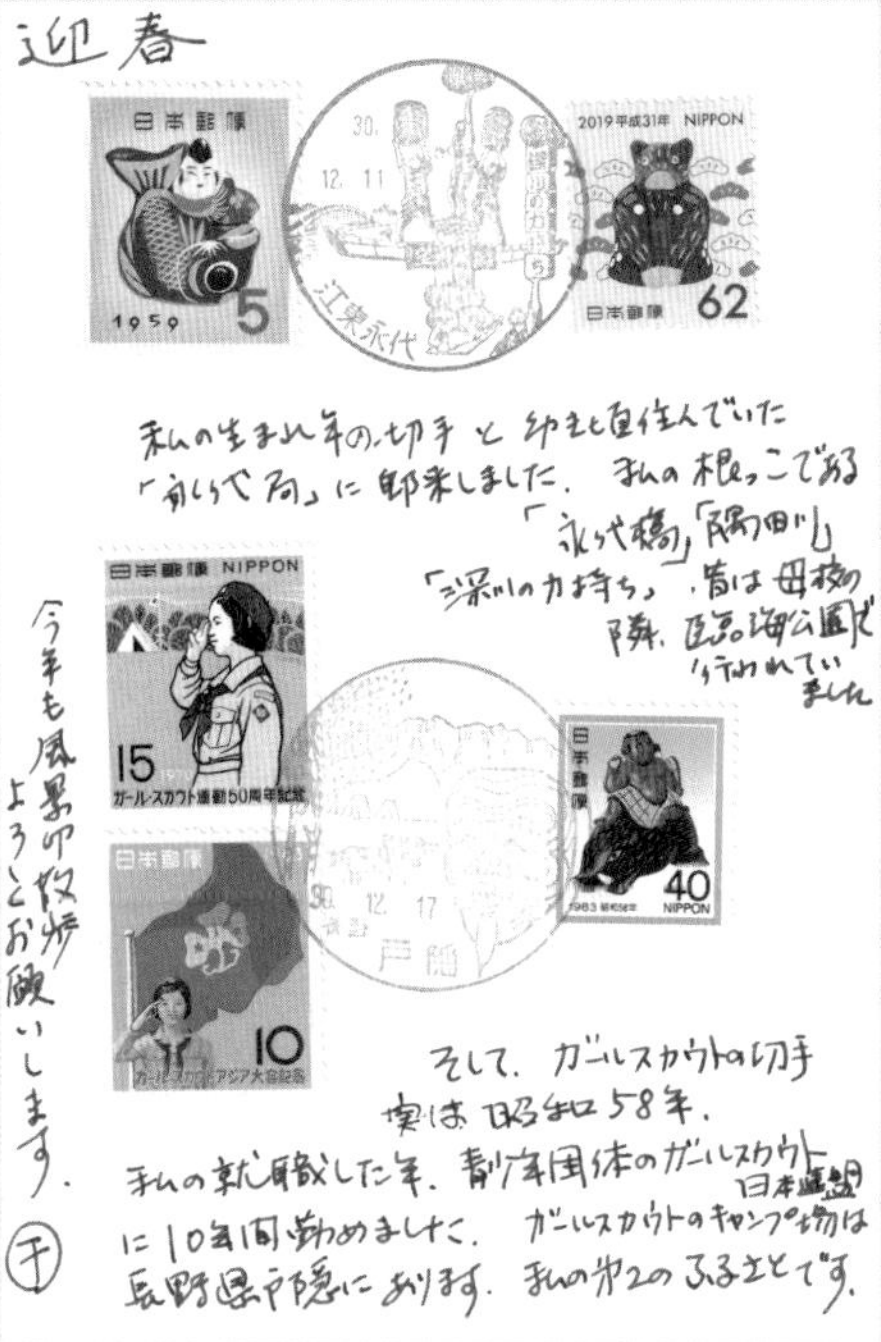

丸山千津子さんより

2 江東永代局《こうとうえいたい》（東京・江東区）
深川の力持ち・宝の入船演技、永代橋

戸隠局《とがくし》（長野・長野市）
戸隠高原、シラカバ、バンガロー、翁の面

1 成田《なりた》局空港第2旅客ビル内《くうこうだいにりょかくびるない》分室（千葉・成田市）
旅客機、第2ビル玄関

増川光広さんより

1 増川さんは検定ハンター。さまざまな検定を受けては、受験地や関連の風景印で送ってくれる。「成田空港力検定」っておもしろいけど、受かったら何ができるようになるんだろう…？

2 平成31（2019）年に年女を迎えた丸山さん。生まれ年の年賀切手に故郷・江東永代局の風景印、ガールスカウトの仕事をしていた時に縁の深かった長野県戸隠局の風景印など、ご自身の人生が5枚の切手、2つの風景印に凝縮されている。こんな自分史便り、もっと多くの人のものを見てみたい。

3 竹内さんは、仲間うちでは有名な銭湯好き。東京オリンピックの寄付金切手が出た時も、裏に印刷した写真は「オリンピック湯」。江東区北砂で平成23（2011）年に廃業したそうで、この写真は貴重な思い出。

BACK

FRONT

3 東京2020寄付金付特印

竹内鷹徹さんより

風景印お便りの楽しさを共有しよう

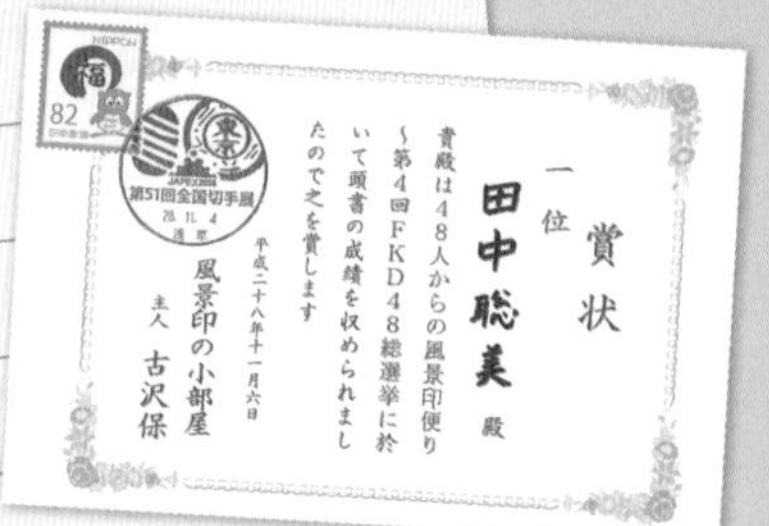
賞状
一位
田中聡美 殿
貴殿は48人からの風景印便り～第4回FKD48総選挙に於いて頭書の成績を収められましたので之を賞します
平成二十八年十一月六日
風景印の小部屋
主人 古沢保

1

日々、郵便受けに届く見事なお便りの数々。ひとりで楽しんでいるのはあまりにもったいないと企画したのが、「風景印の小部屋」（21ページ参照）で人気投票を行なう「FKD48総選挙・48人からの風景印アイデア便り」だ。FKDは「風・景印・便り」の略で、猫も杓子もアルファベット3文字に48を付けたがったご時世に乗っかり、今も続いているのだ！

会場には毎回48人のお便りを展示し、参観者が気に入ったお便りに投票してもらう。投票用紙に自発的に応援メッセージを書き、毎回特定の送り主に投票する人も現れ、すっかりファン心理。私の独断と偏見で作品を紹介するトークショーも毎回立ち見が出るほど。過去のノミネート作品はブログ「風景印の風来坊」で見られるので、ぜひお楽しみを。

3

2

4

賞状もはがきサイズ（1）。トークショーの写真は私の自前。1枚で入りきらないので、毎回左右から撮るのがお約束（2）。FKDのシンボル？　英国みやげのポスト型貯金箱が投票箱（3）。少年はどのお便りに投票したのかな（4）。

Chapter 03

風景印さんぽに出かける

風景印さんぽの流儀
（おじさんぽスタイル）

ひと口に「風景印散歩」と言っても、歩き方は人それぞれ。
私なりの流儀を公開するので、参考にして皆さんなりのスタイルを探してみてほしい。

■ ここが江戸の水の原点

江戸前期、江戸に飲み水を供給するため、幕府の命で玉川兄弟が玉川上水を開削。新宿の四谷大木戸まで約43km、高低差だけを利用して水を流した。上水はこの羽村《はむら》取水堰《しゅすいせき》が原点で、そのダイナミックな光景に感動。

羽村南《はむらみなみ》局（東京・羽村市）
羽村取水堰、玉川兄弟の像、羽村陣屋跡

四季を味わい、街のことを知る

風景印散歩は大別すると、郵便局だけまわってひたすら風景印を集めまくるスタイルと、街歩きの要素を加えるスタイルに分かれる。

私はもう若くないおじさんなので、急いで数を追いかけるよりは、図案をひとつずつじっくりと味わいたいタイプ。

そんな「おじさんぽスタイル」の大きな柱は、次の3つだ。

①風景印の図案と、なるべくマッチした切手、日付で集印する。

②風景印の題材を訪ねて写真に収める。

③歩き回った結果として、その街の知識も身につける。

30代も後半になった頃、自分は生まれてからずっと東京に住んでいるくせに東京を知らな過ぎるし、日本の美しい四季も味わっていないと感

■ ギャンブルも初体験！

図案になっているので、競馬も初体験。今は女性客も多く清潔で、昔のギャンブル場のイメージはない。名前の響きだけでゴールデンチケットとジョージカプチーノに賭けるが、かすりもせず。当たったらはまっていたかもしれないので、外れてよかった。

武蔵府中《むさしふちゅう》局（東京・府中市）

東京競馬場、大國魂神社、ケヤキ並木

■ 人生初の生ホッケー

東伏見アイスアリーナのアイスホッケーが図案だったので、週末に改めて試合を観に行った。予備知識ゼロで人生初の生ホッケー、「パックが速くて全然見えない」とその日のノートに書いてある。

保谷富士町《ほうやふじまち》局（東京・西東京市）

東伏見駅前・ふれあい像、アイスホッケー、ツツジ

■ タバコ産業の灯

秦野《はだの》では、江戸初期から昭和59（1984）年までタバコ葉を栽培していた。今も続く「秦野たばこ祭」では、火との関連で盛大に花火を上げる。こんなところでナイアガラの滝が見られるとは。

秦野《はだの》局（神奈川・秦野市）

特産・タバコ葉、丹沢連峰、登山者

じることがあった。それを非常にもったいなく思ったのだが、同じようなことを潜在的に感じている人は案外多い気がする。風景印散歩ならそれを解消できると直感し、前述のスタイルになったのだった。

　このルールは簡単に見えて意外と難しい。というのは、①の「ふさわしい日付」と②の「写真」があるからだ。

　例えば風景印には花の図案が目立つが、多くの花は1週間ほどしか咲いていない。祭りに至っては年に1回、ものによっては2～3年に1回しか開催しないし、数年に一度しか開帳しない仏像もある。そのわずかなチャンスを逃さずに出かけねばならないのだ。

　またA局が桜の図案で、お隣のB局が紅葉の図案だったりすると、ハシゴすれば楽なのに、わざわざ春と秋に訪ねたりする。バカ正直過ぎるみたいだけど、同じ街の違う景色を味わうのも悪くないものだ。

■ 里帰りする仏様

保木薬師堂《ほうぎやくしどう》の薬師如来坐像は承久３（1221）年造立。現在は神奈川県立歴史博物館が保管しているが、年に一度、お堂に里帰りする９月12日に合わせて拝観した。地元の年輩男性３人が見張りをしているだけで、他に来訪者はなく、超至近距離で撮影させてもらえた。「子どもの頃はまだお堂にあって、かくれんぼでよく背後に隠れたもんだ」と笑っていた。

横浜美しが丘西局《よこはまうつくしがおかにし》
（神奈川・横浜市）
保木薬師堂薬師如来坐像、平川の大灯籠

■ 三浦で海の幸三昧

風景印散歩でも食は格別の楽しみ。三崎に行った時はもちろん海産物。昼はウツボの唐揚げ丼（右）、姿を想像しなければコラーゲンたっぷりでおいしい。夜はマグロ。あぶり丼（下）を頼むとハチの身（頭）を焼いたものがギッシリ。刺身も付いて満足、満足。

三浦《みうら》局（神奈川・三浦市）
城ケ島、北原白秋の詩碑、マグロ

●お金がかからぬぜいたくを

私の本の読者からはよく、「お小遣いがいくらあっても足りないでしょう？」と言われる。確かに同じ場所を繰り返し訪ねたりして、交通費はそこそこかかっている。でも「いやいや、皆さんのアルコール代やタバコ代と比べたら、たいしたことないでしょう」というのがホンネだ。小心者なのでギャンブルもやらないし。ただ食べるのは大好きなので、その土地らしいメニューがあれば進んで口にする程度。風景印は１枚最低63円で集められるので、お財布には優しい趣味なのだ。

お金よりむしろ、妻子がいたらこんなことはできないなと思う。祭りなんてほぼ土日

南木曽《なぎそ》局（長野・南木曽町）
明治中期の服装をした妻籠宿の郵便配達員、柿其渓谷

■ 宿場の郵便配達人

本当にこの格好で郵便を配達している人がいると知り、長野まで遠征した。本局が妻籠宿の景観に合うよう、民間人に配達を委託。私が訪ねた時は四代目の鈴村邦也さんが担当していた。一度は都会に出たが結婚後に帰郷、妻籠の良さを再認識して引き受けたという。海外からの観光客に、盛んに写真撮影を求められていた。

墨田緑町《すみだみどりちょう》局（東京・墨田区）
江戸東京博物館、北斎通り、「両国橋夕陽見」部分

博物館の真上にゴミが…▶

■ 3年越しで集印達成

墨田緑町局付近は葛飾北斎の生誕地であるため、誕生日の10月31日（新暦換算）に訪ねた。ところがスタンプの江戸東京博物館のど真上にゴミが！ 翌年の10月31日は土曜日、翌々年は日曜日で押印できず、3年後に再訪してようやくきれいな印を手に入れられたのが左側。気が長過ぎて、たいていの人は理解してくれないけれど…。

開催なので、週末ごとに家族の目を盗んで出かけることになり、家庭内で村八分に遭うだろう。これをまだ私が独身でいる理由にしてもらえるだろうか。

　風景印散歩を通じて、私は所期の目標であった東京や四季の知識をある程度身につけることができた。ただそれは、「知れば知るほど自分の無知を知る」レベルで、ますます勉強の必要性を痛感するのもまたうれしい。勉強嫌いだった若い頃には味わえなかった楽しみだろう。

　だから、これは「おじさんぽバージョン」。でもこんなふうに、自分の興味に従って自由に時間を使えることが、お金をたくさん使うよりも、実は一番のぜいたくではないかとも思うのだ。

風景印さんぽは準備も楽しい

・・・

他の旅行と同じように、風景印散歩は準備の段階から楽しい。
あれもしたい、これもしたいと考えだすと、遠足前の夜のように眠れなくなってくる。

❶ 地図に書き込む

調べた情報をすべて地図にマーキングすると、効率的なルートが見えてくる。A局の次にA局の題材を撮りに行くのでなく、B局を先に回ったほうが効率のいいケースも出てくる。今はスマホの地図で済ます人も多いだろうが、紙は自由に書き込めて全体を見渡せるし、うっかりスクロールして自分の居場所を見失うなんてこともない。

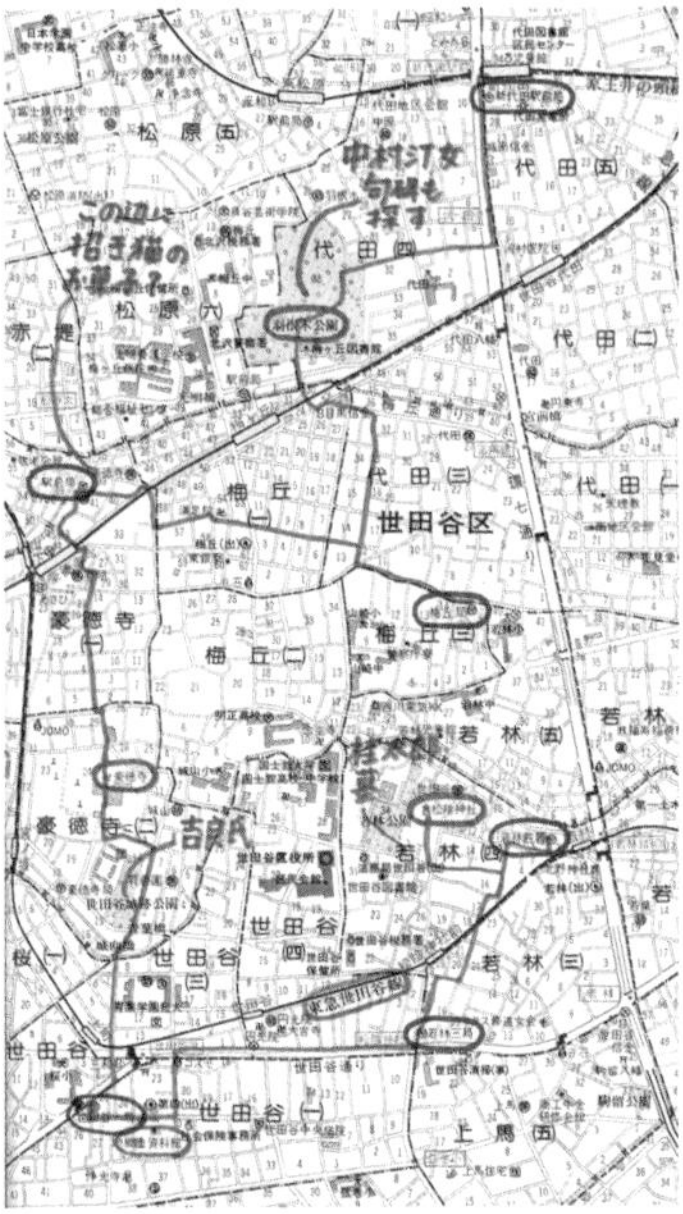

❷ 路線図を調べる

交通機関を調べる。特に都市部は駐車場がない郵便局が多いので、公共交通＋徒歩か自転車、バイクが向いている。電車やバスの本数が少ない地域なら、時刻表の検索も必須。回る気満々でも、乗り継ぎを調べたら2〜3局が精一杯ということもある。

まず、いつ、どこへ行くかを考える。風景印の題材が花やお祭りなら自ずと時期や場所が決まってくるが、ふいに思い立って出かけるならば、季節に縛られない史跡や施設など、自分が見てみたい題材を中心にして、コースを作ってもいい。

メインの局や題材が決まったら、同じ日に回れそうな周辺の風景印配備局をリストアップし、全局の題材をリサーチ。図案の記念碑や建物はどこにあるのか、関連する施設はあるか（著名人の生没地ならば、その人の資料館など）。せっかく訪ねた施設が休館だったりすると気分ダダ下がりなので、開館日もしっかり確認しよう。

続きは写真を❶から順番にご覧いただきつつ…。

❸ 一日乗車券や入場券を入手する

割安な一日乗車券も調べよう。乗車券を持っていると入場料が割引になる施設もある。ただし経験上、都市部だと一日乗車券が1000円以上の場合、案外元が取れないこともあるので、コスパがいいか要注意。見学施設はチケットショップに招待券が安く出ていることもある。水族館や美術館は入館料がけっこういいお値段なのでうまく使いたい。

❹ 押印台紙を作る

私は名刺サイズのカードに、風景印にマッチする切手を貼って押してもらう。そのため普段から郵便局で使えそうな記念切手があったらストックしておく。街の切手店や切手イベントで、古い切手を額面程度で買えることもある。チケットショップは、ほぼシート販売なので、シェアできる仲間がいると助かる。近年はネットで1枚ずつ通販してくれる切手店もあり、探す手間や交通費を考えると取り寄せたほうが早いという人も多い。

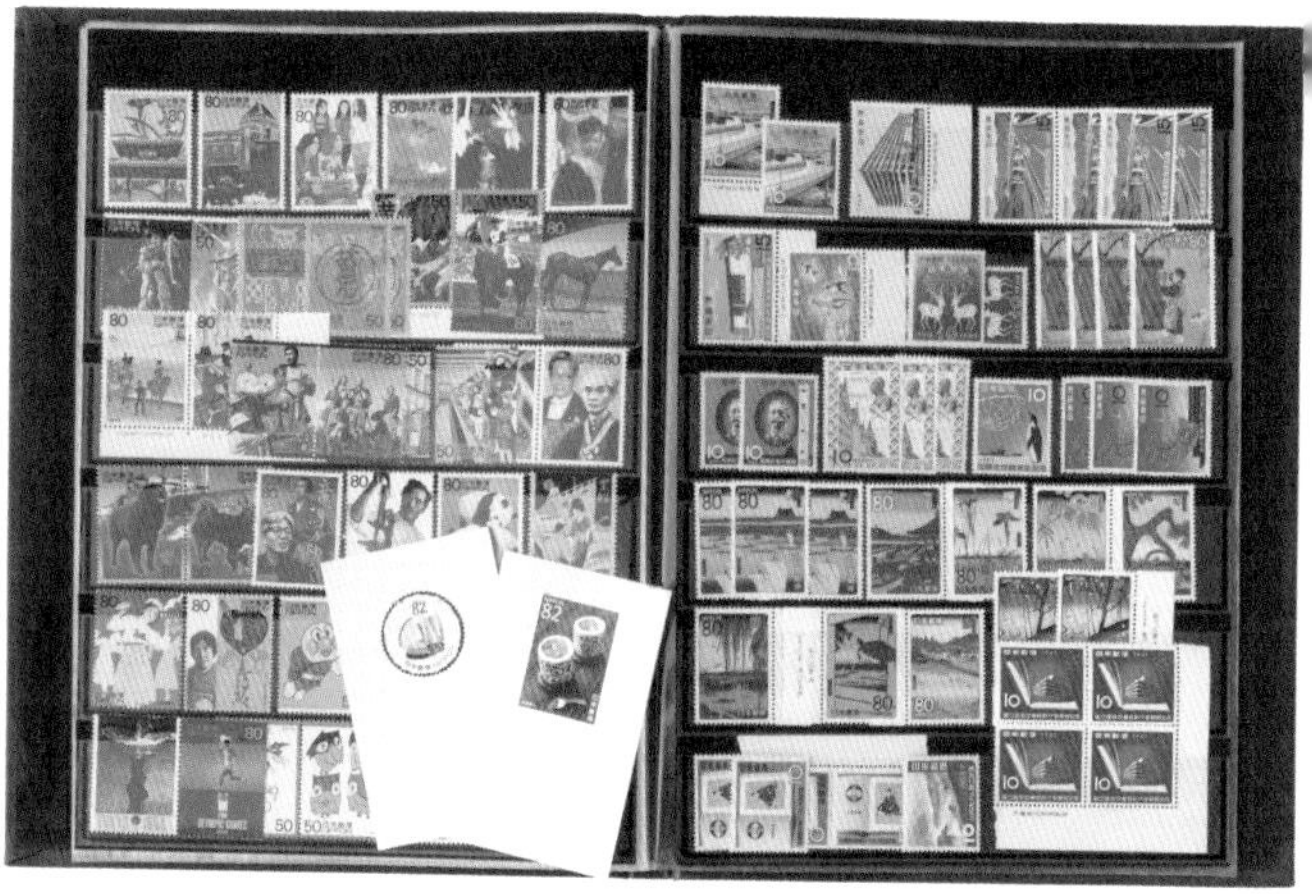

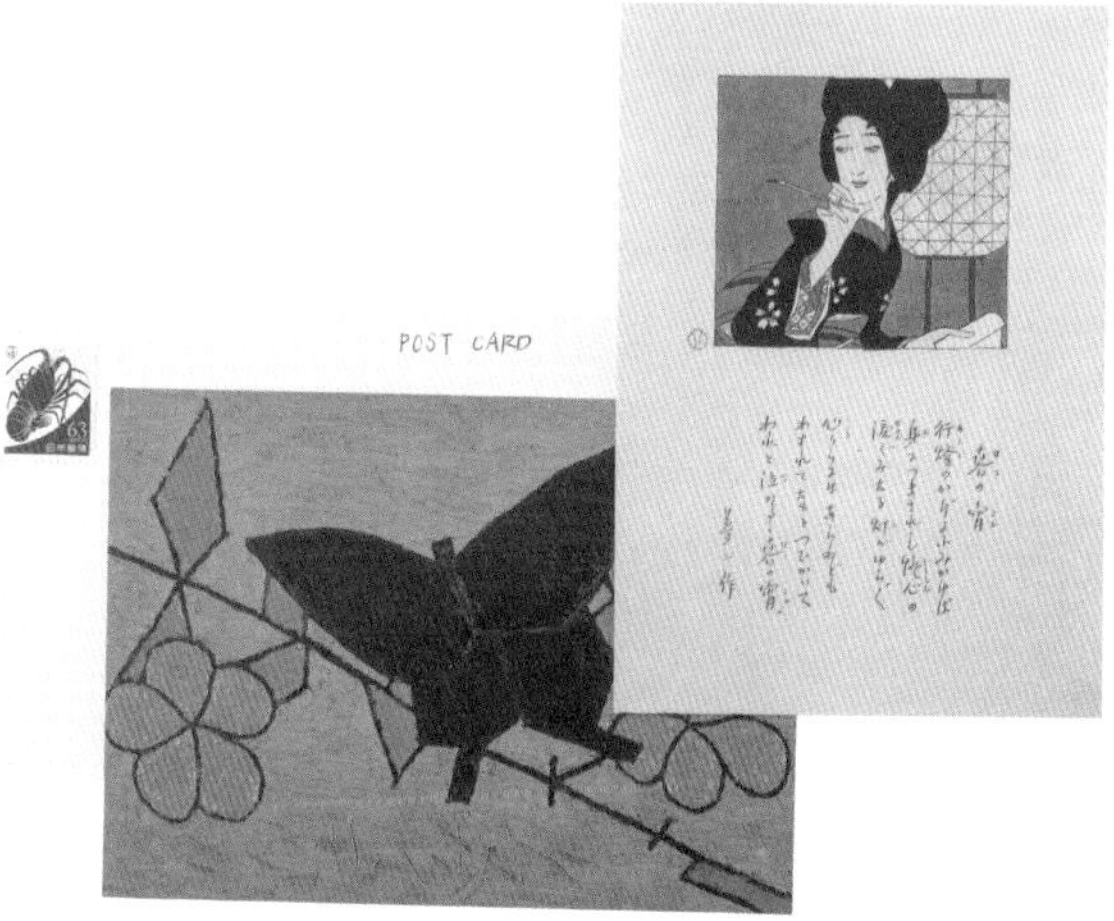

❺ 手紙を書く

手紙を出す際は、いつも家の近くの風景印になりがち。せっかく出かけるなら、友人にいつもと違う印でお便りしたい。それぞれの印を喜びそうなのは誰かを考えるのも楽しい。手紙を書き始めるとまたどんどん時間が経過して、準備万端で出発することは稀だったりする。

風景印さんぽのおとも

前のページで触れた①地図、②路線図、③一日乗車券や入場券、④押印台紙、⑤手紙、以外に私がいつも持ち歩いているものがある。愛用の品が詰まったかばんは旅の相棒だ。

❾ 風景印のカタログ

持ち歩きには日本郵趣出版の『風景印百科』4分冊が便利。ルート上、集印より先に現物を見に行くこともある。建物の写真を撮る時に「風景印では右向きだっけ、左向きだっけ？」などと確認したくなることも多い。

❻ かばん

風景印散歩は地図を見たり写真を撮ったりと手が忙しいので、かばんは両手が自由に使えるリュックがおすすめ。雨が降ってきても前抱きにすれば濡れない。電車でもマナーを守って前抱きに。

❿ ファイルブック

押印物は局ごとにページを分けて入れておく。いっしょくたにしておくとA局で押すつもりの台紙をB局で押してしまうなどミスが発生しやすい。歩き回っていると段々頭がモーローとしてくるのだ。途中で購入した切手シートなどを入れることもあるし、ゲリラ豪雨に遭ってもファイルごとビニール袋でくるんでリュックにしまえば水滴の侵入も防げる。

❼ 集印帳

私は、駅や見学施設の記念スタンプが押せるよう集印帳も途中から持ち歩くようになった。出版社勤務の仲間からいただいた束《つか》見本という、中身が印刷されていない本を使っている。

⓫ 当て紙

風景印のインクが擦れないよう、丁寧に当て紙をくれる局員さんもいる。私が愛用しているのは、仲間の高橋由美子さんが作ってくれた、半紙を切ってホチキスで綴じたもの。吸水性があるし、押印が済んだものから順に挟んでいけば手早くしまえる。高橋さん、便利な発明品をありがとう！

❽ 押印見本

例を見せると、局員さんに押印場所が伝わりやすい。きれいに押された風景印を見せられたら、局員さんもきれいに押そうと頑張ってくれる、はず（←願望込み）。

八幡小野《はちまんおの》局
（岐阜・郡上市）
郡上踊り、郡上八幡城、三日月

⑱ ノート

私はかつて風景印以外の消印も押してもらったり、局舎の写真も撮ったりしていたので、ノートにその日に回る局名と行動を表にして、忘れないようにチェックしていた。到着時刻や局員さんの対応などもメモしておいたため、後で見返すといい記念になっている。

⑲ コンパクトカメラ

スマホでも撮れるが、前日に充電を忘れずに。乾電池式のカメラを使っていると、電池切れの時もコンビニで買って間に合うので便利。

⑳ 飲みもの

近年は夏の猛暑が深刻。真夏の散歩は避けて、水分補給を心がけよう。

㉑ お菓子

時には食事ヌキになることも。お菓子があるとうれしい。

㉒ 帽子

飲みもの同様、夏場の熱中症や、冬の寒さ対策は万全に。

㉓ 保冷剤と携帯カイロ

叩くだけで冷たくなる保冷剤や、携帯カイロは季節に合わせて用意。手がかじかむとシャッターを切るのも一苦労なので、カイロは助かる。

㉔ 虫除け＆虫刺され薬

風景印の題材には緑豊かなところも多いので、虫には警戒を。

㉕ 折りたたみ傘

天気が変わりやすいのも近年の傾向。軽い折りたたみ傘があれば安心。

㉖ 万歩計

最後に今日の歩数がわかると励みになる。

⑫ 貯金通帳

風景印と並んで人気が高い旅行貯金（100ページ参照）。お宝印に出逢えた時はうれしい。所持金が足りなくなった時にも引き出せる（幸い私は、そこまで危機にひんしたことはない）。

⑬ 丸シール

出先でマッチする絵はがきを見つけた時、その場で押印できるよう、集印用の丸シール（147ページ参照）も数片は持っていたい。

⑭ 予備の押印台紙

風景印は押印が難しいので、局員さんが失敗しても慌てず平常心で予備の台紙に切手を貼ろう。

⑮ ストックブックと予備の切手

不測の事態のためにも予備の切手や、使い勝手のいい図案の切手を携行。私が使っているのは、仲間の木村晴美さんがカルトナージュで手作りしたコンパクトなストックブック。

⑯ 無地のポストカード

駅や施設でいい記念スタンプが見つかった時に押して、風景印とコラボさせれば、その場で素敵なお便りが作れる。

⑰ 住所録

とっさに手紙を出せるように、よく出す相手の住所はリストにしておく。シールに印字したものを持ち歩いて、すぐに貼って出せるようにしている人もいる。素晴らしい。

スケジュールは余裕を持とう

郵便局に寄ったり見学をしたり、ミッションの多い風景印散歩はスケジューリングが大切。

郵便局ならではの混雑する曜日や時間帯は、意識して避けるようにしたい。

2
郵便
ハート強いな…
〈時々見る光景〉
いくら客が並んでも後ろの局員さんは出て来ない…

●風景印散歩に適した日、適さない日

郵便局は土日休業が多く、風景印散歩は平日が基本。中でも避けたほうがいい日時がある。混雑していると、局員さんも焦ってうまく押せなくなることがあるからだ。

①**金曜日の午後と月末**：特にオフィス街の局は、週内や月内に用事を済ませようとする人で混み合う。

②**昼休み**：①と同様、特に駅前局などは、近くの会社員や学生が昼休み中に私用を済ませようと集中する。ルートを考える時は、駅前局が昼にぶつからないように。

③**連休明け**：①と反対に、溜まった用件を片付けようとする人で特に午前中は混み合う。

④**偶数月の15日**：公的年金の支給日には年輩者が集中する。旅行貯金（100ページ参照）をしたい人は避けるのがベター。

⑤**月曜日**：博物館などの見学施設は、月曜休館のところが多い。月曜が祝日だと翌火曜が休みというところも多いので、HPなどで確認を。

●程よい数は1日4〜6局

その他のスケジューリングのコツも書いておこう。

⑥**本局はラストに**：本局は19時頃まで営業している局が多いので、1日の最後に回すと余裕が生まれる。夜の郵便局も独特の風情がある。

⑦**終了時間に注意**：見学施設は17時閉館の場合でも、最終入場は16時30分までが多い。寺は、夏は17時閉門でも冬は16時に閉めてしまうところが多い。たどり着いて閉まっていた時のショックは大きい。

⑧**目安は1日4〜6局**：集印だけなら、都市部であれば1日15局ほど足早に回ることも可能。でも街見物やおいしいものも楽しみたい場合は、郵便局の密集度にもよるけれど、1日4〜6局程度を目安にしたい。

30%
あと3分〜!
最後が上り坂だと
運命を呪う…
(しかもこの道が
間違っていたりする!)

●下調べの先に偶然がある

「旅は行き当たりばったりが楽しい」というのが定説。確かに、風の吹くまま気の向くままなんて、粋な感じがする。でもいくら下調べしたところで、必ず想定外のことに足をすくわれるものだ。例えば郊外に行くほど番地表示が出ておらずに泣かされる。高低差は地図でわからない最たるもので、最後の最後に長い階段や上り坂が待っていることもある。そして私の経験上、予想外の魅力的なものにも必ずといっていいほど出くわす。そのことがわかってから、こと風景印散歩に関しては、私はできるだけの下調べはしておく派に宗旨替えした。

　予定を順調にこなして、時間にも余裕があればこそ、せっかく出逢った魅力的な偶然にも心置きなく乗っかれるからだ。

郵便局でのミッション

どうにかこうにか迎えた風景印散歩当日。郵便局の中でもそれなりに忙しい。
郵便局に着いたらどう行動するか、これまた「おじさんぽスタイル」で書いてみよう。

❶ 局舎の外観写真を撮る

特に地方の郵便局には、古くて味のある建築が多い。近年は建て替えも進んでいるので、数年後に「写しておいてよかった」ということもよくある。八王子市の上恩方郵便局は昭和13（1938）年建築の骨組みをそのまま用い、近くの小学校の廃材を使って改築された。

上恩方《かみおんがた》郵便局（東京・八王子市）

❷ 番号札を取る

仲間の多くは、時間を有効に使うため、まず貯金窓口の番号札を取っておいて、番号札のない郵便窓口に並ぶようだ（局によっては番号札が両窓口にあるところもある）。③と④は先に順番が来たほうから済ませよう。

名古屋中央《なごやちゅうおう》局名古屋駅前《なごやえきまえ》分室（愛知・名古屋市）※廃印
名古屋駅前、金のシャチホコ

ポスト型はがき

貯金通帳 写真は東京・本所一局の「お宝印」。

❹ 副産物を入手する

集めている人は、その局でしか買えない局名入りのポスト型はがきを買う。名古屋中央郵便局名古屋駅前分室はもうないので貴重。記念切手やポストカードの在庫が充実している局もあるし、地域オリジナルのフレーム切手（使いたい写真や画像を入れて、小枚数で発行できる切手）を販売していることもあるのでお見逃しなく。

❸ 旅行貯金をする

窓口で貯金をすると、局名入りの「局印」を押してもらえる。これが目的で100円や1000円ずつ「旅行貯金」をする人も多く、写真のような絵の入った局印は「お宝印」と呼ばれ、人気が高い。1局で数種類ある場合もあるので、最初に何種類あるのか聞き、全部押してもらう。そのためにも、待ち時間には多めに貯金用紙を書いておこう。

❼ 図案について聞く

混んでいる時は遠慮するが、空いていれば、図案について局員さんに聞く。詳しくない局員さんも多いが、図案の説明書をもらえることや、稀にカタログには載っていないこぼれ話を教えてもらえることもある。局員さんとのエピソードは、わざわざ現地に足を運んだからこその醍醐味だ。

❺ 風景印を押してもらう

いよいよ主目的。本局では、郵便窓口とゆうゆう窓口の両方で押してもらおう。風景印で出すつもりだった手紙を出すのも忘れずに。

❻ 他の消印も押してもらう

私は、以前は普通の消印も切手の真上に押してもらっていた（お月様のように真ん丸に押してもらうので、コレクターの間では“満月印”と呼ぶ）。A和文丸型印、B欧文丸型印、C和文ローラー印、D欧文ローラー印があり、中にはAの中段に都道府県名が入っている少数派のパターンもあって、貴重なものに出逢えるとうれしい。

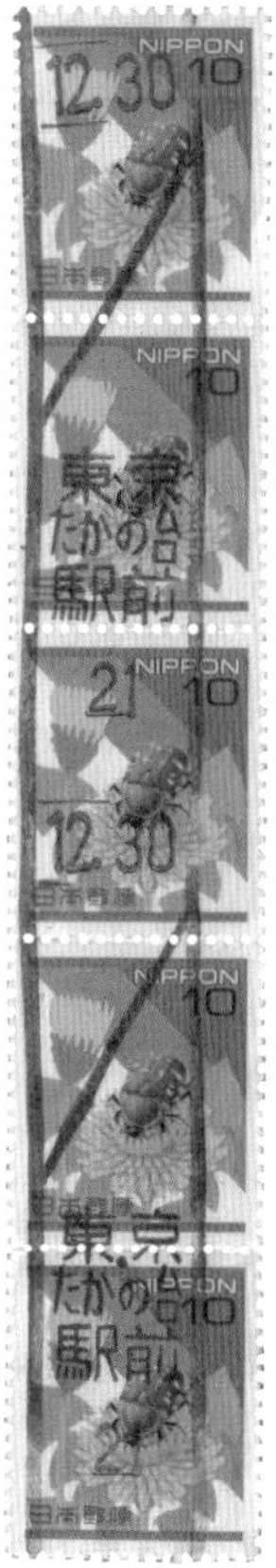

◀**和文ローラー印**　平仮名などの字体に味がある。

▲**欧文丸型印**　郵便番号が５ケタ表示のものもある。青梅の沢井駅前局。

▲**和文丸型印**　同じIBM箱崎ビル内局でもシャチハタ式（左）とインクを付けるタイプ（右）があった。

▲**欧文丸型印**　中段上下にカマボコ型の枠があるのは旧形式。平成22(2010)年時点で生き残っていたのはかなり珍しい。横浜並木局。

▲**和文丸型印**　駅ビルの改称に伴い、吉祥寺ロンロン内局からアトレ吉祥寺内局へ局名変更した。

▶**欧文丸型印**　帝国ホテルは英語でIMPERIAL HOTELだが、放送センターはHOSO CENTERと、ローマ字と英語がごちゃ混ぜ。ツッコミどころが多くて楽しい。

▼**欧文ローラー印**　局名が長いので省略している。パークシティ新川崎内局。

風景印探偵の醍醐味

私の風景印散歩は題材調査も含むため、私のことを「風景印探偵」と称してくれる人もいる。題材なんてカタログを見ればわかりそうだが、これが一筋縄ではいかないのだ。

局員さんが知っているとは限らない

風景印の題材捜索が難航する原因のひとつはカタログの間違い。私も平成20（２００８）年前後に東京近郊をまわった時は間違いを多く発見して、日本郵趣出版のカタログを修正してもらったことがある。これは旧版編集時の間違いもあるが、困ったことに使用開始時の発表自体が間違っていることもあるようだ。

もうひとつは時間の経過。郵便局で図案について局長さんに質問すると「風景印は前任者の時に作ったものなので、私はわからないんです」という答えをよく聞く。１９７０年代に作った風景印なら40年以上前なので、当時の経緯を知る局員など残っているはずもない。30年とか40年は、記憶が風化するには十分な年月だ。でも、だからこそ、真相を探る楽しみもある。

● 4年越しで念願の馬とご対面

昭和51（１９７６）年に使用開始した板橋局の馬は、当時のカタログには「駅馬模型」としか載っておらず、特定の個体を指すのかも不明だった。手がかりはないかと中山道《なかせんどう》板橋宿観光センターの職員さんに聞いてみるもわからない。ただラックに区の教育委員会が発行したリーフレットが複数あったので、１枚ずつもらっていくと、何と風景印と同じ馬の写真があるではないか！「遍《へん》照《じょう》寺《じ》駅馬模型」と書いてある。

再度職員さんに聞くと、遍照寺は江戸時代の馬つなぎ場だったが、近年は荒れ寺のようで、「我々が訪ねても返事がないし、人がいるのかもわからない」と言う。試しに行ってみると、草ぼうぼうの参道脇に馬《ば》頭《とう》観音が倒れたままになっている。本堂前で声をかけたが、中で誰かが息をひそめているように感じるのは気のせいか。ガラス戸のすき間から怖々覗くと乱雑にものが置かれ、

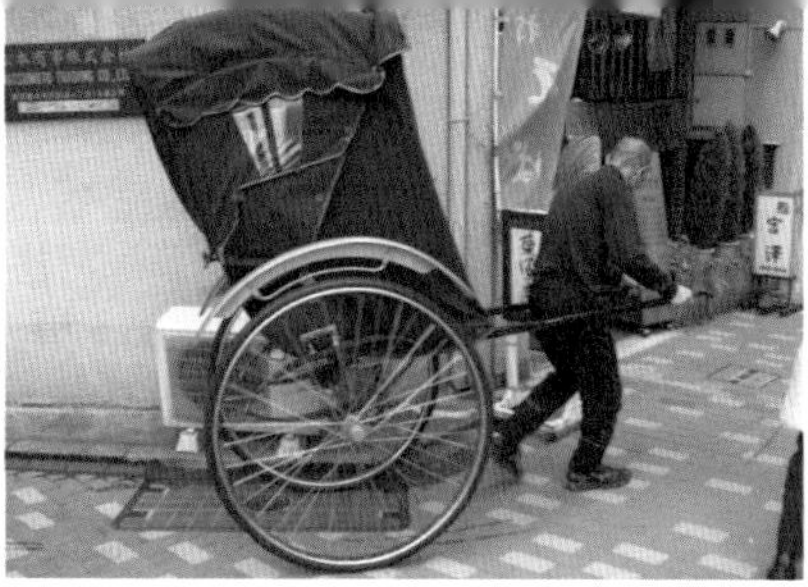

銀座の人力車

銀座七局の人力車は、局員さんが「歌舞伎座の関連じゃないですか」と言うので歌舞伎座に問い合わせたが、お客を人力車で運ぶサービスはないらしいし、周辺には観光の人力車も走っていない。手がかりなく街を歩いていると、本当に偶然、人力車が前を駆け抜けた。「あの、もし！」思わず古風に声をかけるも、車夫は和装の女性を乗せて風のように走り去った。当時はネットにも情報がなかったが、後年テレビの『アド街ック天国』で見たところによると、今は数少なくなった新橋の芸者さんを専門に送迎する人力車なのだそう。和装の女性を乗せていたことも納得。

銀座七《ぎんざなな》局
（東京・中央区）
X型歩道橋、人力車

板橋《いたばし》局
（東京・板橋区）
遍照寺駅馬模型、宇喜多秀家の墓、板橋

行方不明の馬

足に台車が付いていて、かつて祭礼の時に、この模型を子どもが引いて歩いたらしい。黒のビロード張りで、足腰（？）が弱って自立できないため、体の下に綿袋をかませているのが愛おしい。その後、遍照寺は新住職が就任し、工事で境内も再整備されたようだ。

調布小島《ちょうふこじま》局（東京・調布市）
多摩川の花火、調布の臼、サギ

調布の臼

調布市の風景印に度々登場する「調布の臼」。かつて税（調）に収める布は臼で叩いて柔らかくしていたようだ。図案の臼はイメージかと思ったが、駅馬の経験から市郷土博物館に問い合せてみたら、やはり実物が存在し、収蔵庫で見せてもらえた。高さ50㎝程度。これもネットでは簡単に出てこないと思う。

見える範囲に馬はいない。教育委員会が撮った写真も古く、本堂のどこかに馬はいるのかもしれないが、これ以上打つ手はなさそうだった。

　ところが数か月後、事態は急転する。リーフレットの写真を図版に使わせてほしいと教育委員会に電話すると、なんと実物は今、区立郷土資料館に保管されているというのだ。てっきり荒れた寺の奥に眠っていると思い込んでいたけれど、そうなる前に区に寄託されていたとは。資料館に電話すると、模型は劣化のため常設展示しておらず、見られないとのことだったが、ずっと心に引っかかってはいた。

　3年ほど後、自分で主宰する「東京風景印歴史散歩」にかこつけて、収蔵庫にある駅馬模型見学を申し込むと、今度は無事許可が下りた。かくして4年越しで念願の模型にたどり着けたのだった。こんな探偵ごっこが楽しめるのは、マイナーな題材も取り上げ、長く使い続ける風景印ならではだろう。

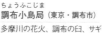

徳川ゆかりの四天王

光明寺は普通の檀家寺であるため、仏像の拝観は難しいかと勝手に敷居を高くしていたが、ご住職に挨拶すると快く本堂に上げてくれた。千鳥《ちどり》局図案の多聞天を含む四天王像は、かつては徳川家光の霊廟にあったものが縁あって移された。環八の開通で敷地も狭まったが、以前はかなりの参拝客が集まった大寺だったようだ。

千鳥《ちどり》局（東京・大田区）

光明寺多聞天像、本門寺五重塔、旧備前池田藩邸表門

現代の力持

土台の男性は当時60代半ば。腹の上に総重量約850kgを載せても、まったく平気な顔をしていた。彼ら保存会の人たちに聞くと、某有名宅配会社で働いている人もいるとか。江戸の荷担ぎを職業的にも受け継いでいるのがおもしろい。

江東永代《こうとうえいたい》局
（東京・江東区）

深川の力持・宝の入船演技、永代橋

風景印から街の歴史が見えてくる

東京・江東区にはメジャーな「木場《きば》の角乗《かくのり》」の陰に隠れて、「深川《ふかがわ》の力持《ちからもち》」という民俗芸能もある。区民祭の実演に出かけると、驚くべきことに、横たわった人の腹の上に米俵や木船、３人の男が乗っているのだった。完成形はほんの一瞬なので、1年目は写真を逃し、翌年ようやく撮影できた。この辺のしつこさも風景印探偵と呼ばれるゆえんかもしれない。

ところで、なぜこんな芸能があるのか？ まだ月島や晴海がなかった江戸時代、当地は隅田川の河口で、江戸湾には諸国から運ばれた米や酒などの物資が集まった。それを舟から運ぶ荷担ぎが大勢いて、力自慢をする余技から生まれたのが「深川の力持」だったのだ。

切手は明治時代の永代橋《えいたいばし》が図案で、この絵の周辺にもきっと力自慢の男たちがいたはずだと想像すると、まるで

横浜永田《よこはまながた》局（神奈川・横浜市）
保土ヶ谷宿の定助郷、絵馬の変形

顔の正体 大名行列の時に街道周辺の村が人馬を提供する「助郷《すけごう》」。図案はその様子というのだが、中央が人だか馬だかずっと謎だった。保存連が開催する助郷行列を見に行くと答えが判明、おかめの面を馬に載せていたのだ（見に行った年は、馬はいなかったが）。江戸時代の助郷の絵に描かれているおかめを見た当時の保存連会長が、今もおかめをお祭りに使っている長野県諏訪地方の職人に作ってもらったそうだ。

元は同じ橋 クラシック感漂う長池見附《ながいけみつけ》橋は、実は昭和62（1987）年まで千代田区の四谷駅前に架かっていた。赤坂迎賓館と対になった四谷見附橋だったのを、架け替えに伴い、平成5（1993）年に八王子市長池公園に移築復元したのだ。旧四谷見附橋は平成元（1989）年までは新宿北局の図案になっていた。つまり2つの印の橋は同じ橋。まさか八王子で第二の人生（?）を送っているなんて感慨深い。

新宿北《しんじゅくきた》局
（東京・新宿区）※旧印
四谷見附橋、国立競技場

京王堀之内駅前《けいおうほりのうちえきまえ》局
（東京・八王子市）
長池見附橋、富士山、イチョウ

2500分の1の松 カタログには「世田谷登録保存樹・松」とだけ説明があった。世田谷区役所のみどり政策課に電話で問い合わせると、区内には登録保存樹が約2500件もある上、個人宅が所有の樹木に限られるため教えられないという。万事休すかと思ったところ、職員さんが「スタンプの図案になるくらいなら区の『名木百選』に選ばれているかも。それならパンフレットで公開しているので」と知恵を貸してくれた。すぐに区役所に出向き、パンフの小さな写真を一つひとつ確かめていくと、風景印とまさに同じ角度で写した松が見つかった！ 現在は保育園の敷地に生えているが、江戸期には当地で栽培した松を江戸城に納めていたらしく、「江戸城の兄弟松」と名前が付いていた。職員さんの機転で答えにたどり着けた、思い出深い一印。

千歳《ちとせ》局（東京・世田谷区）
世田谷区登録保存樹・江戸城の兄弟松、区鳥・オナガ、桜

切手と風景印で土地の歴史を表現しているよう。私にとっては「風景印散歩」の醍醐味を凝縮したような一枚だ。

郵便局企画の風景印ラリー

郵便局主体で、専用台紙や地図、記念品を用意して、風景印ラリーを実施する地域もある。
どうせ歩くなら、その企画に乗っかってみるのもひとつの手だ。

❶ 東京の「風景入通信日付印地図」

昭和55(1980)年頃に都内の郵便局で配っていた「風景入通信日付印地図」。当時は全部で147種類、1枚で収まっていた。現在は都内で約650種類。

❷ 横浜市のコラボ押印台紙

横浜市中区、南区、磯子区では平成29〜30(2017〜18)年頃に郵便局28局と神社9社がコラボ。ゴールの店舗で「満願印」を押すと、袢纏《はんてん》型に折り畳んだ手ぬぐいがもらえた(渡辺知行さん提供)。

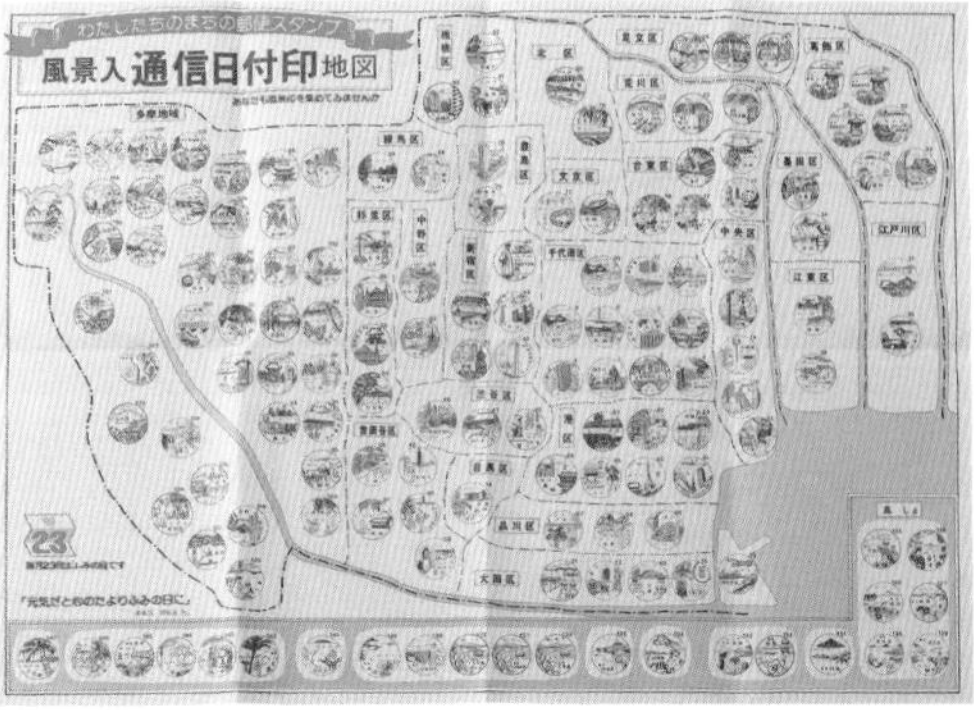

押印台紙

手ぬぐい

日本各地の鉄道会社でスタンプラリーが盛んだ。子どもの付き添いと見せかけて、実は親のほうが熱中している家族も多い。ポケモンやウルトラマンなどとコラボしてわざわざ新たに作るのとは違い、風景印なら既にあるものを使えるのに、なぜに郵便局はスタンプラリーに消極的なのかと、かねがねもったいなく思っていた。昭和や平成の初めには、郵便局マップや押印台紙もかなり作られていた(❶)のだが、すっかり見かけなくなっていた。しかし近年、地域の郵便局が協力して実施するラリーに復活の兆しがある。

最も多いのは簡易な台紙を配布して、景品などは特にないラリー。だが鉄道ラリーを見習ってか、次第に台紙が立派になり、景品も用意するようになってきた。やはりそれなりの見返りがないと参加者は呼び込めないようで、経費捻出のためか、商店会や鉄道、道の駅などとのコラボも増えてきている（❷）。

近年は日本海側が盛んで、70局、80局といった大型ラリーもある。特に能登地方84局では、押印すると各局で風景印の図案をカラーにした缶バッヂがもらえるとあり、多くの人が参加したようだ（❸）。

コロナ問題が収束したら、ますます増えるかもしれない風景印ラリー。これを基準に旅の目的地を選んでも楽しそうだ。

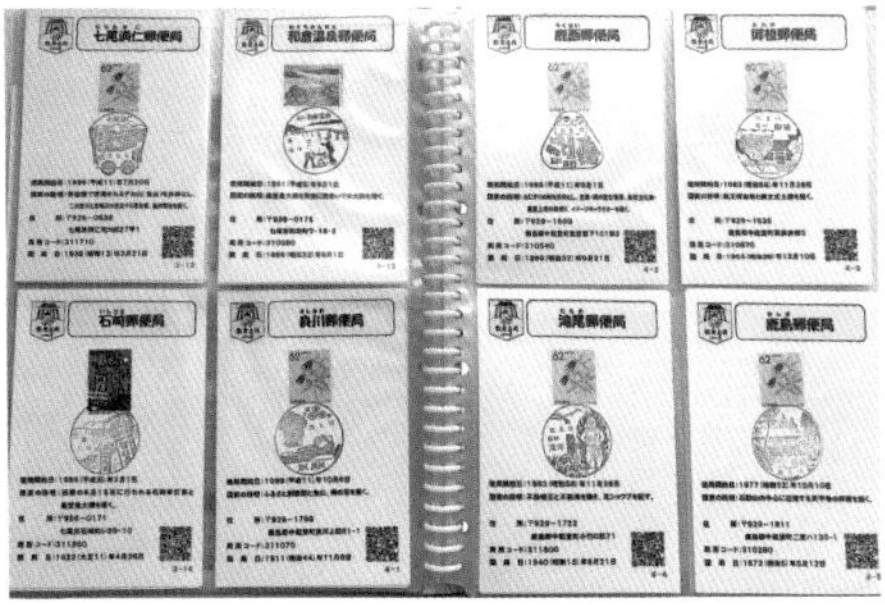

❸ 能登地区の風景印缶バッヂ

能登地区84局では平成30（2018）年頃から毎年期間限定でラリーを実施。各局で風景印を専用台紙に集印すると、同じ図柄のカラフルな缶バッヂがもらえる。これは私もほしい！（船嶌雅道さん提供）

■ ふみの日イベント2014

平成26（2014）年、日本郵便から風景印ラリーをやりたいからと意見を請われたことがある（ふみの日イベント2014・風景印スタンプラリー23）。その時点で全国23コースは決まっていて、なかには離島で3局と高難度のコースもあり、景品も1コース達成すると郵便局のキャラクター・ぽすくまのミニクリアファイル1枚と決まっていた。私は台紙の地図のところどころにぽすくまが散歩しているように配置し、記念切手に押す人も多いので切手のスペースを大きくすることなどを提案するに留まった。例えば景品のクリアファイルが地方別に違うデザインだったら、もっと盛り上がったと思う。

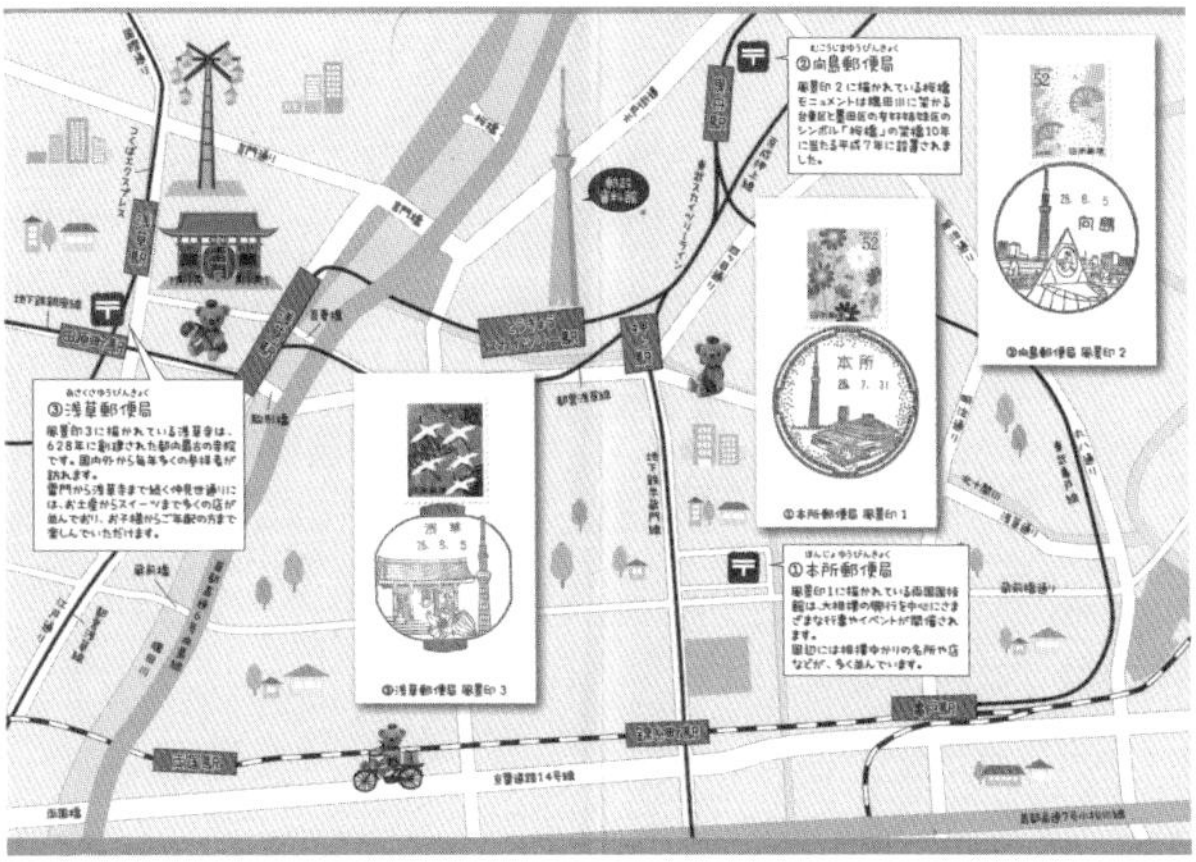

押印台紙

表紙とクリアファイル

みんなで歩くと楽しさ倍増

風景印散歩はひとりで黙々とめぐるイメージが強いかもしれない。けれど、
とっさの時に助け合えたり、ひとりでは気づけないことに気づけたり、誰かと歩くのもまた楽しい。

大森局の隣にある喫茶店「POST」。私は気づかず、仲間が見つけてくれた。局員さんがよく利用するのでこの店名にしたらしい。

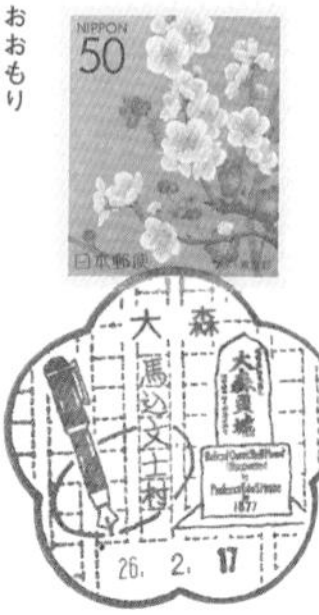

大森《おおもり》局（東京・大田区）
原稿用紙、万年筆、大森貝塚碑

両国で力士と遭遇。ひとりでは気おくれするけど、複数いるので強気で撮影依頼。右の旭大星関はその後出世し、入幕も果たした。

墨田両国三《すみだりょうごくさん》局
（東京・墨田区）
両国橋、力士

品川宿で大きなぽすくまを飾った着ぐるみ工房を仲間が発見。こんな所で作っていたとは！

品川《しながわ》局（東京・品川区）
品川寺の江戸六地蔵、品川神社、大井埠頭

私の場合は特に、たったひとつの石碑を探すために遠回りして、同じ道をウロウロしたあげく撤去されていたりするので、同行者がいれば迷惑をかけることは必至だ。

けれど「風景印散歩」自体の楽しさは、多くの人に知ってもらいたい。そこで平成22（2010）年に始めたのが、野外講座の「東京風景印歴史散歩」だ。10年続けてきて実感するのは、「誰かと歩く散歩も、また楽し」。うちの会に限らず、仲間2〜3人で出かけても同じだろう。

物質的な面でいえば、「マッチする切手や丸シールがない！」という時に分けてもらえることがある。ひとりで買うには多過ぎるシール切手や絵はがきセットなどもシェアできる。

私は郵便局で貯金箱などの景品をもらえた試しがない。だ

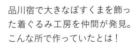

北の丸公園にある旧近衛師団司令部庁舎（2020年まで東京国立近代美術館工芸館に活用）。渡辺知行さんは約50年前、工芸館になる前に撮影していた（右上）。連合軍が接収中に描いた壁の★マークが当時からあったことに感動。

パレスサイドビル内《ぱれすさいどびるない》局
（東京・千代田区）

パレスサイドビル、竹橋

駒沢体育館辺りを歩いた時、鈴木均さんが話の種に持って来てくれた。貴重な1964の時の国旗。

世田谷駒沢《せたがやこまざわ》局（東京・世田谷区）

駒沢オリンピック公園、体育館

東京風景印歴史散歩
100回記念展小型印

「東京風景印歴史散歩」は令和元（2019）年に100回を数え、記念の展覧会を開催。ポストカードなどは、散歩にパイロット版から参加している安田ナオミさんがデザインしてくれた。会は現在も継続中で、毎月ひとつの街を歩き、1回だけでも参加できる。ご興味のある方はブログ「風景印の風来坊」からどうぞ。

台東三筋《たいとうみすじ》局（東京・台東区）

三味線堀跡碑、堀があった当時の図

散歩のコース途中にガラス工房があるのを下調べしていた佐藤礼子さん。喜多川歌麿の切手で有名なポッピンを作ってもらい、予想を覆す音にびっくり。

が世の中には景品をあげたくなる雰囲気の人がいるらしく、ある時、女性の同行者が大量にポストグッズをもらうのを見て、ちゃっかり便乗させていただいた。ひとりより大勢のほうが物事を頼みやすいものだ。

だがそれ以上にいいのは、自分ひとりでは気づけないことに気づき、同じものを見ても違う感想を聞けること。ひとりで気づけることなどタカが知れているのだ。

ただ、仲間同士で郵便局めぐりをした知り合いから、他の人を待たせてひとりだけ欲張って行動する人がいたり、きっちりスケジュールを組み過ぎて、予定通りに進まずピリピリしたりした話を聞いたことがある。その場面が想像つくだけにコワイ。単独行と複数行は、別の気持ちで臨んだほうがいいだろう。

風景印おじさんぽアルバム

・・・

風景印散歩を始めたおかげで見ることができたものは山ほどある。
とても全部は掲載できないので、特に印象的だったものをダイジェストで。

花に癒やされる

風景印の花を求めてあちこちへ。
中年になって改めて思う、花ってきれいだな〜。

相模原《さがみはら》で個人が開くかたくりの里。35万株なんて初めて見た。

城山若葉台《しろやまわかばだい》局（神奈川・相模原市）

カタクリ、城山湖、丹沢山系

南国の花ハマユウ。北限の自生地・横須賀の天神《てんじん》島で。

横須賀長坂《よこすかながさか》局（神奈川・横須賀市）

天神島、佐島マリーナ、市花・ハマユウ

藤沢に住むフジ名人の庭。花房は１m以上！

藤沢南口《ふじさわみなみぐち》局（神奈川・藤沢市）

藤沢駅前、江ノ電、市花・フジ

斜面一面4万本のツツジを見よ。宮ケ瀬《みやがせ》ダム隣接のあいかわ公園の光景。

煤ヶ谷《すすがや》局（神奈川・清川村）

水の郷大吊り橋、ミツバツツジ

初めて見たムサシノキスゲ。標高 79.6 mの浅間山にて。

府中浅間《ふちゅうせんげん》局（東京・府中市）

浅間山、ムサシノキスゲ、ヒバリ、くらやみ祭太鼓

真綿《まわた》色ではないシクラメン。瑞穂町の花卉《かき》農家で。

瑞穂長岡《みずほながおか》局（東京・瑞穂町）

八高線、シクラメン、町鳥・ヒバリ

拍子抜けすることもあるけれど…

題材を一つひとつ追いかけると拍子抜けすることもある。
けれど、それもまた楽しい。

境川の源流を訪ねていくと、ゲリラ豪雨で埋もれていた。

町田相原《まちだあいはら》局（東京・町田市）

境川源流地、青木家屋敷

図案のフライングディスクゴルフはすでに禁止になっていた。昔はできた名残りということで。

横浜細谷戸《よこはまほそやど》局（神奈川・横浜市）

フライングディスクゴルフ、瀬谷市民の森

カタログに「千丸台遊園地」とあったが、人もいない児童公園だった。

横浜千丸台《よこはませんまるだい》局（神奈川・横浜市）

千丸台遊園地、千丸台団地、富士山

祭りを味わう

東京近郊でも案外、昔ながらの祭りが続いている。
こんなにじっくり見たことなかったな。

曽我兄弟が親の仇討の際、傘に火をつけて松明代わりにした伝承を祭りにした。

下曽我《しもそが》局（神奈川・小田原市）

曽我の傘焼きまつり、富士山、市花・ウメ

八王子まつりは目抜き通りを長い山車《だし》行列が行く。

八王子八幡町《はちおうじはちまんちょう》局
（東京・八王子市）※廃印

富士山、山車、オオルリ、イチョウ

室生《むろう》神社流鏑馬《やぶさめ》は、専門家でなく地元の氏子が馬を操り、弓を射る。

山北《やまきた》局（神奈川・山北町）

洒水の滝、室生神社流鏑馬

桜並木の下を艶やかな踊りの列が進む。ふっさ桜まつりにて。

福生熊川《ふっさくまがわ》局（東京・福生市）

熊川神社、ふっさ桜まつり、福生新民謡の歌詞

江戸後期に興った村芝居。今でも神奈川県内に5座が残る。

海老名大谷《えびなおおや》局（神奈川・海老名市）

大谷歌舞伎、市花・サツキ、大山、富士山

氷川神社鶴の舞は3年に一度。当時68歳の男性ふたりが舞っていた。

練馬氷川台《ねりまひかわだい》局（東京・練馬区）

氷川神社鶴の舞、石神井川桜並木

貴重な経験をすることもある

中年のおじさんになっても初体験はある。世間は広い！

大正天皇が眠る多摩陵。一度はお参りしてみたかった。

浅川《あさかわ》局（東京・八王子市）※廃印

多摩陵、モミジの薬王院、ケーブルカー

ラグビー観戦も初めて。W杯フィーバーより10年ほど前のこと。

保谷東伏見《ほうやひがしふしみ》局（東京・西東京市）

東伏見稲荷神社、ラグビー、サッカー、野球、縄文土器

究極のインドア派だけど、気づいたら標高857mの陣馬山《じんばさん》に登っていた。

上恩方《かみおんがた》局（東京・八王子市）

陣馬山頂の白馬の像、夕焼け小焼けの碑、陣馬高原からの富士山

風景印さんぽ日記①

青梅～日野・普通の街の小さな見どころ編

これまで私が歩いた中から、風景印散歩の楽しさが伝わりそうな２日間の日記を収録。

まずは特別なものがなさそうな街で、時間に追われつつ小さな見どころに出逢う青梅～日野編から。

博物館の古い文具の展示。私も磁石で蓋が締まる筆箱使ってたな～。

青梅住江町《おうめすみえちょう》局（東京・青梅市）
昭和レトロ商品博物館、街灯、丸型ポスト

1 丸型ポストは風情があるが、「エクスパック（現・レターパック）が入らないとお叱りを受けます（笑）」と男性局長さん。

●図案に描かれた列車はどれなのか？

９月18日、青梅へ。夕べ仕事が遅かったこともあり、昭和レトロ商品博物館の10:00開館に合わせて到着（これが終盤あせるモトなのだが、それはまた後の話）。同館は平成11（１９９９）年にオープンした昭和世代にはたまらない施設。

1 10:55、青梅住江町局。局前の丸型ポストは青梅局で保管していたものを譲ってもらったのだとか。

ＪＲの線路を渡って青梅鉄道公園へ。昭和37（１９６２）年開業で約10の実物車両を展示していて、鉄博好きの人ならきっと楽しいはず。今回のミッションは青梅勝沼局の図案がどの車両なのかを特定すること。カタログと首っ引きで見比べた結果、左が人気のＤ51で、右が１１０形と思われた。

2 12:15、青梅勝沼局。念のため、

2 蒸気機関車の代名詞D51（写真右）。両脇の斜めのラインなどが図案とそっくり。D51切手に押してもらう。

明治5（1872）年の鉄道創業時に英国から輸入した110形と、横のラインが若干違うが後部は似ている。車両は令和2（2020）年に横浜の桜木町駅ビルに移設された。

青梅勝沼《おうめかつぬま》局
（東京・青梅市）

青梅鉄道公園、SL

3 静かな獅子舞も多いなか、鹿島玉川神社の獅子舞はかなり自由に暴れ回る。

青梅長淵《おうめながぶち》局（東京・青梅市）

鹿島玉川神社鹿頭、鮎美橋、アユ

局員さんに図案がどの車両か聞いてみると「そこまでは…」との返事。ですよねー。おっと、公園に長居してだいぶ時間を食ってしまった。

3 12:50、青梅長淵局。こんな市街地でアユが釣れるのか聞くと「うちの子はこの辺で釣ってきて食べましたよ」と、局員さんのリアルな情報。翌々日の20日、図案の鹿島玉川神社の獅子舞を見に再訪した時に河原を見ると、多くの釣客がキャンプをしていた。

●わかっちゃいるけど、いつも最後はアセるのだ

東青梅駅から青梅線→中央本線で日野に移動。改札を出ると、ヌヌ、風景印と違って駅正面口の横を高架線が走っている。まあこれは、デザイン処理ではよくある話。

4―14:35、日野駅前局。21日には八坂神社の祭礼を再訪問。寛政12（1800）年に再建した図案の旧本殿は近代的な建物で覆われ、祭礼の日だけ公開される。

　甲州街道を西に進むと上空に中央自動車道が見えてきた。この景色、日野台局の図案そのものでは。手前の斜め屋根の建物が目印で、こんなに首尾よく見つかることも珍しい。

5―15:30、日野台局。この辺で富士山が見える場所を聞くと「中央自動車道を渡る橋の上で見えますよ」と局員さん。でも今日は曇りだし、時間も気になるので諦める。

6―16:00、日野多摩平六局。あと1時間で2局回れるか。黒川清流公園の四阿《あずまや》を通過し豊田駅に出る。するとカタログでは

4 日野駅前で１本電車が来るのを待ってパシャリ。

めったに見られぬ江戸時代の本殿は地味に見応えあり。

5 建物は車のディーラー。よく図案のまま残っていてくれた。令和の現在は外観が少し変わっているようだ。

日野台《ひのだい》局（東京・日野市）
中央自動車道、トラック、富士山

日野駅前《ひのえきまえ》局（東京・日野市）
八坂神社旧本殿、神輿、JR日野駅

6 局外に出て振り返ると風景印と同じ景色。突き当たりの建物は日野自動車。日野は自動車産業で栄えた街なんだな。

日野多摩平六《ひのたまだいろく》局（東京・日野市）
多摩平緑地通り、黒川清流公園

駅前にあるはずの彫刻が見当たらない！終盤にきてにわかに怪しくなる雲行き。ともかく局へ！

7—16：35、日野多摩平局。あの、北口にあるはずの像は!? すると女性局員さんが市民病院に近い公園に移設になったと言って、丁寧に行き方も教えてくれた。モチーフが知らぬ間に移設されていて局は把握していないケースが多いなかで、ここは優秀。でもそっちへ行くと間に合わないので先に次の局へ。

8—16：55、豊田駅前局。閉局5分前に、汗だくでギリギリセーフ。これから電車を見に行くと言うと、「頑張ってください」と見送られる。写真は駅と車両基地の間にある跨線橋から、無事撮影できた。

さて、像を探さねば。道を戻って日野多摩平局の前を通過。9月も下旬になると日没は早く、公園は広い。でも局員さんが教えてくれた「テニスコートの裏」をヒントに探すと、目指す「かどで」の像が見つかった！ はあ〜、これにて今日のノルマは完了。一仕事を終えた満足感でいっぱいだ。一日中、遊んでいただけなのに…。

8 JR豊田車両区の車両基地。電車好きの穴場スポット発見。

豊田駅前《とよだえきまえ》局（東京・日野市）
電車、富士山、市花・キク、黒川清流公園

風景印を茶筒に入れているのがかわいくて撮らせてもらった。

7

日野多摩平《ひのたまだいら》局（東京・日野市）
彫刻・かどで、黒川清流公園

元は豊田駅北口にあった「かどで」。

夕飯は立川駅エキュートに入っている長田本庄軒《ながたほんじょう》のぼっかけオムそば。立川経由で帰る時は必ず食するほどのお気に入り。

※記事は平成21（2009）年の情報を基に作成しているので、現状とは多少異なる場合があることをご了承ください。

風景印さんぽ日記②
檜原村《ひのはらむら》ひとりぼっち編

・・・

東京都内の風景印でも、１日に数本しかバスが出ていない秘境を図案にしたものもある。
風景印を集めていなければ、きっと一生行かなかったような山村へも。

START

1 武蔵五日市駅ホームにて。朝焼けがまぶしい！

4 神戸岩の足元は渓谷の底で、ジュラ紀にできた岩石層が硬いため、両岸が崩れずに残ったんだとか。

2 神戸岩入口バス停。右へ支道を進んでいく。

3 杉林の道を進んでいく。春じゃなくてヨカッタ。

●インドア派の自分が、こんな秘境に来るなんて

今日の電車は新宿駅５：41発の中央線高尾行き。調べた電車やバスを１本でも逃したら帰って来られない行程だ。訪ねる郵便局は２局だけなのに、緊迫感あるぅ〜。

７：01にあきる野市の武蔵《むさし》五日《いつか》市《いち》駅に到着。上の写真はホームに降りると山の向こうから朝日が昇ってきたところ（**1**）。寒い！ 駅前からバスで檜原村に入ると、他の人は中心部で降りてしまい、乗客は私ひとりに。

７：49、神戸岩《かのといわ》入口で下車（**2**）。ここから支道を40分歩いて目指すは檜原局（１２１ページ参照）の図案になっている神戸岩。

神戸川に沿って砂利道を進み、杉林（**3**）を横目に、誰にも会うことなく一本道を30分以上歩くと正面にドーンとそびえる神戸岩が見

5　橋を渡ると神戸岩の足元にトンネルが。

6　トンネルの中は漆黒の闇。向こうにようやく小さな明かりが見えた。

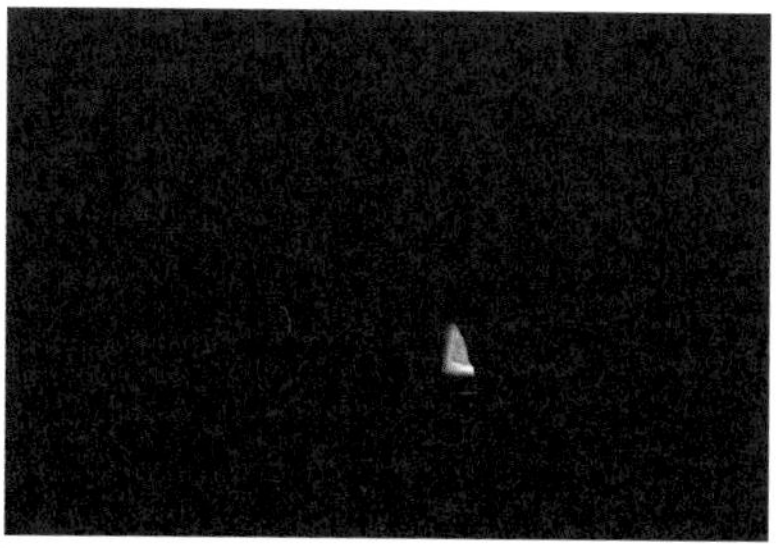

7　トンネルを抜けるとそこは渓流。岩と岩の間は木の板が渡してあるだけ。

8　足場は細く、岩肌の鎖が命綱。

えてきた。何とこれ、両脇の高さ100mだよ！　大嶽《おおだけ》神社への入口の意味で「神戸」と呼ばれるが、たしかに神秘的（**4**）。

小さな橋を渡るとトンネルがあって、神戸岩の裏側へ行ける模様（**5**）。でもこの神戸隧道《ずいどう》、灯が一個も点いてなくて怖い（**6**）。ここが心霊スポットでないほうがおかしいくらい。早足で通り抜けて、ようやく反対側に出ると、後から震えがやってきた。

出た先は大きな岩がゴロゴロする自然の渓谷《けいこく》（**7**）。岩肌に鎖が張られていて、これをつかんで歩けってことなんだろうな（**8**）。たしかに足を滑らせて落ちたら、岩に頭をぶつけて死んじゃいそうだ。冬は人が来なさそうだし、行き先を誰にも告げて来なかったから、発見されるのは数カ月後かも。皆さん、サヨウナラ。風景印のために、馬鹿な奴だと笑ってください…。

そんな妄想をしながら岩場を歩いていると、ぐるっと神戸岩を回って、トンネル手前の橋に出られるのだった。何だ、怖いトンネルを通らなくても行けたのか。でも非日常を体験できてよかった。何だかんだ1時間くらい神戸岩にいて、また40分ほどの道を歩いて戻る。

10:08のバスに乗ってやっと人心地がつくも、わずか9分の払沢入口《ほっさわ》で下車、有名な払沢の滝を見に行く。こちらは他にも観光客がいる。4段で60mある滝が冬には滝のまま凍るのだが、今日は上のほうが短いつららになっている程度(9)。地球温暖化の影響か。

途中でおしゃれな2階建て、しかも「〒」マークが付いている下見板張りの建物を発見(10)。ここは木工房「森のささやき」で、オーナー自作の木工品や、切手、はがきなどを販売している。たまらず話しかけると、旧檜原郵便局舎を無償

9 払沢の滝。左上がつらら状になっている。

12 木工好きが高じて勤め先を早期定年退職して始めた。玩具など温かな作品が多数。

11 気さくで話好きな中島さん。令和3(2021)年現在もコロナの状況を見ながら営業している。

10 この建物は昭和4〜44(1929〜69)年に局舎として使われ、その後二代目局舎の物入れとして使用。平成6(1994)年に取り壊されそうになったのを中島さんが譲り受けた。

で譲り受けて自力で移築し、工房にしたのだそう。すてき過ぎる！オーナーの名前は中島保さん、同じ名前でも、こんなおしゃれな保さんもいらっしゃるんだな（**11**～**14**）。

12:00、檜原局。檜原村の切手に印を押してもらうと（121ページ参照）、「この切手が出た時はたくさん郵頼が来て、失敗できないのでたいへんでした（笑）」と男性局長さん。

12:32に本宿役場前からバスに乗り、13:14に大岳鍾乳洞《おおたけしょうにゅうどう》入口で下車。矢印に沿って約35分。砂利が高く積まれた採石場（**15**）のトンネルを抜けて鍾乳洞に出る（**16**）。

アウトドアには縁遠い私、鍾乳洞なんてこの歳まで入ったことがなかったが、風景印散歩でこの3か月の間に2つ目。都内にそんなに鍾乳洞があったことも驚きだ。入口で借りたヘルメットを被って、

15 まるで西部劇みたいな採石場の風景。

13 郵便ポストや配達自転車も譲り受けた。

14 店前のエサ台には色鮮やかなヤマガラが。ヤマガラは人懐こい鳥で、昔は飼い慣らせて、おみくじを購入者に運ばせる神社もあったそう。

16

大岳鍾乳洞は昭和36（1961）年に発見され、探洞工事を経て翌年公開。

17

自然の状態がよく保存された大岳鍾乳洞内部。

18

鍾乳洞を守り続けてきた田中ユキさん。平成28（2016）年に100歳で天寿を全うなさった。あの時はありがとうございました。

狭い通路を這いつくばり、水滴に体を濡らしながら、約30分かけて25ポイントをめぐる（17）。洞内は安全だが、冒険心をすこぶる満たされてゴール。楽しかった〜。

　しかし洞窟以上に印象深かったのが、受付にいた田中ユキさん（18）。御年94歳だけど、お話はすごくしっかりしていらっしゃる。鍾乳洞はご主人と発見して40年以上公開を続けてきたのだとか。「戦中に子供を一人も亡くさずに済んで、戦後は母、おば、夫を見送ったの。一昨年は小泉孝太郎が収録で来て、この集落でテレビに出たのは私一人（笑）。体が弱かったけど、しっかり生きていれば長生きできるのよ」と話しながら餅太郎（お菓子）まで下さった。もっと話を聞いていたいけど、バスを逃すとたいへんなので後ろ髪を引かれる思いで辞去し、バス停まで走った。

　15:25、乙津局。風景印の上部に

後日談…

檜原局の風景印は平成29（2017）年に檜原村公式キャラクター・ひのじゃがくんと払沢の滝に図案改正。私が散歩したのがこれ以降だったら、神戸岩にも行かなかったはずで、図案改正前でよかった。中島さんには11年ぶりに連絡したところ、私のことを「風景印のお兄さん」と覚えていてくださった。店の中はきれいになり、塗り直した自転車を展示しているそう。ご夫婦そろってお元気そうで、また遊びに行きたい。

檜原局《ひのはら》（東京・檜原村）
※旧印
神戸岩、秋川渓谷

檜原局《ひのはら》（東京・檜原村）
※新印
払沢の滝、ひのじゃがくん

19 瀬音の湯。平日夕方でも入湯客が多くて、人気が高い。

20 「佐五兵衛」の五日市ほうとう。

GOAL

乙《おつ》津局（東京・あきる野市）
大岳鍾乳洞、秋川の清流

今見てきた鍾乳石が垂れ下がっている。

はあ、これで一応、今日のノルマは終了。自分へのごほうびに、秋川渓谷《あきがわけいこく》瀬音《せおと》の湯という温泉に寄り道（**19**）。くう～、一日中歩いた体に湯が沁みる～。

夕飯を食べたいので、もう暗い檜原街道を歩いていくと、「佐五兵衛《さごへい》」という店の「ほうとう」の文字が目に付く。鼻ピアスの女子店員のおすすめは「五日市ほうとう」（**20**）。イノブタを使っていると言うので特産なのか聞くと「山で見つかるのはイノシシとブタのアイノコが多くて」と。なんと野生のジビエ！ ひとけのない神戸岩から始まって、都下の山村部を歩いた一日のラストを飾るにふさわしい晩餐だ。身体もあったまって、帰りの電車ではすぐ眠りに落ちる。新宿駅まで爆睡だったことは言うまでもなく…。

※記事は平成22（2010）年の情報を基に作成しているので、現状とは多少異なる場合があることをご了承ください。

局員さんとのちょっと悲しい話

26〜28ページとは対照的に、「局員の対応で嫌な思いをした」と憤懣《ふんまん》冷めやらぬ口調で訴えてくる人もいる。
もちろん私にも経験がある。これは、ここでしかできない伏せ字トーク。

これはちょっと、あんまりだよ

■ケース1：神奈川県A局の場合

ゆうゆう窓口で女性局員に「切手に少しだけかかるように」と風景印を依頼したのに、多めにかかっていた。なので「もう1枚は少なめに」と頼んだら、さらに多めにかけてきて「あら、もっとかかっちゃったわ」と当てつけのような言い方。次にローラー印（101ページ参照）を切手の真上に依頼したら、今度はわざと半分しかかからないように押してきた。私が他局の例を見せると「ウチではできません」と、にらみつけられた。

■ケース2：東京都B局の場合

東京風景印歴史散歩講座（108ページ参照）用に風景印を40枚郵頼したが、期限までに戻って来ず、電話で問い合わせたら届いていないという。慌てて局まで駆けつけ別の40枚に押してもらい、講座に間に合わせた。女性局長は「絶対に届いていない」と面倒くさそうに言うので、「万一この後に届いたら、押さないで送り返してください」と依頼して帰ってきた。

それから10日程して、最初に郵頼したぶんが戻って来て、開くと40枚全部に押印してあった。女性局長に電話すると「別の局じゃないですか？」とまるでクレーマー扱い。封筒の裏に担当した局員の名前が書いてあったので（これがあって助かった）、「〇〇さんという方から返ってきましたけど」と言うと、やっと事態を認識したようで、40枚分未使用の切手で返してくれることになった。後日届いた封筒には切手が入っているだけで、一言の手紙も入っていなかった。

地元の集配局に捜索依頼を出していたので、顛末を話すと、「確認しようがないけど、それは怪しいですね」と、担当者もB局内でどこかに紛れていた可能性を認めていた。

■ケース3：東京都C局の場合

もう10年以上前のこと、C局で男性局員に押印してもらったら「風景印は近いうちに廃止しますよ。うちだけじゃなく、C市では一部の続けたい局だけ残して半分以上が廃止します」と、なぜか得意げに言うではないか。ショックを受けつつ次の局で聞くと「たしかにそういう話は出ているけど、うちは続けますよ」という。悩んだあげく、私は地方支社に電話した。

すると話を聞いてくれた担当者から数日後に電話があって「特に廃止するような状況ではないので、存続することにしましたからご安心ください」と誠実な回答をいただき、ホッとした。もちろんその市の風景印は今も存続している。

以上3つとも、私が実際に体験したことだ。普通に行動しているだけなのに、なぜか心が冷えるようなことが現実に起こるのである。

愛好者と局員さんが共に歩み寄れば…

一方で「うるさいお客に風景印を押して、たいへんな目に遭った」という局員さんの話も聞く。これもわかる。あるコレクターは車に1千枚単位で通常はがきを積んでいて、局員さんがまっすぐに風景印を押せないと「じゃあ、次」「次」と延々と差し出し、涙目の局員さんに50枚以上押させたという。ちなみに、このコレクターの方自身も日本郵便の職員である。

きっとその局員さんはトラウマになっただろう。でも私たちの大部分は、「頑張って失敗したなら仕方ないよ」という穏健派だ。「風景印を導入したらお客さんとの会話が増えて、記念切手やフォルムカードの販売も増えた」という声もよく聞くので、全国の局員さんには、恐れず風景印を導入していただきたい。愛好者は少しくらいの失敗はおおらかに許し、局員さんは愛好者にとっては大事なコレクションと理解し、丁寧に扱う。そんな歩み寄りがあればいいなと願うばかりだ。

記念押印ほど効率的な収入源はないはず

局員さんのなかには、「持ち込んだ切手に記念押印するコレクターは、うちの売上につながらない」と考え、客への態度に出てしまっている人もいるようだ。でも裏を返せば、その局で切手を購入して他局で集印している人もいるはずなので、大きな目で見ればきっと自局の利益にもつながっているはず。本来、63円や84円の郵便料金は、取り集めから配達まで多くの手間や労力に対して支払われるもの。それを一瞬で消費してくれる記念押印ほど効率いい収入源はないわけで、郵便局には風景印をもっとうまく運用してほしいのだ。そもそもケース1のように、初対面の客に敵意をむき出しにする人は、接客業に就くべきではないだろう。

…こんなことを読むと、風景印を集めるのが怖くなる人がいるかもしれないので断っておくが、これは本当にレアケース。ぜひ怖がらずに風景印を楽しんでいただきたい。

それでも万一、悲しい目に遭ってしまった時は、ぜひ「風景印の小部屋」など、同好者の集まりに参加してほしい。一番盛り上がるのが、局でのうれしい&悲しい体験談だからだ。ベテランも初心者も関係なく、1局でも風景印を押してもらえば土産話が生まれ、悲しい体験も武勇伝としてみんなに笑ってもらえる。スッキリして別の局へ出かければ、きっとうれしい話が待っているに違いない。

Chapter 04

風景印を知る

風景印誕生 90 年の歴史

・・・

昭和6（1931）年に誕生し、一度は廃止になりながら復活した風景印は、90年以上の歴史を持つ。昭和から平成、令和へと、どんな道を歩んできたのか、ざっとおさらいしよう。

❶ 富士山《ふじさん》局（静岡）※旧印
富士山、御殿場口からの登山者

❷ 富士山北《ふじさんきた》局（山梨）※廃印
北方より望む富士山

❸ 大連《だいれん》局（関東州）※廃印
大連港埠頭遠景、船客待合所

◀風景印は戦前だけで約1500種類まで増加する。樺太や満州など、日本の占領地でも約370種類使用したのは、そこも日本の領土だと主張する意味合いもあったのかもしれない。

❹ サイパン《さいぱん》局（南洋・マリアナ諸島）※廃印
ガラパン市街、南洋興発製糖工場、サトウキビ、バショウ

●風景印の黎明期～終戦後まで

風景印の誕生は、昭和6（1931）年7月10日。富士山頂にあった富士山局（❶）と、八合目にあった富士山北局（❷）で使用が開始された（※1）。明治35（1902）年から、記念切手の発売や国家行事などの際に短期間使用する特印（特殊通信日付印・風景印と同じ直径36㎜でトビ色）は存在したが、風景印は無期限なのが大きな特徴だった。当時、世の中では寺社の御朱印集めが人気で、郵便事業を管轄していた逓信省が、切手やはがきに押す記念スタンプを作れば、旅行者の記念になり、収入源にもなると見込んでのことだった（※2）。

　そのため、配備は観光地の局を中心に進んだ。電子メールやスマホがなかった時代、旅先から家族や友人に絵はがきを送ることが盛んで、そこに押す消印として風景印はうってつけだった。

しかし、戦争が進んで物資が不足し、市民も観光旅行どころではなくなると、昭和15（1940）年11月15日で、風景印はいったん廃止となる。戦艦を描いた広島の呉局など、国民精神の高揚に役立つ約100局だけは摩耗するまで使用を続行したが、それも自然と消滅していった。

そして戦後、平和が戻った昭和23（1948）年1月1日に24の郵便局で風景印が復活し、次第に数を増やしていく（❻）。アメリカに占領された琉球（沖縄）でも約30種類の風景印が使用され、日本に返還される昭和47（1972）年まで続いた（❼）。琉球の年号は西暦表示だった。

▶日中戦争時の中国では、兵士が日本の家族に手紙を送れるよう、野戦郵便局という移動郵便局が開設され、そこでも約100種類の風景印が使用された。

❺ 第66野戦《だいろくじゅうろくやせん》局（野戦）※廃印
手紙を見る兵士

❻ 長崎《ながさき》局（長崎・長崎市）※旧印
平和の象徴・ハト、崇福寺三門、大浦天主堂

❼ 首里《しゅり》局
（米国統治下の沖縄）※廃印
守礼門、龍柱、尚家紋章

図版協力：勝田明さん

※1…植民地の関東州（日露戦争後、日本が勢力下に収めた遼東半島租借地など）では、国内より早く昭和6年4月1日に風景印を使い始めた旅順《りょじゅん》局や大連局（❸）のような例もあるが、一般的に第1号は富士山の2局を指すことが多い。
※2…当初は「風景印」という名称はなく、「風景入りスタンプ」「名所スタンプ」など地域ごとに違う名前で呼んでいた。

●風景印の発展期、戦後〜平成〜令和へ

戦後復興期から高度経済成長期には、若者の間でブームだったハイキング（❽）や、発展の象徴だった工業地帯（❾）が図案になるなど、時代性が表れている。日本の復興と繁栄を示す万博会場内にも臨時郵便局が開設された（❿〜⓬）。

やがて風景印の配備は、オフィス街や住宅街へも広がっていく。昭和63（１９８８）年には消印に関する規定が変わって、円形ではない変形印が作りやすくなる。平成初期には年月日に同じ数字が並ぶゾロ目フィーバーが起こった。ゾロ目を記録する手軽なアイテムとして風景印が人気を呼び、使用1万局を突破したのもこの頃だった（⓭）。

その熱狂が過ぎると、一時風

❽ 有明《ありあけ》局（長野・安曇野《あずみの》市）
登山者、燕山荘、燕岳主峰、中房温泉マーク

❾ 川崎《かわさき》局（神奈川・川崎市）※旧印
川崎大師本堂、だるま、工業地帯

❿ 沖縄海洋博《おきなわかいようはく》局（沖縄）※廃印
海王丸、ハイビスカス、伊江島、マスコットのオキちゃん

⓫ 科学万博《かがくばんぱく》局（茨城）※廃印
シンボルマーク、テーマ館、筑波山

⓬ 花の万博《はなのばんぱく》局（大阪）※廃印
シンボルマーク、テーマ館、チューリップ

▲昭和45（1970）年の大阪万博では、特印や小型印のみで風景印は使用されなかった。

⑬ 富士富士岡局《ふじふじおか》（静岡・富士市）

富士山、須津川渓谷大棚の滝、吊り橋

▶平成8年8月8日や11年11月11日などには、自治体単位で一斉に使用開始するケースが続出し、コレクターたちは集印に東奔西走した。

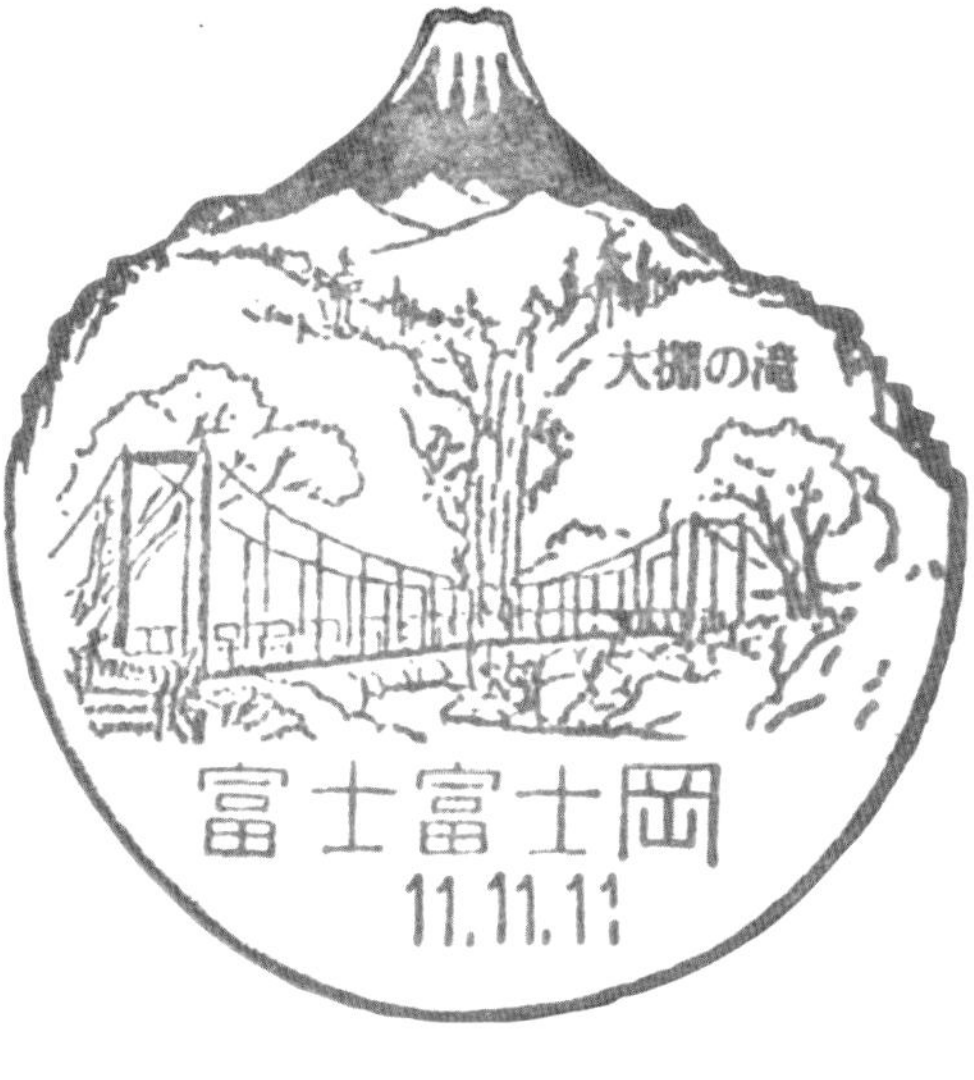

⑮ 横浜《よこはま》支店
（神奈川・横浜市）※廃印

港ヨコハマ、ベイブリッジ

⑭ 横浜中央局《よこはまちゅうおう》
（神奈川・横浜市）

港ヨコハマ、ベイブリッジ

▲郵便局株式会社の印は郵便窓口で押され、アンダーバー入り。郵便事業株式会社の印はゆうゆう窓口（時間外窓口）で押され、アンダーバーなし。前者では「横浜中央」局、後者では「横浜」支店など、一部の局では同じ建物の中にあっても、局名が異なっていた。

⑯ 下目黒局《しもめぐろ》（東京・目黒区）

瀧泉寺前不動堂、灯籠

▲年号活字は多めに配備したため、平成25（2013）年以降にアンダーバー入りを使用したケースも散見される。下目黒局は日付にも年活字を流用したため、２か所にアンダーバーがある。

景印は下火になる。特に平成20（2008）年頃は郵政民営化により、日本郵便が「郵便局株式会社」と「郵便事業株式会社」に分かれるなど、体制の変化に適応するのに精一杯で、風景印どころではなかったようだ。この分社化時代（※3）には、年号の下にバーが入るものと入らないものの2種類が存在した（⑭⑮）。アンダーバー入りはわずか5年間の産物で、今から全局そろえるとなると相当困難だろう。

だがその低迷も落ち着き、一時は年間数件にまで減っていた新規使用が、近年は100件以上にまで回復。令和になってまたゾロ目が続くため、再び新規使用ラッシュが来る可能性もある。令和3（2021）年現在、全国に約2万4千局ある郵便局のうち、風景印は約1万1千局に配備されている。

※3…平成19（2007）年10月1日～平成24（2012）年9月30日。

令和の風景印最新事情

・・・

およそ90年の歴史の上に成り立つ風景印。令和時代は手紙離れが指摘される一方で、日本のカワイイ文化が世界の注目を集めている。風景印の最新トレンドやトピックスを見てみよう。

▶▼ 私は会場内で「風景印の小部屋」（21ページ参照）を運営していて行列に並べず、友人の永田昭彦さんに託してこれを作っていただいた。行列に参戦した仲間が入れ替わり立ち替わり様子を伝えてくれて、現場の興奮が伝わってきた。下のイラストは竹内麿微さんが、待ち時間が長過ぎて、つい描いてしまったもの。6時間以上並んだようで、お疲れさま！

❶ 宮内庁内《くないちょうない》局（東京・千代田区）
二重橋、新宮殿

❸ 与論《よろん》局（鹿児島・与論町）
与論島、ウミガメ、百合ケ浜

❷ 西古見《にしこみ》局（鹿児島・瀬戸《せと》内町《うちちょう》）
三連立神に落ちる夕日、ウミガメ、アカショウビン

平成から令和への皇室ブームで話題をさらったのが、宮内庁内局の風景印押印サービスだった（❶）。同局は、普段は皇室関係者や宮内庁職員などしか入れないのだが、改元をまたいで開かれた「スタンプショウ2019」という切手イベントで、その消印の出張押印サービスがあったのだ。希望者が殺到し、開場前に人数制限で打ち切られる大盛況。新聞やテレビでも熱狂ぶりが報道され、風景印の認知度アップに一役買った。

令和元（2019）年5月7日には、鹿児島県の奄美群島で一気に53種類もの風景印が使用を開始（❷❸）。その他にも、平成後期から地域で風景印を一斉導入する自治体が相次いでいる。

近年の経営合理化で、地方では特に郵便局運営を地方自治体や団体などに受託させる簡易郵

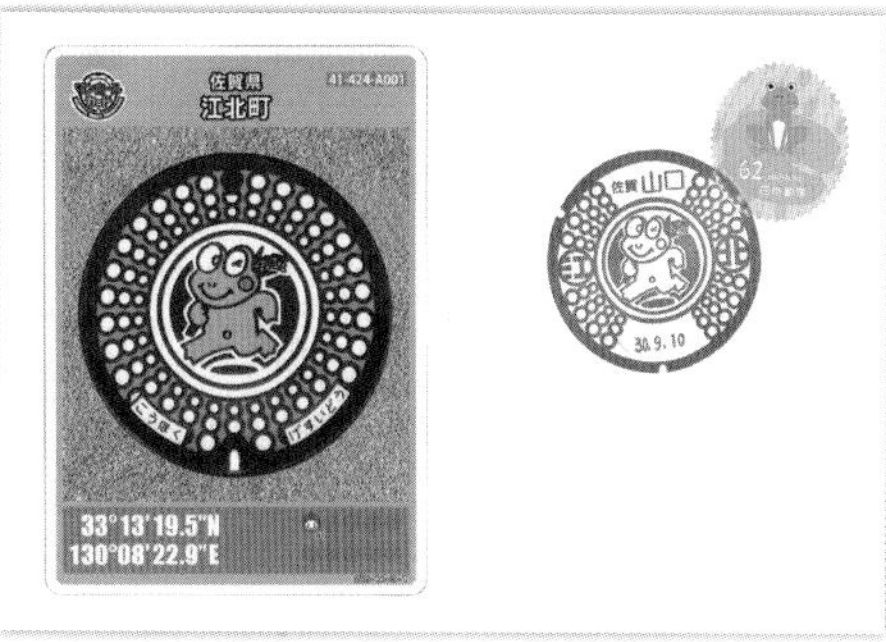

湯浅英樹さんより

❻ 山口《やまぐち》局（佐賀・江北町）

へそがえるピッキー

❼ 下賀茂《しもかも》局（静岡・南伊豆町）

下賀茂温泉の温泉やぐら、青野川沿いの早咲き桜

▲丸いもの同士相性がいいのか、マンホールとコラボした風景印（❻❼）も誕生。湯浅さんみたいにマンホールカードの画像ではがきを作ると見栄えがいい。

▶▼題材としてはくまモン（❹）、ぐんまちゃん（❺）などのゆるキャラ率が高まっている。しかしコレクターからは「またゆるキャラか」との声も聞かれ、安易に走るのは要注意かも。

❹ 熊本県庁内《くまもとけんちょうない》局（熊本・熊本市）

くまモン、阿蘇山

❺ 群馬県庁内《ぐんまけんちょうない》局（群馬・前橋市）

群馬県、ぐんまちゃん

⓫ 東京中央《とうきょうちゅうおう》局 東京 2020IBC/MPC《とうきょう2020アイビーシー/エムピーシー》分室（東京・中央区）※廃印

東京 2020IBC/MPC

⓾ 東京中央《とうきょうちゅうおう》局 東京 2020 選手村《とうきょう2020 せんしゅむら》分室（東京・中央区）※廃印

東京 2020 選手村

❾ 大谷《おおや》局（山形・朝日町）

大沼の浮島、大谷風神祭、町非公式 PR キャラクター・桃色ウサヒ

❽ 三波《さんなみ》局（石川・能登町）

「ふるさと心の風景」切手に描かれた局舎

便局化が進んでいる。それに伴い、多少手間のかかる風景印を廃止してしまう局も現れていた。しかし、令和２（２０２０）年に石川県で簡易局ばかり15局が一斉に風景印を使用開始するうれしい例も現れている（❽）。

新しい風景印はコロナ問題の下でも、平成31・令和元（２０１９）年が奄美の53種を含めて１３５種なのに対し、令和２年は１１８種、３年は９月末現在１０５種と、かなり好調なペースで増加している。特に石川県と山形県で配備が盛んだ（❾）。ゾロ目で誕生ラッシュが起きた平成と異なり、令和はコンスタントに風景印が成長を続けていくのかもしれない。オリンピックでは過去の東京、札幌、長野は特印と小型印のみだったが、２０２０で初めて風景印が使用された（⓾⓫）。

風景印は日本を知るガイドブック

特産品の風景印を集めれば、全国でどんな野菜や果物、魚介がとれるかがわかる。
さらに図案を細かく掘り下げていくと、その土地の特徴や歴史も見えてくる。

❶
月形局《つきがた》（北海道・月形町）
メロン、切り花、皆楽公園の水辺

❷
弘前青山局《ひろさきあおやま》（青森・弘前市）
リンゴ、岩木山、弘前公園の桜

❸
神町局《じんまち》（山形・東根市）
サクランボ、フルーツライン、若木山、飛行機

❹
伊達局《だて》（福島・伊達市）
モモ、半田山、阿武隈川、伊達ふれあいセンター

❺
北吉見局《きたよしみ》（埼玉・吉見町）
イチゴ、イチゴの花

❻
村松局《むらまつ》（新潟・五泉市）
村松のクリ、白山、桜、三宮のコイ

全国にある郵便局の数は約2万4千局。これは全国の小学校数約2万校に近い数字だ（文部科学統計要覧令和2年版より）。想像してみてほしい。全郵便局の5割弱に風景印があるということは、小学校2校分のエリアにひとつは風景印がある計算となる。その図案を一つひとつ調べていったら、日本全国をくまなく学べるに違いないというのが私の持論だ。

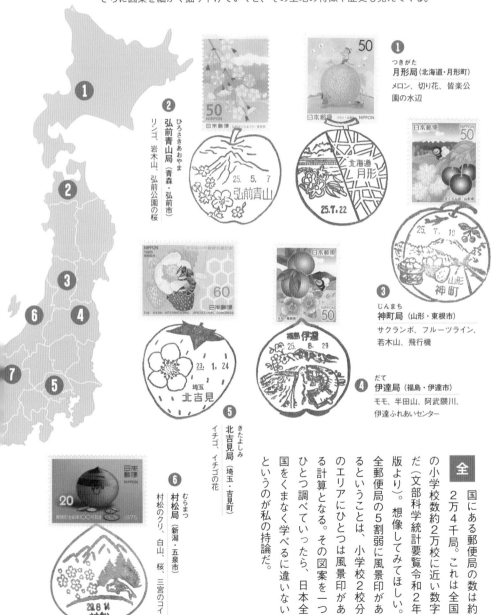

風景印には富士山や東京タワーのように誰もが知っている題材もあれば、地元の人さえ知らぬ小さな石碑が描かれていることもある。けれどその石碑にこそ、街の歴史を読み解くヒントが刻まれていることも多い。このページのように日本地図に全国の果物の風景印を並べてみれば、どの地方でどんな果物がとれるかが一目瞭然で、しかも非常に美しい。

観光スタンプや駅スタンプなど似たような存在はあるが、統一規格で1万1千もの種類を全国津々浦々に有しているアイテムが他にあるだろうか？ それも各地域から自発的に誕生するものだから、その土地のリアルが反映されている。風景印は90年の歳月をかけて積み上げてきた、実に貴重な日本を知るガイドブックなのだ。

7
長野桜枝局《ながのさくらえ》（長野・長野市）
リンゴ、善光寺本堂、三門、リンゴの花

8
美濃川合局《みのかわい》（岐阜・大野町）
富有柿、大野町バラ公園のバラ、揖斐二度桜

9
伊勢御木本通局《いせみきもとどおり》（三重・伊勢市）
蓮台寺柿、ツグミ、御木本道路、県花・ハナショウブ

10
二名津局《ふたなづ》（愛媛・伊方町）
柑橘類・清見タンゴール、佐田岬の白亜の灯台、磯釣り

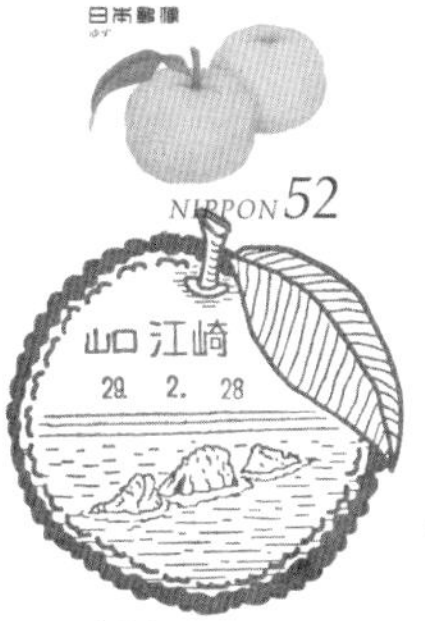

11
江崎局《えさき》（山口・萩市）
長門ゆずきち、江崎湾沖の名島

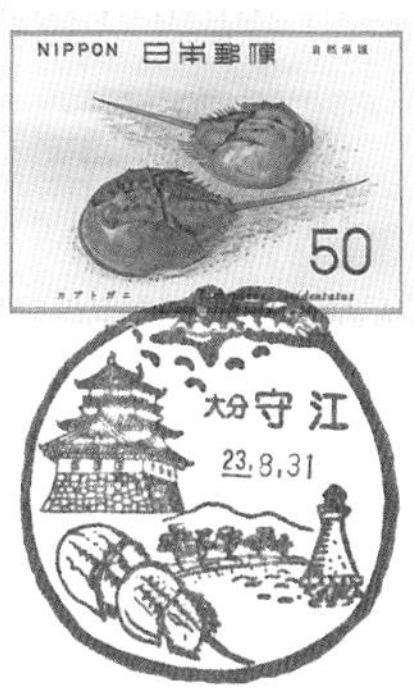

12
守江局《もりえ》（大分・杵築市）
ミカン、杵築城、守江港灯標、カブトガニ

時代の証言者としての風景印

風景印は時代と共に図案が改正され、旧図案には、今はもう見られない景色や建物が入っていることも。
各局の歴代風景印を並べてみれば、その街の変遷も見えてくる。

❸
鎌倉《かまくら》局
（神奈川・鎌倉市）
大仏、由比ヶ浜、大イチョウの葉

❷
豊洲市場《とよすしじょう》局（東京・江東区）
豊洲市場、マグロ、リンゴ、ニンジン、キュウリ、トマト

❶
中央築地《ちゅうおうつきじ》局
（東京・中央区）※旧印
中央卸売市場、魚、浜離宮庭園中島の御茶屋

▼笹谷東局は福島交通飯坂線に新たに1000系を導入したため、図案の車両だけ入れ替えた。

❼
笹谷東《ささやひがし》局
（福島・福島市）
モモ、リンゴ、福島交通飯坂線、吾妻小富士

❻
笹谷東《ささやひがし》局
（福島・福島市）※旧印
モモ、リンゴ、福島交通飯坂線、吾妻小富士

❺
米沢通町《よねざわとおりまち》局（山形・米沢市）
ナナカマドの並木、西吾妻山の残雪・白馬の騎士、県立米沢栄養大学

❹
米沢通町《よねざわとおりまち》局
（山形・米沢市）※旧印
ナナカマドの並木、西吾妻山の残雪・白馬の騎士

▲米沢通町局は平成26（2014）年に、近くに山形県立米沢栄養大学ができたタイミングで校舎を入れた。

風景印は街の景色を描くので、街が変われば図案も改正される。東京スカイツリーやあべのハルカスなどランドマークが誕生すれば図案が変わるし、東京中央卸売市場が築地から豊洲に移転すれば郵便局も移転する（❶❷）。あと何十年もすれば、この消印は「昔は築地に市場があってね」と語る格好の材料になるだろう。つまり風景印は街の変遷を映し出す「時代の証言者」でもあるのだ。

一方で、神奈川県鎌倉局のように、昭和23（1948）年1月1日に使用開始されて以来、70年以上変わらない図案もある〈❸図版は平成23（2011）年のもの〉。それは70年以上前から不変の景色だからで、これもまた「時代の証言者」と言える。

千葉局の風景印に見る都市化の波

ここでは千葉県中心部にあった千葉局（現・若葉局）の歴代風景印を見てみよう。軍都であった戦前から戦後復興、工業化と海浜の汚染、そして都市の発展が風景印を通して見えてくる。

8
浅草局《あさくさ》（東京）※旧印
浅草寺仁王門金剛力士像、本堂、五重塔、大イチョウ

▲浅草寺の五重塔は本堂の東（向かって右）にあったが、戦後再建する際に西に移った。戦前の浅草局の風景印は、たしかに東に五重塔を描いている。写真は戦前に五重塔があった場所に立つ石標（東）から宝蔵門を挟んで現在の五重塔（西）を見ている。

▶千葉は首都に近く土地も広いので、戦時中は軍事施設が多く置かれ、日本陸軍気球連隊格納庫もあった。左の銅像は満州で戦死した軍人を顕彰するもの。一方、千葉の海はきれいで、アサリも捕れていた。

9
千葉局《ちば》（千葉）※旧印
袖ヶ浦、気球、荒木工兵大尉の銅像、アサリ

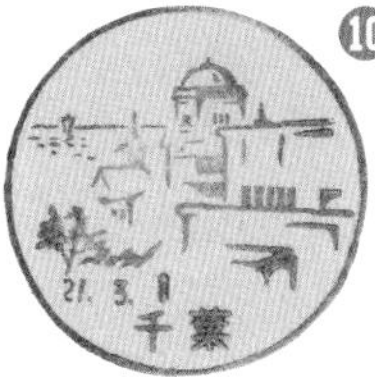

10
千葉局《ちば》（千葉・千葉市）※旧印
県庁、市役所、図書館、出洲海岸、帆掛船

◀昭和20年代には県庁などの主要施設が描かれ、戦後の復興を感じさせる。

11
千葉局《ちば》（千葉・千葉市）※旧印
千葉港、京葉工業地帯、天然記念物・カワウ

◀昭和30年代、数千羽のカワウが千葉の海岸に餌を捕りに来るので天然記念物になっていた。一方で海岸を埋め立て、川崎製鉄や東京電力などの巨大工場が進出し、公害の影が忍び寄っている。

12
千葉局《ちば》
（千葉・千葉市）※旧印
千葉港、京葉工業地帯、千葉市立郷土博物館

▲昭和40年代になるとカワウが消え工業地帯と港、そして昭和42（1967）年に完成した千葉市立郷土博物館（通称千葉城）に替わる。

13
千葉中局《ちばなか》
（千葉・千葉市）※旧印
千葉市立郷土博物館、市中心街、加曾利貝塚出土品

▲昭和53（1978）年には臨海部に千葉中央局が誕生。千葉局は中央局の機能を廃止し「千葉中局」に改称した。昭和40～50年代に国の史跡に指定された加曾利《かそり》貝塚が入り、街にはビルが増えた。

14
若葉局《わかば》（千葉・千葉市）※廃印
千葉市動物公園のキリン、観覧車、加曾利貝塚出土品

▲平成4（1992）年に「若葉局」に改称。昭和60（1985）年に開設した市動物公園が入った。しかし併設の遊園地が平成26（2014）年に閉園し、観覧車がなくなったため、風景印自体廃止となった。

15
千葉県庁内局《ちばけんちょうない》
（千葉・千葉市）
チーバくん、ナノハナ、県庁舎

◀その代わりでもないだろうが、近隣の千葉県庁内局で平成28（2016）年にチーバくんを図案にした風景印が誕生したのはうれしいニュースだった。

図版協力：勝田明さん

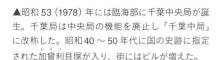

風景印は突然、マイナーチェンジする

図案改正の発表がないのに、図案の一部が微妙に変化していて驚かされることがある。
マイナーチェンジ前と後を比べると、まるで間違い探しのようで楽しい。

■ 旧字体が新字体になる

本郷局は昭和24（1949）年使用開始なので、当初は「郷」が旧字だったが、途中で新字になった。福島や福岡のしめすへんにもこの例が多い。

本郷局《ほんごう》（東京・文京区）

東大赤門（旧加賀藩上屋敷御守殿門）、イチョウの葉

■ 局名が違う活字体になっている

文字が大小変化する程度はよくあるが、広島中央局の「広」の字のように一方が特徴ある字体を使っていると、コレクションしておきたくなる。

広島中央局《ひろしまちゅうおう》（広島・広島市）

原爆死没者慰霊碑、原爆ドーム、広島城復元天守、モミジ

■ 印の外枠が波打っている

理由は不明だが、終戦直後の印などに見られる。

高山局《たかやま》（岐阜・高山市）

高山祭の山車、国分寺三重塔、中部山岳

■ 年号が西暦になっている

1990年代半ばに配布されたらしく、アポストロフィも付いている。私も94年や95年など数局所持している。

尾鷲局《おわせ》（三重・尾鷲市）

カツオの一本釣り、尾鷲市立天文科学館

マイナーチェンジで多いのは、①印影全体が直径38㎜や34㎜など規定外の大きさになっている、②年月日の横幅が広がったり狭まったりしている、という2パターン。数え上げたらキリがない。

風景印の刻印部分は外部業者が製造している。日本郵便のある地方支社職員に聞いたところ、劣化が原因で再発注して納品される際に、業者から「彫りづらかったので年月日の位置を変えておきました」などとあっさり言われることもあるそうで、マイナーチェンジは業者のさじ加減で起こってしまうことのようだ。こうした変化については、風景印収集の大先輩である勝田明さんが「風景印のバラエティ」というHPにまとめておられ、見ていて飽きない。

旧図案が復活する

浅草局では平成元（1989）～10（98）年に「〒111」が入った印を使っていたのが、平成23（2011）年にいきなり復活した。私もスタンプショウの臨時出張所でそれに気づき、風景印ファンの間で大騒ぎになったものだ。3カ月ほどで元に戻ったが、郵便局が再発注する際に、昔のデータを渡したのが原因のようだ。

浅草《あさくさ》局
（東京・台東区）※旧印
浅草寺二天門、五重塔、雷門提灯の変形

インクの色が違う

朱肉や速達の赤インクを誤用した例や、終戦直後は紫もわりと見かける。普通の消印用の黒インクに、うっかり手が伸びてしまったと思われるものも。最も衝撃を受けたのは富良野局の緑。押印台紙を見ると臨時出張所を3カ所開いてスタンプラリーを実施したようで、この印は場所がメロンハウスだから緑なのかも。他にチーズ工房とワイン工場に出張所があり、チーズの黄色やワイン色（これはトビ色のまま？）も存在するのかも??

身延《みのぶ》局
（山梨・身延町）
日蓮宗宗紋の枠内に祖師堂、奥之院思親閣、御真骨堂

泊村《とまりむら》局
（青森・六ヶ所村）※旧印
村鳥・オジロワシ、村花・ニッコウキスゲ、月山、泊港

富良野《ふらの》局
（北海道・富良野市）
北海道中央経緯度観測標、北海へそ祭り、富良野岳

局名表示が1行から2行になる

年月日の行数調整は多いが、文字だと目立ち、図案改正といっていいレベル。

三宅島伊豆《みやけじまいず》局（東京・三宅村）
三宅島全景、連絡船、ツバキ

図案が細かく変化している

波や風、雲の線が長くなったり増えたりしている例は多い。特に目立つものを挙げてみると、東京都庁内局はイチョウマークの大小。黒石局はこけしの表情や胴体の模様も変わっている。高槻局は高山右近像の顔の向きなどが変わって漫画のよう。私はこの印が志村けんさんの「アイーン」に見えて仕方ない。

東京都庁内《とうきょうとちょうない》局（東京・新宿区）
都庁舎、都のマーク・イチョウ

黒石《くろいし》局（青森・黒石市）
岩木山、黒石よされ、温湯こけし、リンゴ

高槻《たかつき》局（大阪・高槻市）
高槻城主・高山右近像、市花・ウノハナ、けやき通り

風景印が生まれるまで

ここまで読んできて「うちの近くの局でも風景印を使えばいいのに」と思った人もいるだろう。
そこで湧いてくる素朴な疑問――風景印ってどういう流れで生まれるのだろう？

小型印の例

❶ 東京風景印歴史散歩100回記念展小型印

幻の小型印

❷ 東京風景印歴史散歩100回記念展小型印

採用図案

風景印は、基本的には「作りたい」と思った郵便局が地方支社に申請を出し、承認を受けて誕生する。私が複数の人に誕生の経緯を聞いた結果、次の3つが大きなポイントのようだ。

[1] 局長さんが風景印の使用に積極的なこと
[2] 題材の使用許可が取れること
[3] 図案のたたき台を作ること

まず[1]が肝心で、「局長さんさえノリ気なら、大抵は実現する」とも。「途中まで話が進んでいたのに、局長さんが交代して立ち消えになってしまった」とも聞いたことがある。ご近所の局長さんが営業や顧客サービス、郵便振興などに熱心なことを祈りたい。

[2]は、公有の自然風景であれば許可は必要ないし、公共物も地域振興につながるので許可は取りやすいだろう。問題は民間施設で、かつて、ある商業ビルに断られてその部分だけ差し替えた局があった。今は何でも権利、権利の世の中だが、そのビルももう少し発想を柔軟にして許可していれば、消印で世に広くアピールしてもらえたのに惜しいことをしたものだ。よほど反社会的で公序良俗を乱すものでなければ支社の審査も通過するだろう。

[3]は、イメージが湧かずに滞

風景入り通信日付印の図案（印影）使用に対する許諾

日本郵便株式会社
○○　郵便局長
○○○○　様

令和　　年　　月　　日
住所：
氏名：　　　　　　　　　　㊞

私、＿＿＿＿＿＿＿＿＿＿＿＿＿＿は、
○○郵便局において使用される予定の「風景入り通信日付印」の印影（案）について、下記の使用要件を満たす場合に限り、印影に描かれている当施設に関係のある建物及び景観（オブジェなどを含む）のデザインの印影使用を許諾いたします。

記

・印影名：　「風景入り通信日付印（○○の文字及び日付入り）」
・用途：　郵便切手、及び料額印面の消印
・使用要件：　利用者からの押印依頼時、及びイベント開催時
・図案：　別紙を添付
・使用開始予定：令和　　年　　月　　日（　）

特記事項

以上

題材の許諾書のイメージ（これまでに私が聞いた話を参考に作成）。通常は局長、または局員が題材の所有者や管理元に承諾をもらう。

ることもあるので、もし局長さんに提案するなら、たたき台をイラストで提出してしまったほうが話は進みやすい。図案は通常、原寸の3倍サイズで作成する。申請された図案は、支社で文字の配置やバランスなどを修正するので、画像データがあったほうがいい。こうして、晴れて新風景印の誕生となる。

私も、風景印ではないが、小型印を申請したことがある。❶が最初の申請案だが、「既存の漫画を想起させる」との理由で地方支社から差し戻されてしまった。まあたしかに、そう思わなくもなかったので（笑）、イラストレーターの安田ナオミさんと相談して❷に描き直してもらい、無事に通過した。結果的に、より素敵なデザインになったので笑い話だが、我々の間では、❶を「幻の小型印」と呼んでいる。

デザインに思うこと、あれこれ

❶
大鹿《おおしか》局（長野・大鹿村）
大鹿歌舞伎の演目「絵本太功記 十段目　尼ヶ崎の段」切り絵

❷
赤穂元禄《あこうげんろく》局（兵庫・赤穂市）
元禄紬象徴・鳥の羽、塩田跡地にちなむ塩の結晶

❸
学文路《かむろ》局（和歌山・橋本市）
石童丸、苅萱道心の親子

❹
川西《かわにし》局（秋田・横手市）
リンゴ

❺
笠原《かさはら》局（岐阜・多治見市）
タイル模様、かさはら潮見の森

以前、風景印のデザインを受注していた印章店店主から、「こだわりは線描だ」と聞いたことがある。大鹿局（❶）のように細かい線まで再現できるのは、デザインも刻印もコンピューターでできる現代ならでは。反対に赤穂元禄局（❷）のようなシンプル過ぎる線画も味がある。そして芋版のような学文路局（❸）の印ができた時は、インパクトがあった。何しろ全国で1万種類以上あるのだ。定型に縛られず、各地で多様なものが生まれればいいと思う。

平成以降の風景印はたくさんの要素を盛り込むようになり、結果、ゴチャゴチャしてしまう例も多い。川西局（❹）は、外枠は名産のリンゴ。中は丸のままのリンゴと半カットしたリンゴ。潔いなあ。1テーマで十分、魅力的な風景印が作れる見本だ。

箱モノはおもしろみに欠ける。笠原局（❺）の近くにはタイルの博物館があるが、建物の外観でなくタイル自体を描いたことで数倍しゃれたデザインになっている。文化人ゆかりの地なら記念館や石碑だけでなく、その人の肖像が入れば押したい人は格段に増えるだろう。この先、風景印を作ってみようと考えている郵便局周辺の方々、どうぞご検討のほど…。

Chapter 05

風景印をコレクションする

“官白《かんぱく》派”か“カード派”か？

・・・

風景印の主な収集スタイルは“官白”と“カード”の二派に分かれる。
統一美の官白か、オリジナリティを出せる名刺サイズカードか、あなたはどちら？

■ 官白とカード

官白は統一スタイル、カードは切手とのマッチングが魅力。

加須局《かぞきょく》（埼玉・加須市）

ジャンボこいのぼり、加須うどん、總願寺、市章

伏見稲荷局《ふしみいなりきょく》（京都）※旧印

伏見稲荷大社楼門、千本鳥居、キツネ

■ 戦前の官白

戦前の風景印も官白なら、昔のコレクターが集めたものが残されている。

坊中局《ぼうちゅうきょく》（熊本）※旧印

阿蘇五岳、編笠、ゴザ

風景印のコレクションで一番オーソドックスなスタイルが、官製はがきに押してもらう「官白」だ（民営化以降は「通常はがき」に呼称が変わったが「官白」の名は残っている）。消印だけ押して、宛名など書かずに「官」製はがきを「白」いまま残すから「官白」と呼ぶようで、大正半ばには定着していたという。訪問局で通常はがきを購入し、押してもらえばいいのでとても手軽だ。

風景印誕生以前、特印コレクターが消費し過ぎて、はがき不足を心配した逓信省《ていしんしょう》が官白を認めず、愛好者が抵抗する微笑ましい攻防もあったそうだが、昭和6（1931）年の風景印誕生時にはそれも落ち着いていた。だから官白だと、第1号から現在に至るまですべての風景印を統一スタイルで集められるのが最大のメリットだ。

これに対して、2010年代以

降に急激に増大したのが、名刺サイズのカードに切手を貼って押してもらう「カード派」。私は先輩コレクターの湯浅英樹さんにこの方法を教えてもらい、最優先している。カード派の利点は、「切手＋風景印」という、ほぼ必要最小限のスペースで集められること。はがきはけっこうかさ張り、私みたいな庶民には置き場の問題も深刻だ。官白派の人からはよく「段ボールにしまいっ放しで、見返すことがないんだよね〜」とも聞く。その点、カードは小スペースで済むし、カードホルダーに収納すれば、見開きでたくさん眺められて美しいし、人にも見せやすい。

そして最大の魅力は、バリエーションが無限なこと。官白だと料額印面（切手の部分）の種類がごく限られるが、切手なら記念切手やふるさと切手など膨大な選択肢がある。風景印と切手の図案を合わせるマッチング収集は美しいし、工夫のしがいもある。

とはいえ、貴重な廃印は今さらカードで集められないし、カード派でも、マッチングを意識せず通常切手1種類で集めている人もいて、それはそれで整然として美しい。決まりはないので、自分の好きなスタイルを見つけてほしい。

■ カードホルダー

カードをホルダーに並べるときれいで、人にも見せやすい。

■ 柄付きカード

小寺とみえさんはカードも柄付きのものを使っていて、楽しさが広がる。

千葉みつわ台《ちばみつわだい》局（千葉・千葉市）

市動物公園のキリン、ゾウ、千葉都市モノレール、団地

日記代わりに集印帳で集める

・・・

御朱印帳のように、専用の冊子を使って風景印を集めるのも人気スタイルのひとつ。
思い出が一冊に封じ込められて、大切な宝物になること請け合いだ。

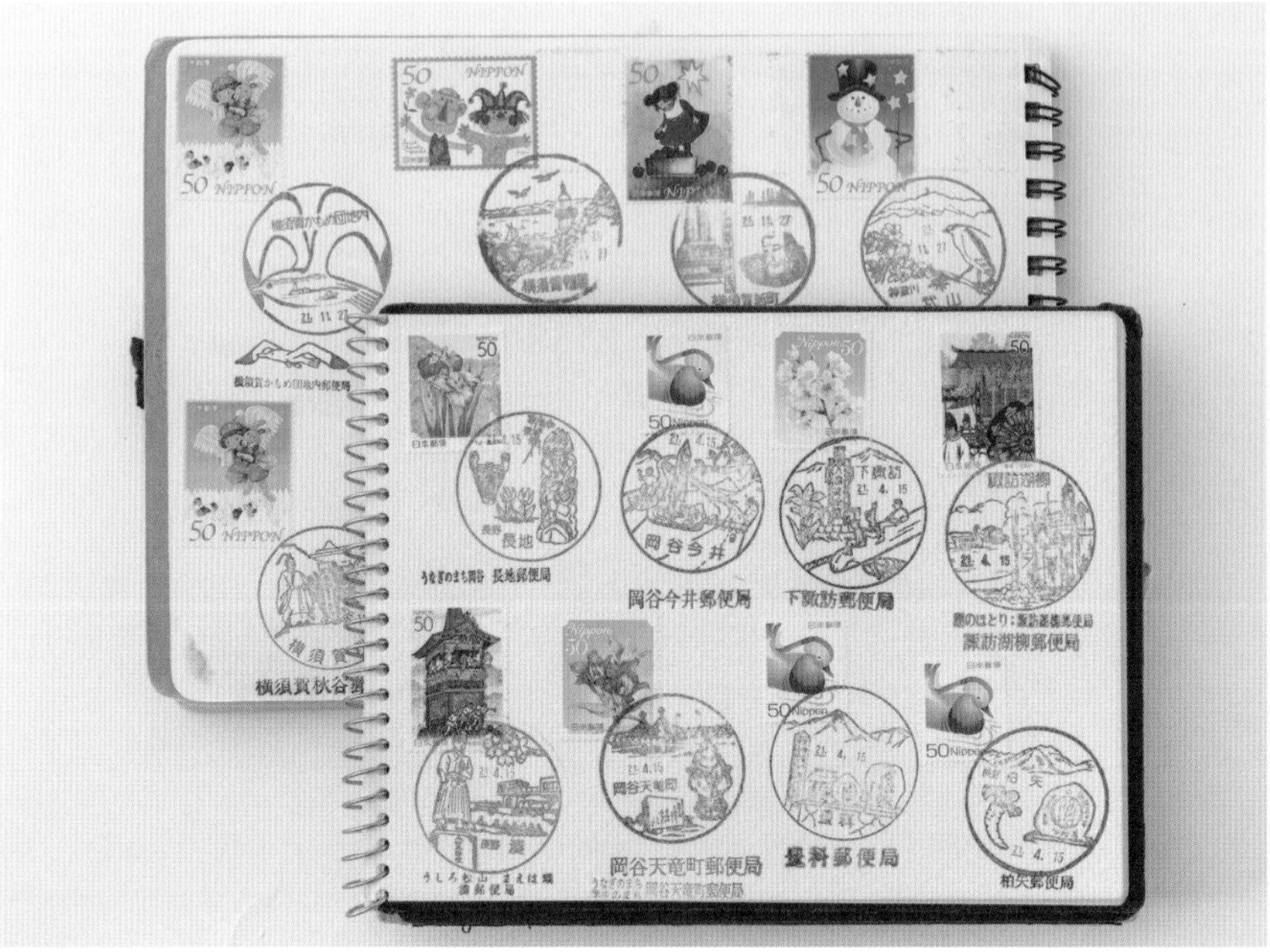

❶ 村山さんは、風景印の下に貯金窓口の局印（100ページ参照）まで押してもらっていて手間がかかっている。局印は貯金通帳以外には押してくれない局もあるので、その場合は遠慮しよう。

村山敏子さんが使っているのは小型のスケッチブック。行った先々でその時に販売している切手を貼る。だからどんな切手と出逢うか行き当たりばったりの楽しみがある（❶）。

風景印のいいところは、他の多くの記念スタンプと違い、日付が残ること。後で見返すと自分が何月何日に何をしたかが一目瞭然で楽しいし、局順を追えば、どんな経路で歩いたかまでも思い出せる。「あの時に、こんなことがあったなあ」と、思い出も一緒に封じ込められるコレクション方法だ。

集印帳には女性愛好者が多く、その日に寄った駅や博物館のスタンプ、美術展や映画のチケットなども盛り込むと、さらに思い出は広がる。空いたスペースに各所での感想などを細かな文字で書き込んでいるのを見ると、自分の世界を見開きで表現しているようで、

❷ カルトナージュが特技の木村晴美さん。なんと箱付きの集印帳を自分で作ってしまった。御朱印帳のように蛇腹式で1ページ1局ずつ押してもらう。右が外箱で、下が展開した状態。

❸ 私の集印帳「日光・鬼怒川編」と「池上・大森編」。どこで帳面を彩る素材が見つかるかわからないので、もし大型の記念スタンプに出逢ったらどこに押せばいいか…などとハラハラ計算しながら歩くのが楽しい。

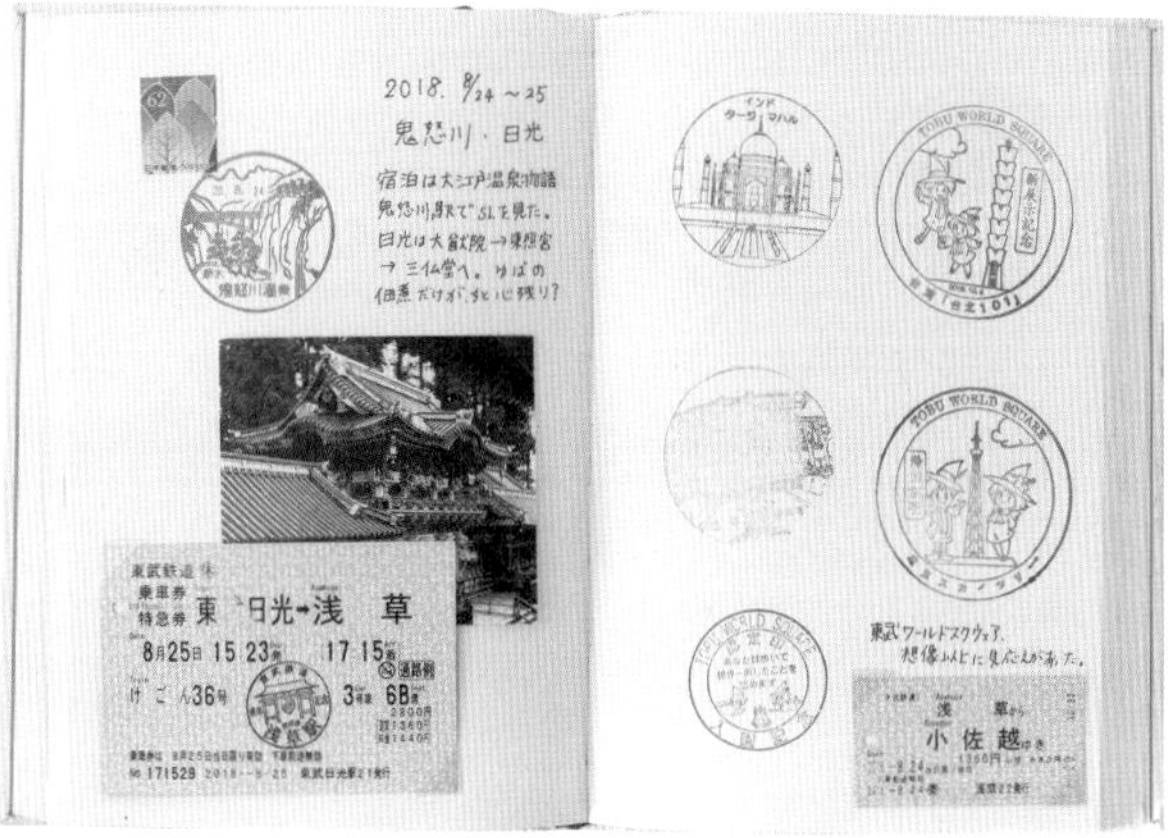

他にはない、世界でひとつだけのコレクションだと感じる。私も真似してみたが、どうも何かが違う？やはりセンスの問題かもしれないけれど（❸）。

絵はがきの絵の面に押してしまう

絵はがきの絵の面に集印したものはマキシマムカード（MC）と呼ばれる。
一時、日本では廃れていたが、絵はがき＋切手＋風景印、三位一体の美しさから人気が再燃している。

3 上手に風景印を押してくれているが、やや絵の中に埋もれている印象。

3 大泉《おおいずみ》局（東京・練馬区）
牧野富太郎銅像、牧野記念庭園石碑、センダイヤザクラ

上原和実さんより

2 麓郷《ろくごう》局（北海道・富良野市）
東大演習林樹海、作業所、大麓山

1 桔梗野《ききょうの》局（青森・八戸市）
キキョウ、ウミネコ、桔梗野工業団地

1,2 風景印ファンを狙ったわけではないだろうが、余白があって光沢紙でない絵はがきも増えてきた。キキョウの絵はがきは鳩居堂製。『北の国から』の絵はがきはドラマ好きの上原さんより送っていただいたもの。

このスタイルは、モノトーンや余白がある絵はがきだと特に風景印が映えて美しい（1、2）。

京都に本店のある便利堂《べんりどう》、鳩《きゅう》居堂《きょどう》（東京は銀座店など）、芸艸《うんそう》堂《どう》（東京は湯島《ゆしま》店）など絵はがきを豊富に扱う版元は、四季に合わせて商品替えをするので、季節ごとに覗きたい。

博物館や美術館は収蔵品を中心に絵はがきを作成している。意外と小さな公立の郷土史料館などで掘り出し物の絵はがきを安価で販売していたりするので、侮れない。見学した時はグッズコーナーを見逃さないようにしよう。

けれど、全面写真でテカテカした昔ながらの観光絵はがきも多い。これだと風景印を押しても図案が見えづらいし（3）、光沢紙で風景印が滑ってしまうことも多い。

4
千葉県庁内局《ちばけんちょうない》（千葉・千葉市）
チーバくん、ナノハナ、県庁舎

4-6
丸シールで風景印が埋もれる・滑る問題がうまく解消されている。

5
神戸中山手局《こうべなかやまて》
（兵庫・神戸市）
旧トーマス住宅（風見鶏の館）

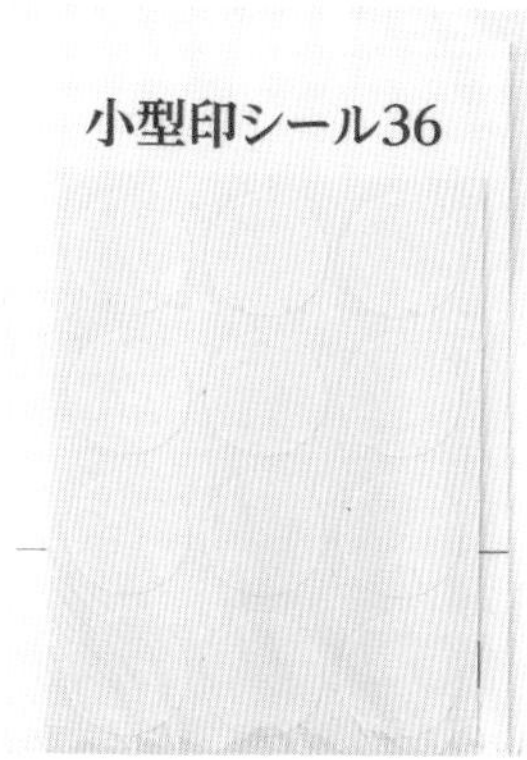

集印専用シールは、現在は加藤憲 G.R.S. 株式会社が受け継ぎ、製造・販売している。

6
渋温泉局《しぶおんせん》（長野・山ノ内町）
温泉に入るサル、オコジョ、スキーヤー

そこで誕生したのが、丸シールを貼った上に押してもらう方法だ。当初は紙を丸く切れるサークルカッターでカットして糊で貼る人もいたが、仲間が電器店のラベルコーナーでちょうど風景印より一回り大きい直径40㎜の丸シールを発見し、格段に便利になった（**4**〜**6**）。

　それをヒントにして、風景印や小型印を押す専用シールを文具メーカーが企画し、私も利用者目線で提案をして、小型印に合う36㎜サイズと、下の絵も少しわかるくらいの薄紙パターンも作ってもらった。東京中央局、横浜中央局など郵趣ファンが多く訪れる一部の郵便局で販売している。

　注意が必要なのは、風景印は切手にかけねばならないこと。先に丸シールを貼って、その上に切手が少し載るように貼ろう。

7 稲生《いなぶ》局（高知・南国市）

早場米の穂、かかし、スズメ

7 無料絵はがきの代表格・展覧会の案内状。はがき、切手、風景印とかわいいスズメが3つそろった。

8 郵便受けに投函されていた自転車便のチラシ。厚みがあったので、いつか使おうとキープしておいた。

9 私が住む新宿区は、長野県の旧高遠町（現・伊那市）と友好都市。図書館ではがきサイズのちょうどいいリーフレットを発見。

8 八戸湊高台《はちのへみなとたかだい》局（青森・八戸市）

八戸東運動公園体育館、自転車競技、ツツジ

9 高遠《たかとお》局（長野・伊那市）

高遠城址公園、サクラ、仙丈ケ岳

●意外と身のまわりにある絵はがき（のようなもの）

お金を出さずとも手に入る絵はがきもある。最大の宝庫はギャラリーに置かれている展覧会の案内状で、休日に美術館やギャラリーをはしごして、大漁だとうれしい。他にも案外、身のまわりにはポストカード（状のもの）が見つかるので、探してみてほしい（7〜9）。

●マキシマムカードを再利用

切手の発売日に、切手の図柄の絵はがきに初日印を押したマキシマムカードは、特に昭和40〜60年代にはたくさん作られた。今でも切手商で一枚50〜100円程度で手に入り、これを再利用しても美しい一枚が作れる（10〜12）。

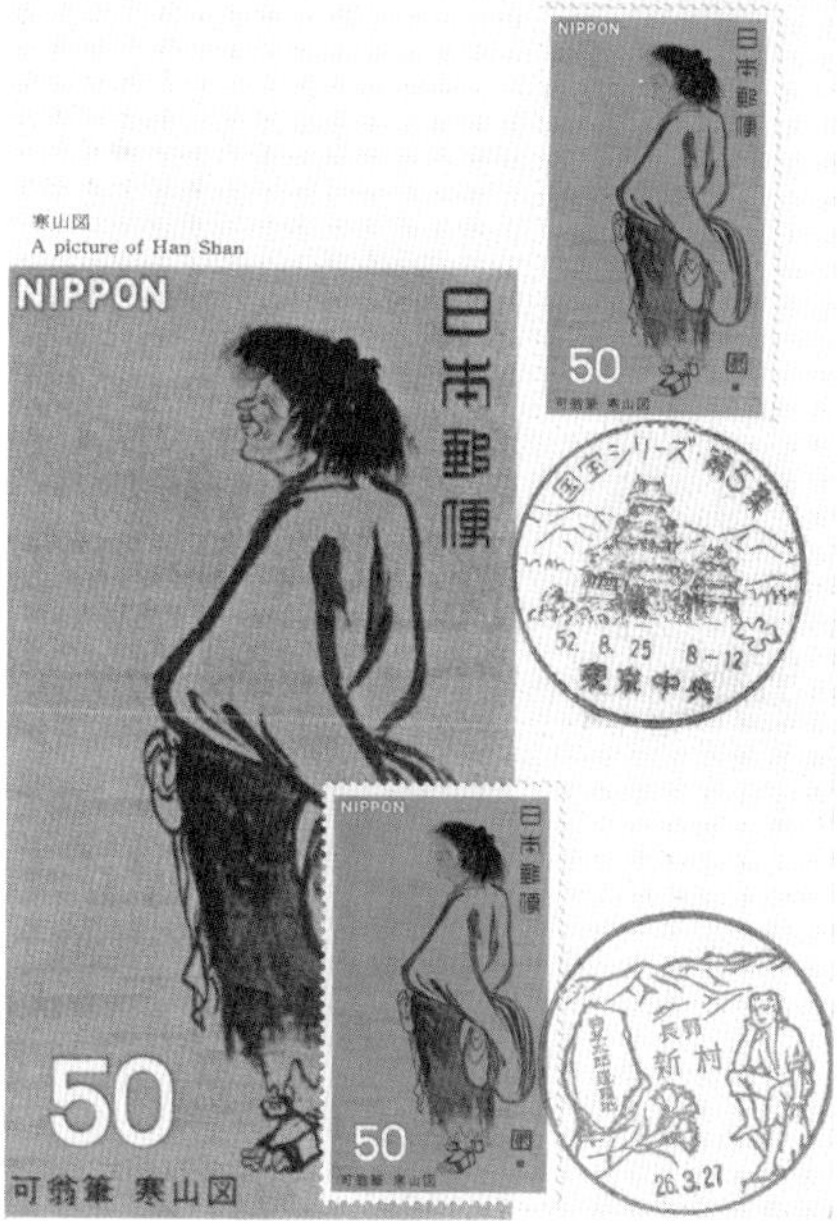

寒山図
A picture of Han Shan

10
新村《にいむら》局（長野・松本市）
物くさ太郎の像と碑、カーネーション、北アルプス

10 局員さんブラボー！ リクエスト通り、隅っこぎりぎりに上手に押してくれた。寒山と物くさ太郎、一見怠け者同士のコラボ。

11 まさにこの切手のためにあるような風景印を発見した。

12 あらかじめ切手と初日印があるため、風景印をどこに入れるか迷うことも多いが、大胆にカードの中心部に押印して成功した例。

「国立能楽堂と能楽師」渡辺三郎画
"National Noh Theater and Noh player" by Saburo WATANABE

11
金井《かない》局（新潟・佐渡市）
能舞台、世阿弥配処万福寺趾石碑、金北山

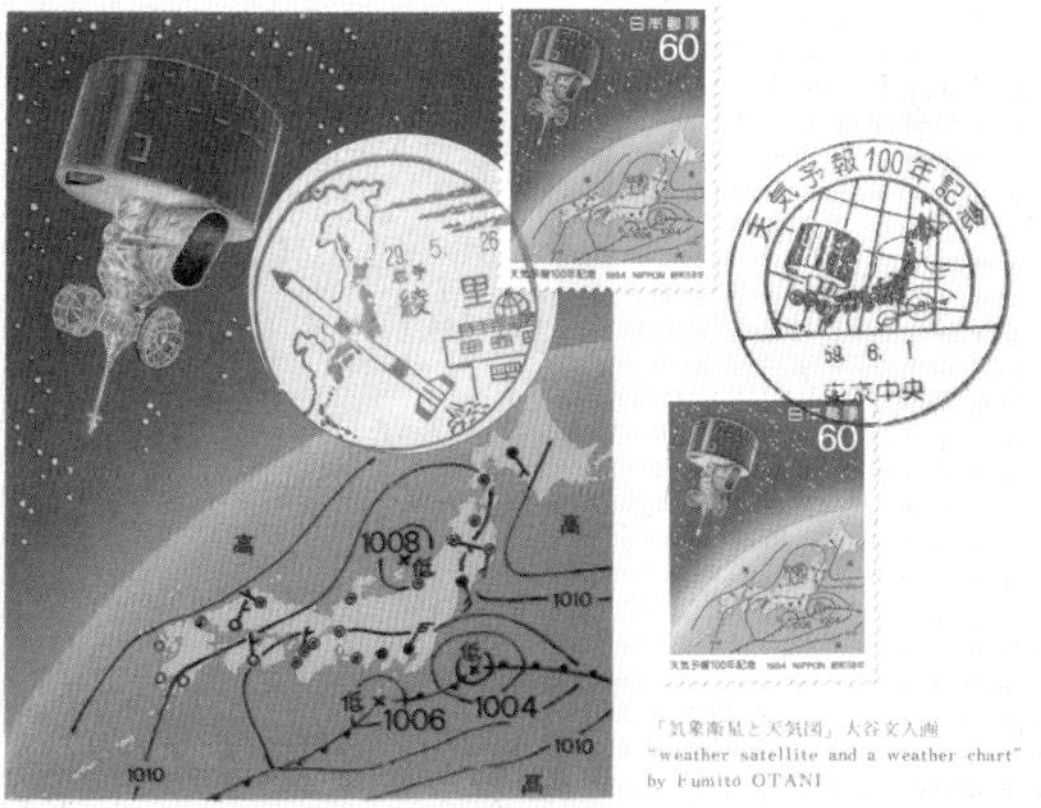

「気象衛星と天気図」大谷文人画
"weather satellite and a weather chart" by Fumito OTANI

12
綾里《りょうり》局（岩手・大船渡市）
気象庁気象ロケット観測所、ロケット、地図、三陸海岸

●郵便局が販売するはがきの絵柄も上手に活用

年賀はがきや暑中見舞いはがきの裏側にも、すてきな絵柄が入っている。引き出しに眠っている古いはがきを発掘して、風景印と合わせてみては？（**13**～**15**）

最近は大規模な郵便局にはお便りグッズコーナーがあって、「POSTA COLLECT」シリーズなどのおしゃれな私製絵はがきも販売している（**16**）。

13 横浜旭スタンペックス'13小型印

湯浅友子さんより

田邊友晴さんより

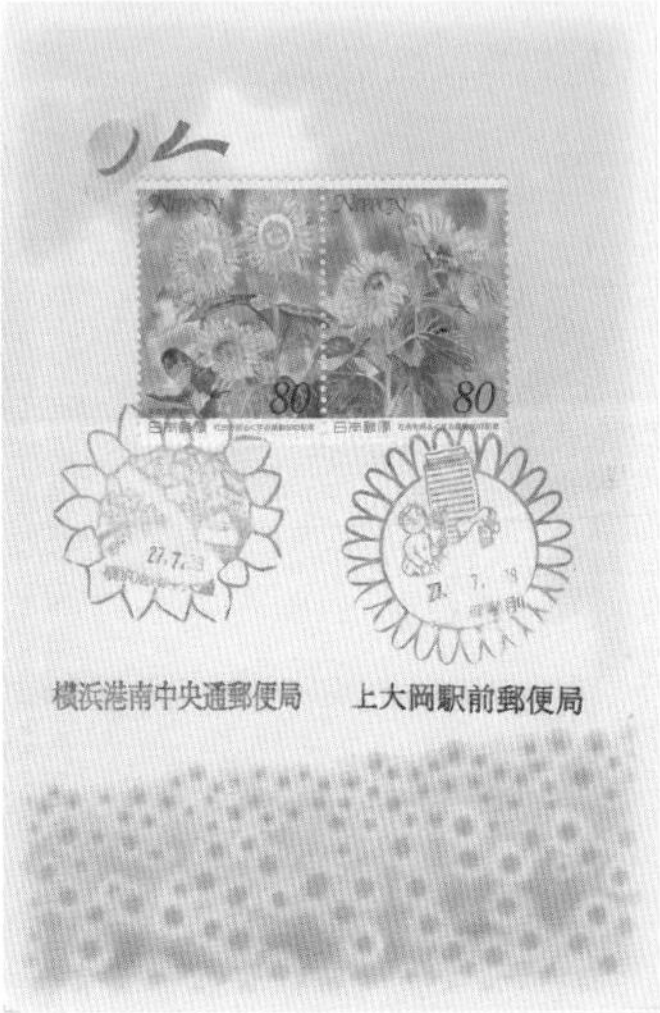

14

上大岡駅前《かみおおおかえきまえ》局（神奈川・横浜市）（右）

ゆめおおおかオフィスタワー、ひまわりポストの像、ヒマワリの変形

横浜港南中央通《よこはまこうなんちゅうおうどおり》局（神奈川・横浜市）（左）

岡本橋たもとの記念碑、サクラ、ヒマワリの変形

13-15 年賀はがきや暑中見舞いはがきは、宛名面に初日印を押して死蔵されたものが切手店で安価で入手できる。

16 近年は大規模な郵便局を中心に、センスのいい私製絵はがきも販売している。大きく余白の取られたデザインが多い。

15 **三橋《みつはし》局**（岐阜・本巣市）

糸貫川にかつて棲息していたツル、富有柿

16 **横浜市役所内《よこはましやくしょない》局**（神奈川・横浜市）※旧印

横浜市庁舎、横浜スタジアム

横浜市役所内《よこはましやくしょない》局（神奈川・横浜市）※新印

横浜市役所新庁舎、かもめ、富士山

綿貫健治さんより

内藤嘉信さんより

高山正人さんより

18 出雲駅前《いづもえきまえ》局（島根・出雲市）
ヤマタノオロチ、稲田姫

19 京橋《きょうばし》局（東京・中央区）
銀座の街、歌舞伎・助六

20 霧多布《きりたっぷ》局（北海道・浜中町）
霧多布岬、エトピリカ、ゴマフアザラシ、昆布

君島一好さんより

17 高知中央《こうちちゅうおう》局
（高知・高知市）
高知城天守、よさこい節の純信、お馬

17-19 画面が大きいので、絵の邪魔にならないスペースを見つけて、丸シールで集印したい。

20 ポスト型のはがきは、その局でしか買えない局名入りのものや、季節の図案などがある。

成田滋さんより

●カラフルで変形のフォルムカード

そんな郵便局発お便りグッズのなかでも人気が高いのが、大型で変形の絵はがき・ご当地フォルムカード。各都道府県でしか販売せず、5枚買うと同じ図案のミニカードがもらえるため、わざわざこれを手に入れようと47都道府県行脚をする強者もいるほどだ（17〜19）。

初日印＆終日印にこだわる

風景印を使用開始した「初日印」と、図案改正や廃止前の「終日印」にこだわるコレクターは多い。それぞれ、どのような意味や価値があるのだろうか？

■ 生まれ変わった！

図案改正の際、通常なら使い込んだ旧印からクリアな新品に替わる。摩耗した旧印には長い間お疲れさまと言いたくなる。

1 宮城赤井局《みやぎあかい》
（宮城・東松島市）※旧印
赤井遺跡、土師器の高坏と壺

2 宮城赤井局《みやぎあかい》
（宮城・東松島市）※新印
ブルーインパルス５番機、定川橋から眺めるJR仙石線の橋

3 長久手局《ながくて》
（愛知・長久手市）※旧印
警固祭り鉄砲隊、長久手古戦場、青少年公園建物

4 長久手局《ながくて》
（愛知・長久手市）※新印
棒の手、長久手古戦場石碑、リニモ

私

個人は、例えばひまわりの図案なら夏、著名人の生没地なら誕生日や命日など、図案に関連付けた日付で集めたいので、初日印や終日印の収集にはそれほどこだわりはない。

だが、初日印は新品をおろしたばかりなので、鮮明な図案が手に入る意味で意義がある。対して終日印は、もうその図案を二度と手に入れられなくなるので、私は初日印よりも優先して入手に努めている。

でも、終日印はさんざん使い古されてゴムがボロボロに摩耗してしまい、図案がほとんどわからないということもある（1〜4）。

ところが！ 郵頼が戻ってくると、終日印が思いがけず鮮明でびっくりすることが、結構な割合である。なぜそんなことが起こるかは、左上をご覧あれ。

7 氏家局《うじいえ》（栃木・さくら市）※旧印

勝軍地蔵、勝山城跡、鬼怒川、アユ釣り、那須連峰

8 氏家局《うじいえ》（栃木・さくら市）※新印

那須連山、氏家ゆうゆうパークの桜づつみ、氏家雛めぐりの雛人形

■新も旧もきれい！

新品のようにきれいな終日印が戻ってくる理由。それは、使用開始時に配備されたスペアをずっと使わずにいたのを、最終日にたくさん郵頼が来て、ようやくおろすからだと聞いたことがある。押し方によっては旧印の方がきれいなこともあるくらいだ。年季の入った印とクリアな印、どちらが届くかはお楽しみ。

5 厳原局《いづはら》
（長崎・対馬市）※旧印

対馬アリラン祭り、金石城復元櫓門

6 厳原局《いづはら》
（長崎・対馬市）※新印

対馬厳原港まつり、金石城復元櫓門

誕生から5日でまさかの使用中止

ところで、令和2（2020）年にこんな例があった。熊本県の八代局でくまモンをあしらった風景印に図案改正した時に、局名を「やつしろ」と珍しくひらがな表示で使用し始めた。ところがこの表示が手違いだったのか、わずか5日間で使用を中止し、その10日後に漢字表示のものに切り替えてしまったのだ。

私は終日印重視のため、このひらがな印を集印していなかった。幸い、くまモン図案ということで郵頼した人は多く、私も友人から譲ってもらえたが、こういうことがあるから油断大敵だと思わせられた。後日談として、漢字表記の新印も、くまモンの利用許諾期間終了のため令和3（2021）年2月28日で廃止となり、同年7月1日にまったく別図案で再使用が始まった。なんとも慌ただしい顛末であった。

ひらがな

漢字

やつしろ《やつしろ》（八代）局（熊本・八代市）※旧印

晩白柚を持ったくまモン、とまピン、日奈久温泉シンボルタワー

年月日が並ぶとなぜかうれしい

風景印に限らず、年月日が並ぶ日に切符を買ったり、新聞を保存したりした覚えのある人は多いはず。
数字が並ぶ、それだけのことが、なぜこんなにうれしいのだろう。

1-3 私が小学生だった昭和 54（1979）年 3 月 21 日には、「今日は珍しい日だ」と話題になっていた記憶がある。手元を探すと、先輩コレクターたちが作成した 54.3.21 や 55.5.5 の貴重な記念品が出てきた。

1 東京中央局《とうきょうちゅうおう》（東京・千代田区）※旧印
国会議事堂、二重橋

2 昭和局《しょうわ》（愛知・名古屋市）
興正寺五重塔

3 焼津局《やいづ》（静岡・焼津市）
大崩海岸からの富士山、カツオ、漁船

平成前半、年月日のゾロ目に合わせて風景印の大量誕生があったことは128ページで書いた通り。数字が並ぶと集めたくなる、これはもう人間の本能なのかもしれない。

調べてみると、昭和55（1980）年5月5日には風景印の新規使用が全国で11局、数字が順に増えていく56（1981）年7月8日には19局あった。前者は祝日で休業の局も多かったはずだが、特例を認める大らかな時代だったのだろう。昭和54（1979）年3月21日の新規使用はないが、おそらくこの3年間が、人々が日付並びを強く意識し始めた時だったのではないか（**1**〜**3**）。昭和44（1969）年4月4日や33（1958）年3月3日は、少なくとも風景印の新規使用はない。天皇陛下の生前皇位継承が実現したことで、今後同じ元号が44年

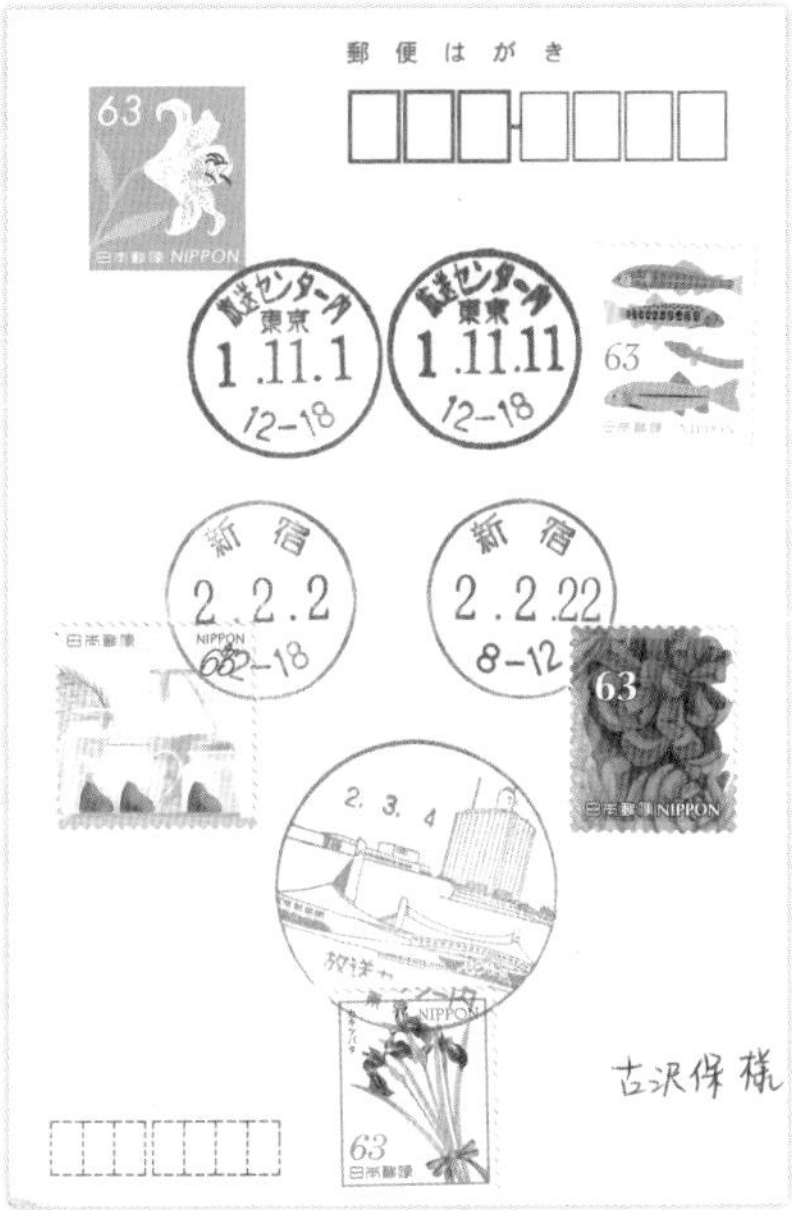

いたさんより

4

九十九里《くじゅうくり》局

（千葉・九十九里町）

武家屋敷門、伊能忠敬出生地の碑、地曳網、ハマナス

5

十和田西二十二番《とわだにしにじゅうにばん》局

（青森・十和田市）

日本の道百選・官庁街通り、ブロンズ像

7

放送センター内《ほうそうせんたーない》局

（東京・渋谷区）

放送センター、国立代々木競技場

6

久居《ひさい》局（三重・津市）

子午の鐘、雲出川のアユ、ナシ、青山高原

新宿《しんじゅく》局（東京・新宿区）

新宿新都心の高層ビル群、平和の鐘、区花・ツツジ

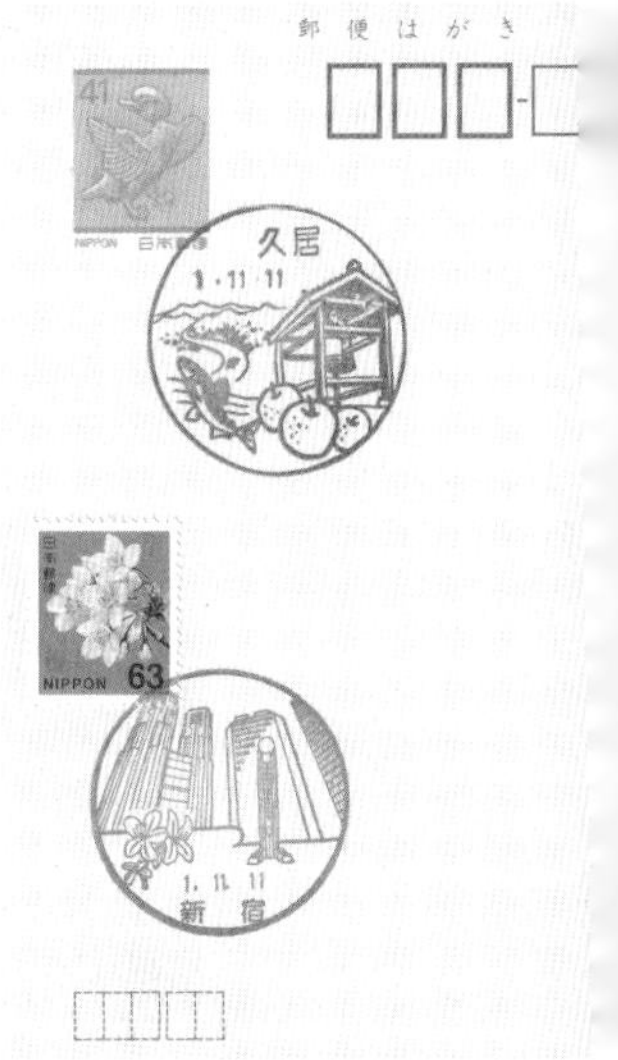

4,5 9.9.9 なら九十九里、22.2.22 なら二十二番など、局名も合わせている。

6 一見すると 1.11.11 の2局ハシゴ。でも実は、上は平成で下は令和。41 円では令和には押せないので見分けがつく。

7 いたさんから届いたはがき。1.11.1 から 2.3.4 まで5つの日付並びを追い続けてくれた根気に感服。

8 郵便局には局ごとに5ケタの取扱店番号が振られている。11111 は長野県の飯田風越局。当日、現地で小為替を購入し、押された為替印をコンビニのコピー機ではがきに拡大プリントして作成した力作。

高橋直樹さんより

8

飯田風越《いいだふうえつ》局（長野・飯田市）

猿庫の泉の茶室、ベニマンサクの葉、風越山

や55年続くことはないかもしれない。

令和になって、また日付並びが始まった。郵趣界には、平成に押されたゾロ目印が多数残っており、それを使って30年越しに同じ日付とコラボさせる楽しみもある（6）。ゾロ目のお楽しみはまだまだ続く。

テーマを決める①
日本百名城

風景印は1万局以上にあるので、すべてを追わずに好きなテーマを選んで集める方法もある。
「日本百名城めぐり」をテーマとする赤尾光男さんの例を見てみよう。

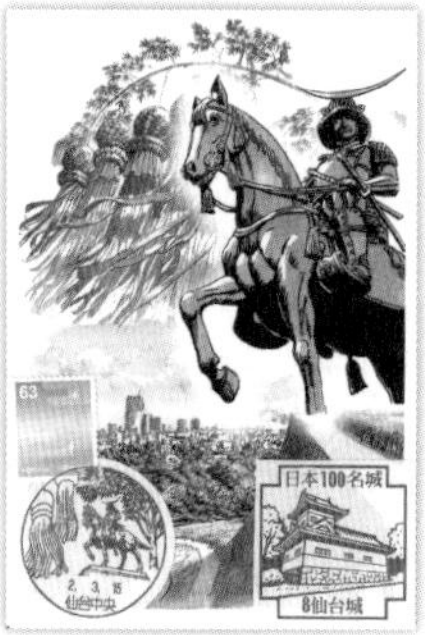

赤尾さんが積極的にまわり始めたのは、平成27（2015）年に「平成の大修理」が終了した姫路城を見てから。①城や土地などに関連する切手、②城図案の絵はがき、③近い郵便局の城図案風景印、④城に設置の百名城スタンプ、の4点セットにこだわっている。

ありがたいことに、私にもよくそのはがきを送ってくださる。しかも「青空バックの写真だけでなく、いろんなタイプの絵はがきがあるといいですよね〜」などと図々しく進言したところ、写真、水彩画、ペン画、版画などバリエーションに富んだはがきを送ってくださるようになった。なんていい人なんだ、赤尾さん。

注意点を聞いたところ、次の3つを教えてくれた。①月

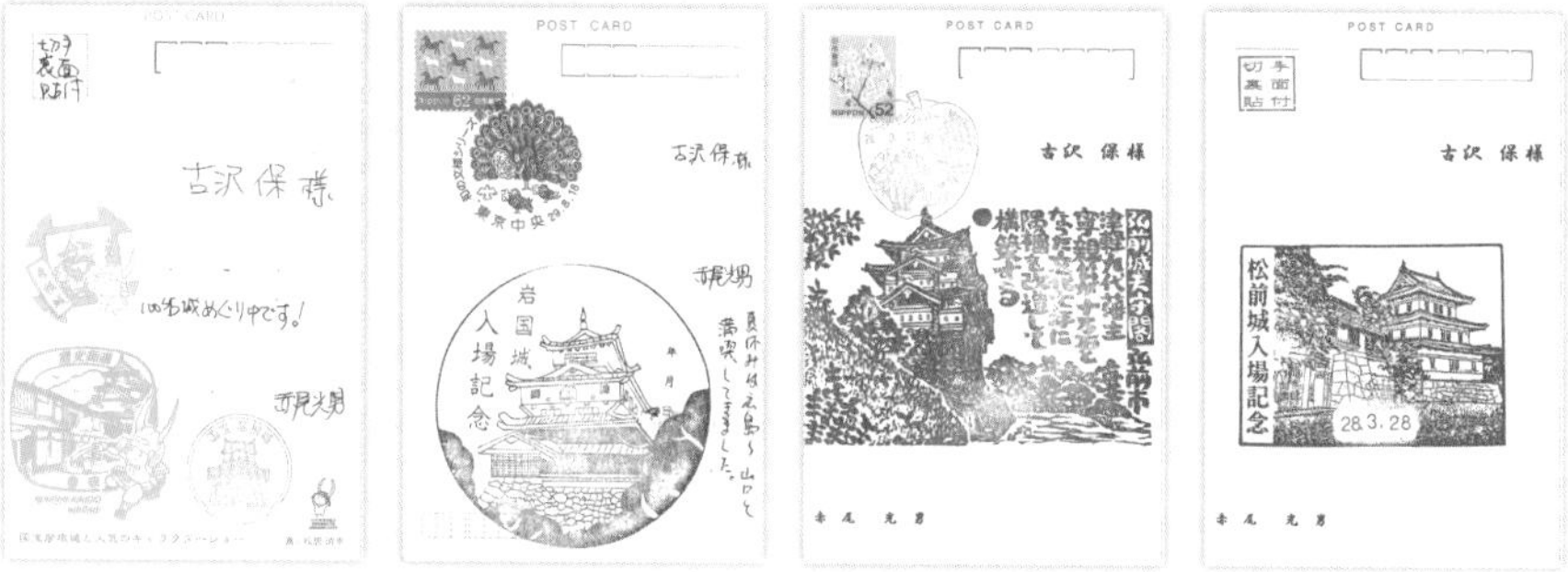

はがきの表面には城で見つけた味のある記念スタンプも押してくれている。

曜休城が意外とあり、事前計画が必要。②絵はがきは観光地化していない城にはあまり用意がなく、スマホで撮影した画像をコンビニでプリントしてはがきにすることも多い。コンビニと郵便局の位置確認は必須。③駅から城や郵便局まで距離がある際は、駅前でレンタサイクルがあるか事前にチェック。

100で終わると思われた名城は、好評につき「続百名城」が選定され、現在は200城完訪を目指している赤尾さん。「石垣の積み方や曲線美が特に好きです。郵便局の方々とのほっこりしたコミュニケーションも楽しい旅の思い出になります」。そして収穫品をひとつずつファイルしていく達成感は何にも代えがたいだろう。

テーマを決める②
農耕文化

大学で農芸化学を専攻した柴田公子さんは、郵趣も「農耕文化」がテーマ。
切手や風景印を、自分なりのストーリーにまとめて出品する「切手展」でも見事な結果を残している。

祭り

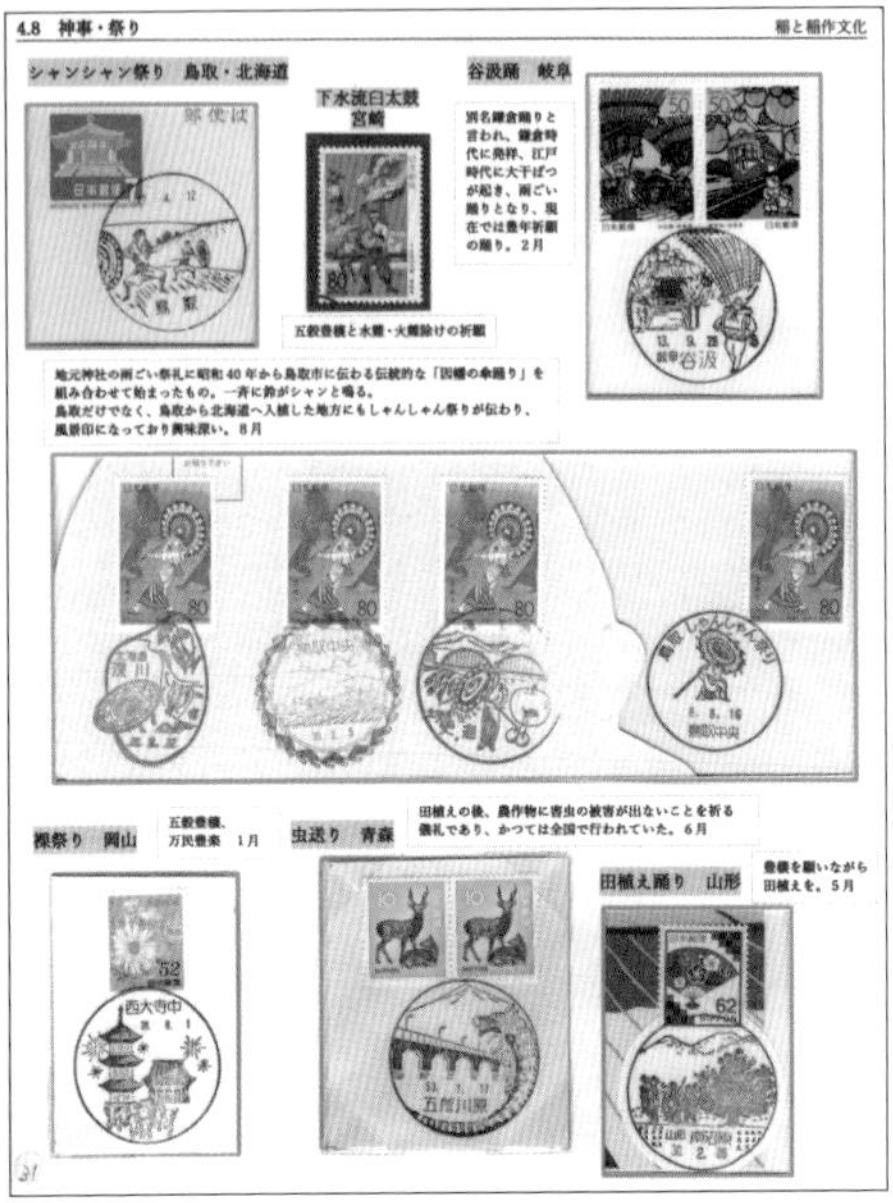

ワラ

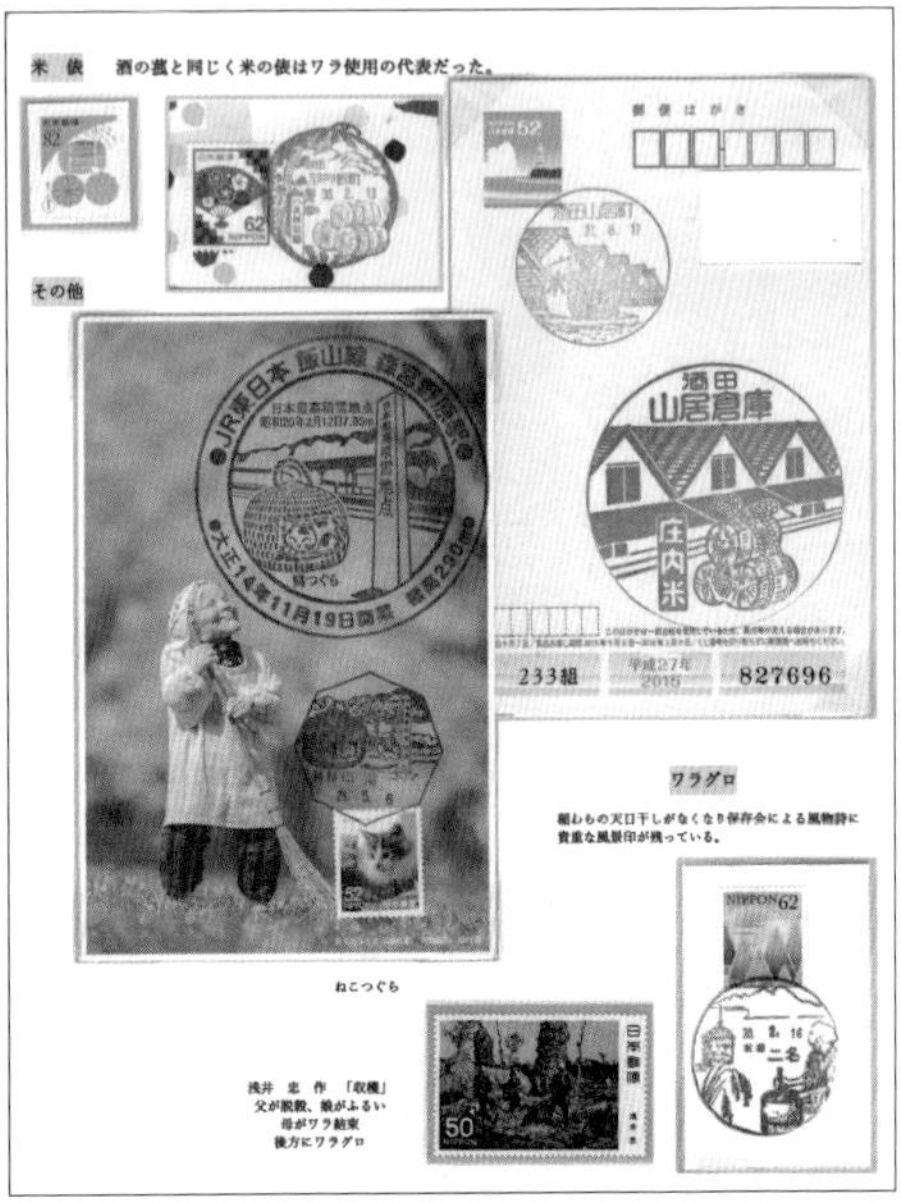

専門的な知識が豊富で、まとめ方もわかりやすい柴田さんの作品は、「スタンプショウ2018フリースタイルコンテスト」でグランプリ&日本郵便株式会社賞を受賞するなど、高い評価を得ている。せっかく集めたアイテムを人に見てもらい、評価されるのもうれしいことだ。

「集めていて楽しいのは、『三大疏水《そすい》』『三大用水』など農業で重要な題材が、ちゃんと風景印でそろった時。『虫送り』『草木塔』など、絶対にないと思っていたモチーフが風景印に存在しているのがわかった時は大喜びでした」。

私が想像するに風景印は、切手では扱いきれない細かな題材もカバーしているので、切手だけで作品をまとめるよりも表現の幅が広がるのではないだろうか。

展示した中でも印象深かったのが「猫つぐら」を描いた平滝局の風景印（本文左の写真）。稲わらを編んで作るかわいい猫の寝床だ。この作品を展示したことから、妹の友人が「猫つぐら」作家の親戚だと判明し、今でも交流が続いているそう。

神　事

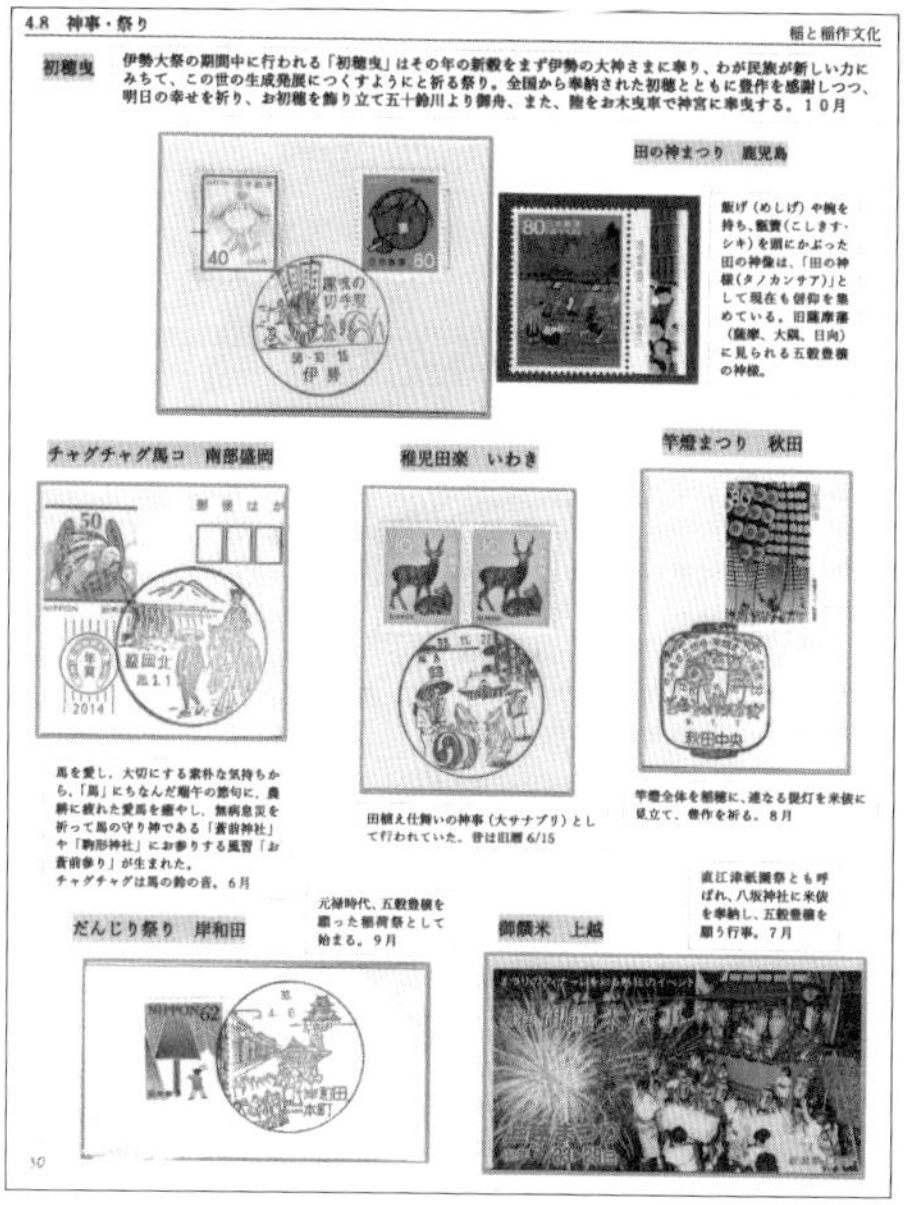

酒

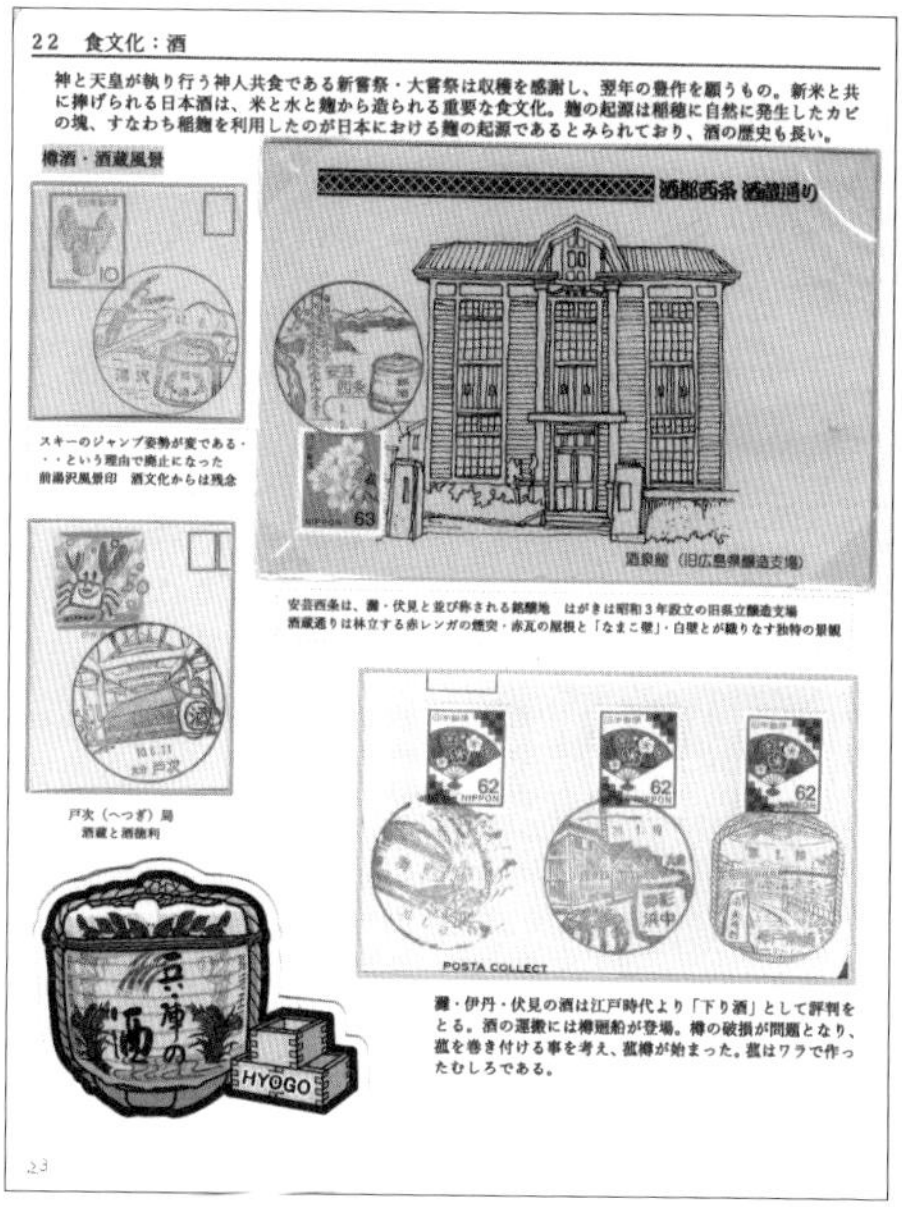

用　水

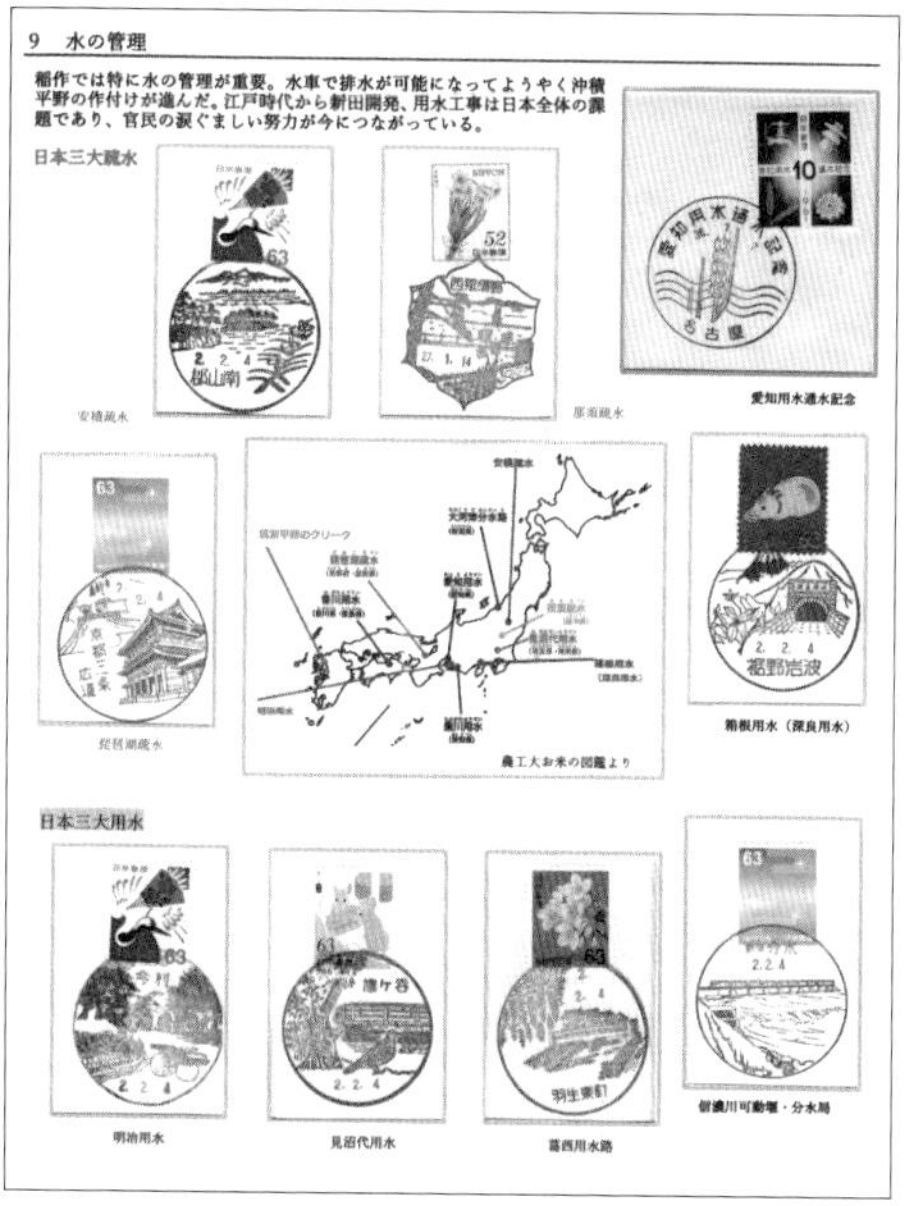

「猫つぐら」を描いた
平滝局の風景印。

平滝《ひらたき》局（長野・栄村）
猫つぐら、日本最高積雪量の標柱、ブナ林

「私のテーマを覚えていて、それに添ったおはがきをくださる方もいるし、風景印は人と私のご縁を紡いでくれています」。

夏休みの自由研究の素材にする

地域の名所や歴史、産業などを取り込んだ風景印は、夏休みの自由研究の素材にピッタリだ。
実行した先生や親御さんから、ノートや展示を見せていただいた。

❶ 学校の先生がまとめた自由研究の冊子。下は図案を調査し、右は空港やタワーなどテーマを決めて風景印を集めている。

イベントの時に、風景印の小部屋（21ページ参照）に学習成果を見せに来てくださった先生方もいる（❶）。こうして子どもたちが自由研究から風景印に興味を持ってくれるならうれしいことだ。

澁谷明子さんは次女（4きょうだいの4番目）の正恵さんが小学校6年生の夏休みに自由研究を作成（❷）。旅行で集めた風景印を日本地図に配して壁一面の大作に仕上げた。「上の子どもの時、よそのママから『お子さんが4人もいてママがフルタイムじゃ、自由研究はできなくてもしょうがないわよ』と慰められたことがとても悔しくて、この宿題に取り組みました」

研究は、当時目標にしていた「本州四端訪問」をメインに旅行の思い出をまとめた。正恵さんは字がきれいで文字を書くのも好きなので、楽しんでまとめていたそうだ。「同級生より保護者会での反応がすごくて、『こんなに全国各地に行っている人はいない』と驚かれ、心の中でガッツポーズをしました」と澁谷さん。その後も日本全国のタワーめぐり、日本三景、日本三大滝、日本三名園、日本三大大仏など続々と制覇しているという。

その正恵さんも成人式を迎えた。久しぶりに納戸から取り出して「今見たら、すごい宿題だわー。小学生でこれはすごいわー」と驚いていたとのこと。親子の大切な記念品だ。

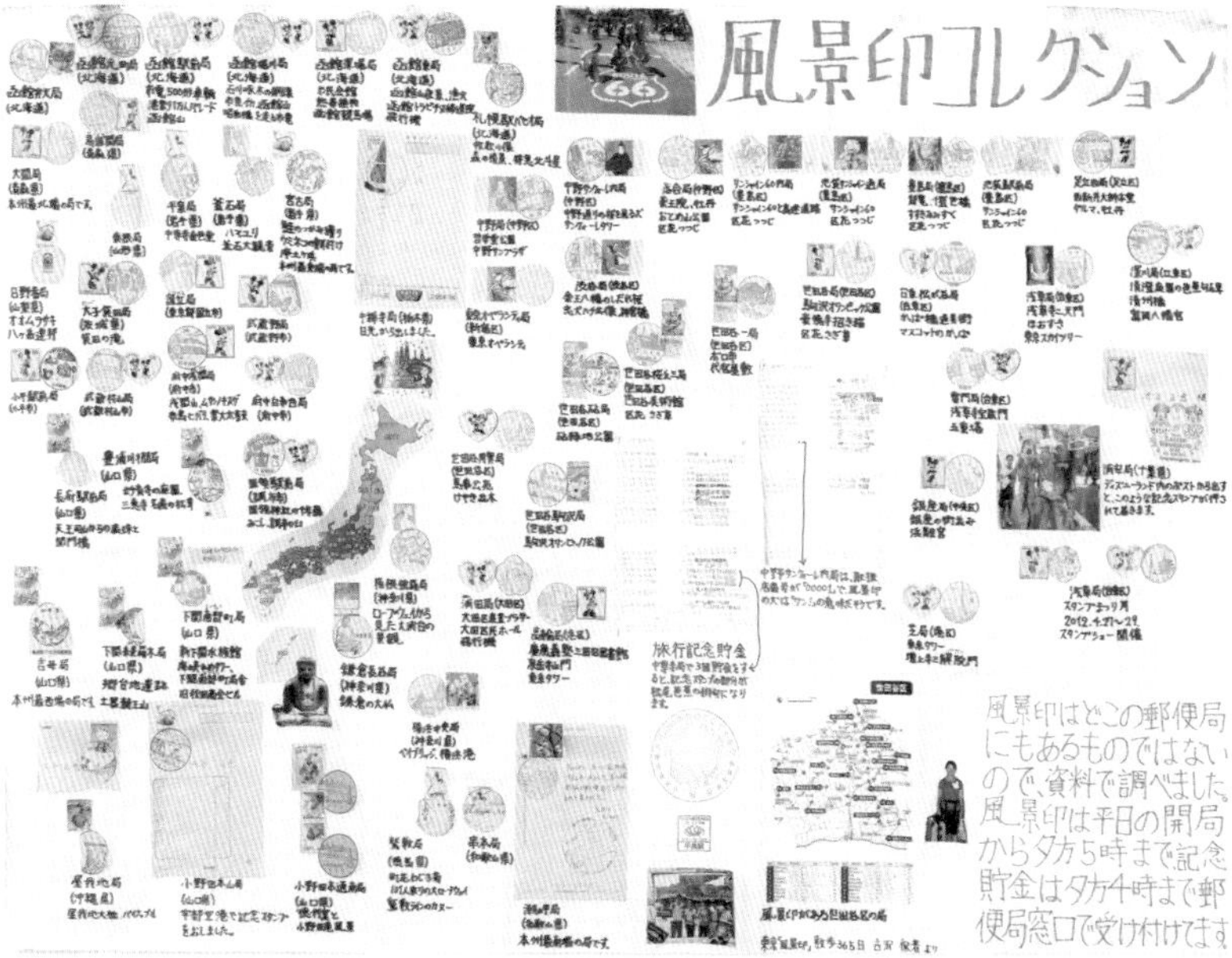

❷ 澁谷さんの自由研究。本州四端の風景印もそろっている。

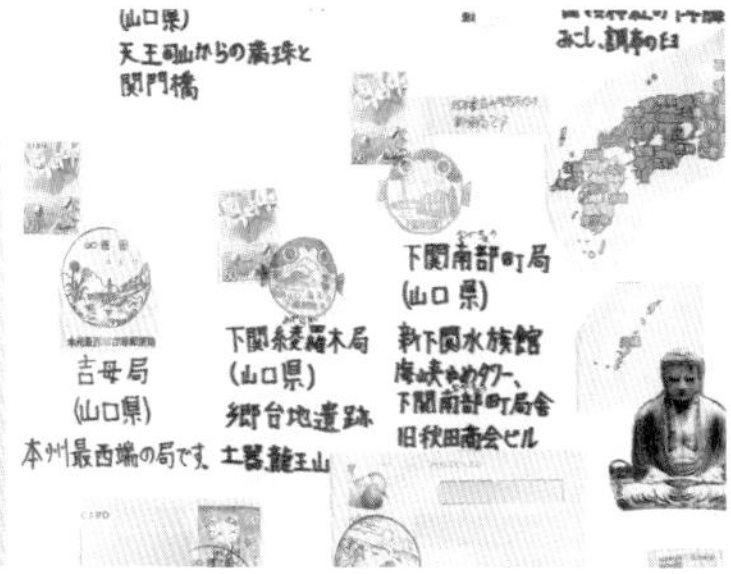

本州最西端　吉母局《よしも》（山口・下関市）

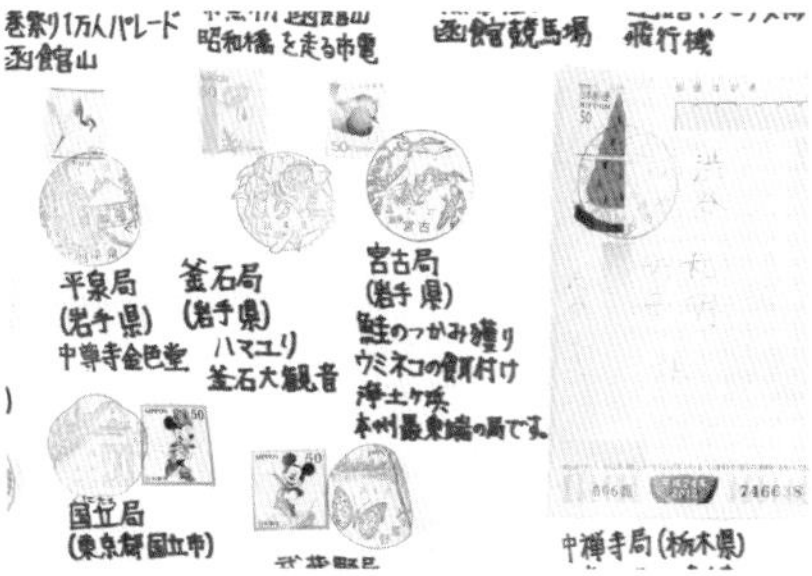

本州最東端　宮古局《みやこ》（岩手・宮古市）

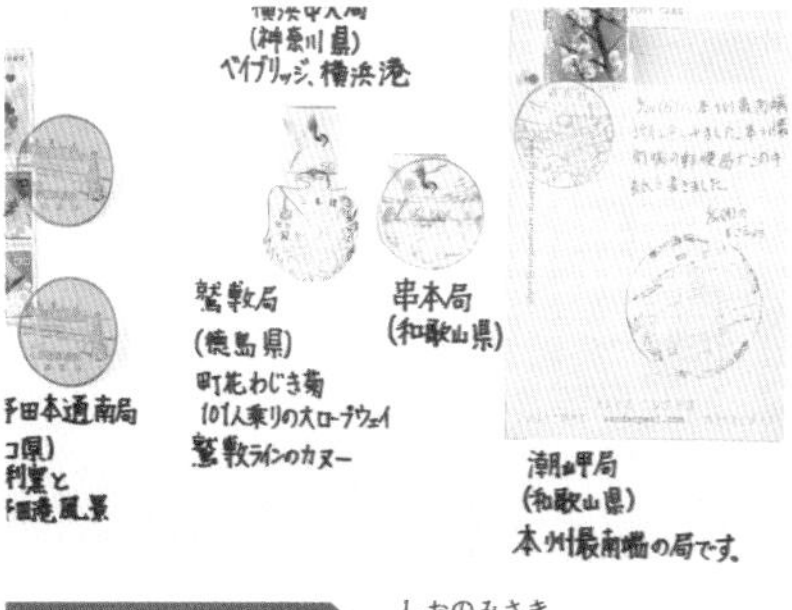

本州最南端　潮岬局《しおのみさき》（和歌山・串本町）

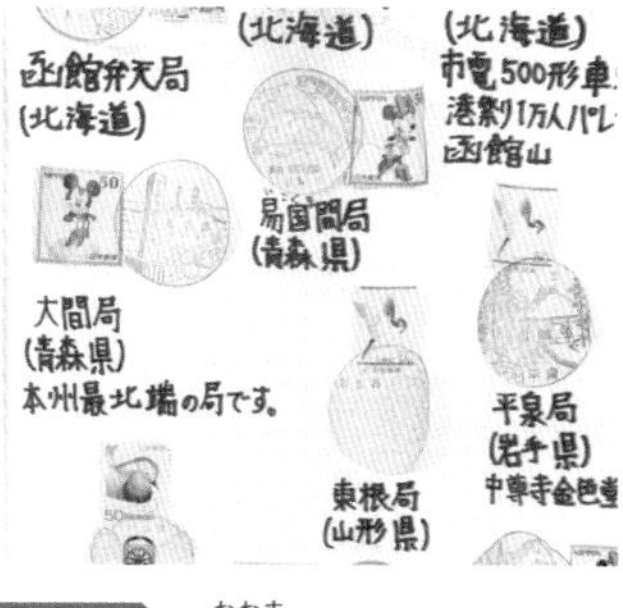

本州最北端　大間局《おおま》（青森・大間町）

修学旅行の活動に取り入れる

風景印を、修学旅行の教材に活用した先生もいる。
生徒たちがまとめた展示からは、風景印を集めて楽しんだことが伝わってくる。

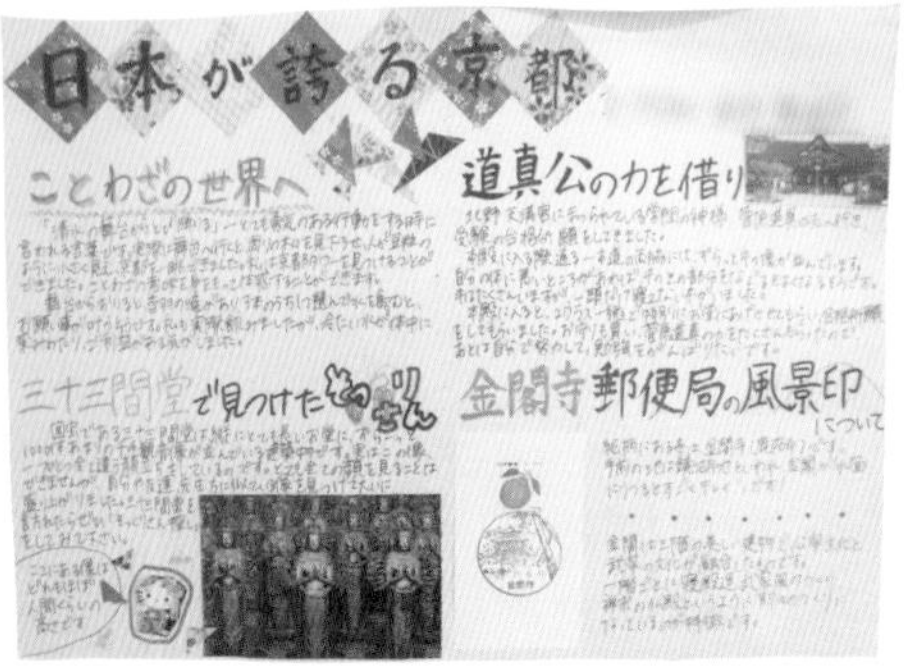

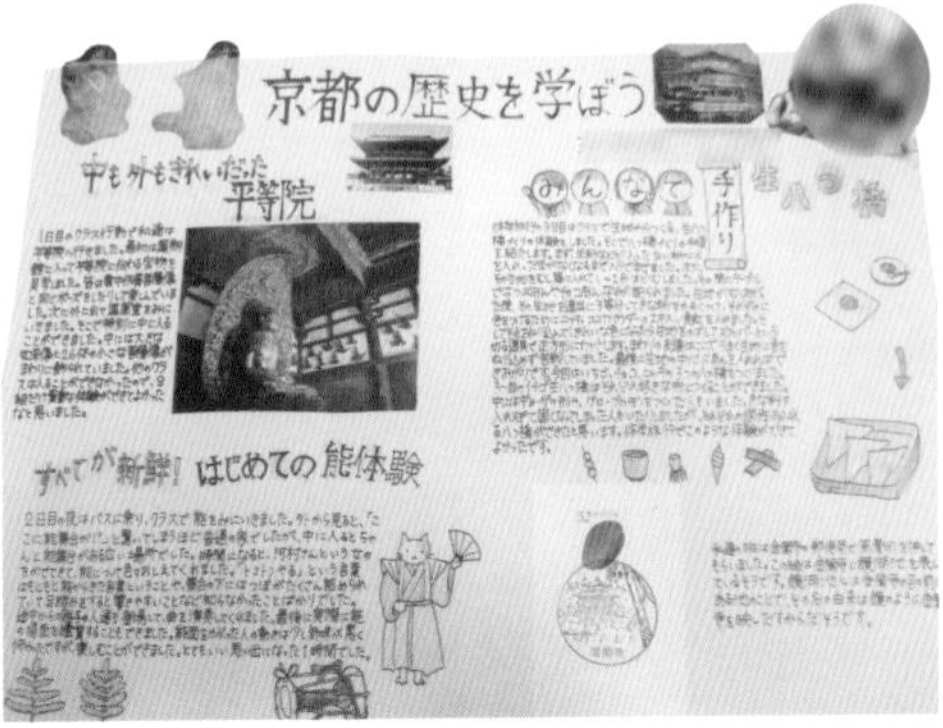

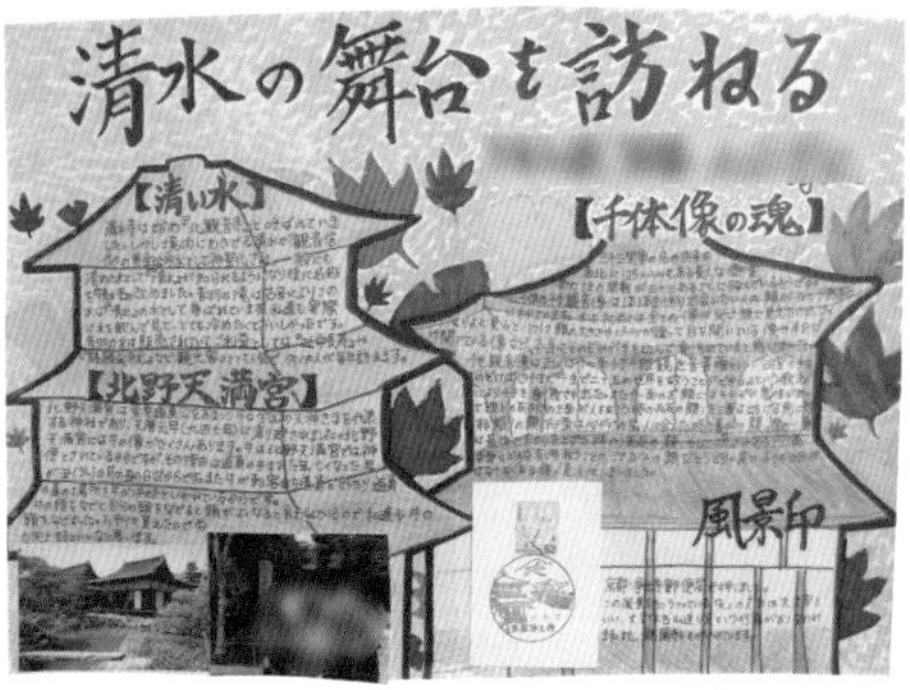

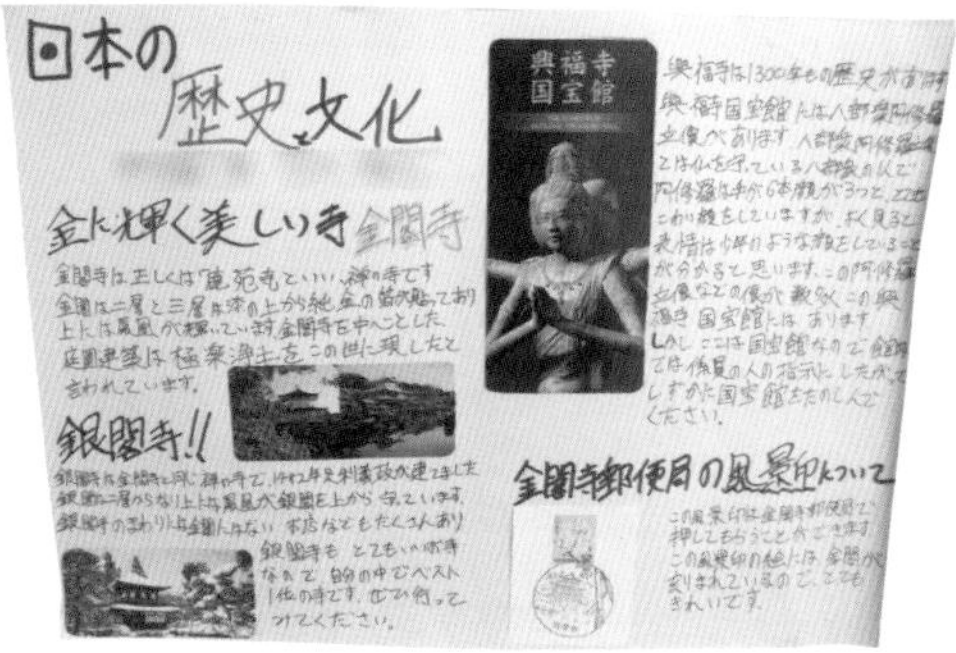

菊丸さんが教員をしていた中学校は修学旅行で京都へ。グループ活動のなかに、郵便局で風景印を集めるミッションを盛り込んだ。現地では6～7人ずつ行動。エリア内にある風景印配備局のヒントを与え、切手貼付済みのカードを渡して集めさせた。候補局は金閣寺局や伏見稲荷局など10局程度で、なかには菊丸さんが予想外の局で集印してきた行動的なグループもあったそう。学校に帰ってから図案を調べ、ひとりずつB4版の用紙に表現。ご覧のように個性豊かな展示が完成し、「生徒全員の風景印研究が展示会場にずらっと並んだ光景は壮観でした！」。

菊丸さんはこのほかにも、校外学習で宿泊した際、家族への手紙を風景印で発送したこともあり、学校教育に活用している、

いいお手本だ。こうした活動をしたことで生徒が家族旅行をした時に、風景印で手紙をくれるうれしい副作用もあったという。

「修学旅行の準備の際に、職場の自分の机上に置いてあった風景印の本に気づいたある先生が、『どうしてここに風景印の本があるのですか？』とものすごく食いついてきたのです。実はその方も風景印好きと判明し、後日、食事をしながら風景印話で盛り上がりました。現在はお互い転勤して離れましたが、時々、風景印を押したお便りを送り合っています」。

金閣寺《きんかくじ》局（京都・京都市）

金閣寺、鏡湖池

京都月見町《きょうとつきみちょう》局（京都・京都市）

円山公園の桜、東山

京都太秦一ノ井《きょうとうずまさいちのい》局（京都・京都市）

広隆寺弥勒菩薩像、桂宮院本堂

京都大宮丸太町《きょうとおおみやまるたまち》局（京都・京都市）

二条城二の丸御殿、庭園

伏見稲荷《ふしみいなり》局（京都・京都市）

伏見稲荷大社楼門、千本鳥居、宝珠

京都清水《きょうときよみず》局（京都・京都市）

清水寺舞台、清水焼

奥が深い「マッチング」の世界

人気の高い切手と風景印のマッチング。でも、なかにはマッチする印を見つけるのが難しい切手もある。だからこそ、相性のいい風景印を見つけてマッチさせた時は快感だ。

数は少ないけれども…

日用品など、身のまわりのものは風景印になりづらい。地域性がないし、誰もわざわざ図案にしようと思わないからだ。**1** 橋口五葉《はしぐちごよう》の「髪梳《かみす》ける女」の切手には、「お六ぐし」の入った藪原局。たぶん、日本でくしを図案にした風景印はここだけだ。**2** 顕微鏡も千葉穴川局だけだろう。**3** 子守も珍しいが、2局存在する。

3 宇目《うめ》局（大分・佐伯市）
民謡・宇目の唄げんかの子守女、藤河内渓谷

2 千葉穴川《ちばあながわ》局（千葉・千葉市）
放射線医学総合研究所、千葉都市モノレール

1 藪原《やぶはら》局（長野・木祖村）
鳥居峠、木曽のお六ぐし

4 火消しのはしご乗りは、かつて東京に出初式《でぞめしき》の図案があったが、平成13（2001）年に消滅していた。諦めずに探すと、茨城に火消し行列というのを見つけた。**5** 切手も風景印も点字が入った珍しい例。**6** 日の丸国旗も図案になりにくいもの。目を皿のようにして探したら、秋田県庁構内局に発見。カタログには言及がない。

6 秋田県庁構内《あきたけんちょうこうない》局（秋田・秋田市）
秋田県庁舎、山王散歩道

5 上田材木町《うえだざいもくちょう》局（長野・上田市）
上田城、上田点字図書館、点字で「夢を運ぶ」、太郎山

4 水府《すいふ》局（茨城・常陸太田市）
火消行列、東金砂山、西金砂山

まさかの題材も…

7 ピンクレディーの「UFO」切手には、UFO の目撃情報が多い羽咋局。風景印って幅広い！ **8** 切手の「畿内丸」は昭和 5（1930）年にニューヨーク直航路に就航した高速貨物船。よ～く見ると、右端に小さく自由の女神が。二川目局のあるおいらせ町はニューヨークと同じ北緯40度40分であることから自由の女神像を作っており、日米女神がご対面。 **9** ロケットも図案になっている。八幡枝光局は、切手のロケットと形がそっくり。

9 八幡枝光《やはたえだみつ》局
（福岡・北九州市）※廃印
東田第一高炉、スペースワールドのスペースシャトル

8 二川目《ふたかわめ》局（青森・おいらせ町）
二川目海岸、自由の女神像、将棋の駒

7 羽咋《はくい》局（石川・羽咋市）
UFO、千里浜なぎさドライブウェイ、気多大社、妙成寺五重塔

縁の深い土地を捜す

著名人は生没地に関連印があることが多い。 **10** 水墨画の雪舟《せっしゅう》は幼少時に地元の宝福寺で修行。涙で描いたネズミが動いて見えたという。 **11** 切手で背中を見せている雷電《らいでん》は、引退後にある事件で江戸払いに処せられ、妻の故郷・佐倉で暮らした。 **12** 原発もわざわざ図案にしなさそうだが、茨城県に原研前局があった。昭和32（1957）年に稼働した日本初の研究炉施設で、原発の是非はさておき、風景印の題材としては貴重だ。

12 原研前《げんけんまえ》局（茨城・東海村）
日本初の原子炉、記念碑、マツ

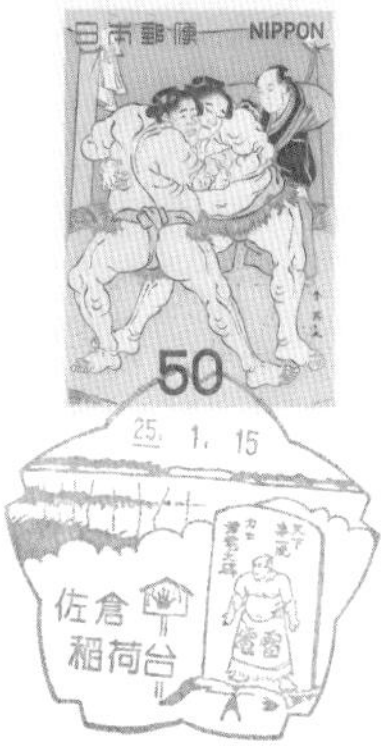

11 佐倉稲荷台《さくらいなりだい》局（千葉・佐倉市）
雷電の碑、印旛沼、市花・サクラの変形

10 総社《そうじゃ》局（岡山・総社市）
宝福寺三重塔、雪舟の碑、ネズミ

フィーリングで選ぶ

理屈でなくフィーリングでマッチングを選ぶこともある。**13** 東郷青児《とうごうせいじ》の作品に小平喜平局を合わせてみたら楽しげな演奏会の場面が出現した。**14** 洋光台駅前局は横浜こども科学館のイメージで宇宙遊泳する子どもを描いており、国際児童年切手をリスペクトしているよう。**15** ウサギが掃除している日本列島クリーン運動切手。古川稲葉局を合わせたら、ちょうどはたきがけをしているような雰囲気に…（本当は大名行列の毛槍）。

15 古川稲葉《ふるかわいなば》局（宮城・大崎市）
水田、古川大名行列、いなばからイメージした白ウサギ

14 洋光台駅前《ようこうだいえきまえ》局（神奈川・横浜市）
横浜こども科学館、ケヤキ

13 小平喜平《こだいらきへい》局（東京・小平市）
小平団地のイチョウ並木、銅像、サギソウ

16 墨田太平町局は江戸幕府の米蔵を描いたいい図案。しばらく考えて、ねずみが蔵からのぞいた郷土玩具の切手を思い出した。どんな切手や風景印が存在するか、最後は自分の記憶頼みになる。**17** 遠軽大通局のキャラクターの風景印にはライオンの切手。でもサンちゃんはひまわりのキャラだったんだけど…。**18** 切手は名神高速、風景印は島根で全然違う場所なんだけど、同じインターチェンジとしか思えない類似っぷり。

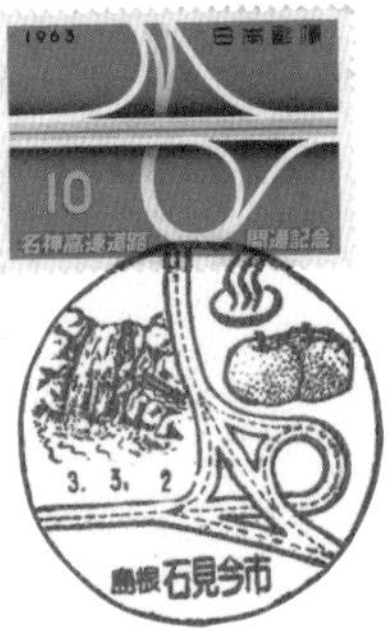

18 石見今市《いわみいまいち》局
（島根・浜田市）※旧印
中国横断自動車道旭 IC、旭峡、ナシ、温泉マーク

17 遠軽大通《えんがるおおどおり》局（北海道・遠軽町）
サンちゃん、がんぼう岩、見晴牧場

16 墨田太平町《すみだたいへいちょう》局
（東京・墨田区）※廃印
蔵前橋、地名の由来の浅草御蔵

もはや、こじつけ

19 共同募金の風景印なんてないので、赤い羽（根）でお茶を濁す。**20** 国際識字年も難しいけど、上文殊局の風景印と合わせて「文字」。風景印を切手の上側に押せばよかったと思ったあなた、もうマニアです。**21** 数学者会議などの国際会議切手は風景印がない最たるもの。もう形だけで野積局を選んじゃったけど、案外いいかも。

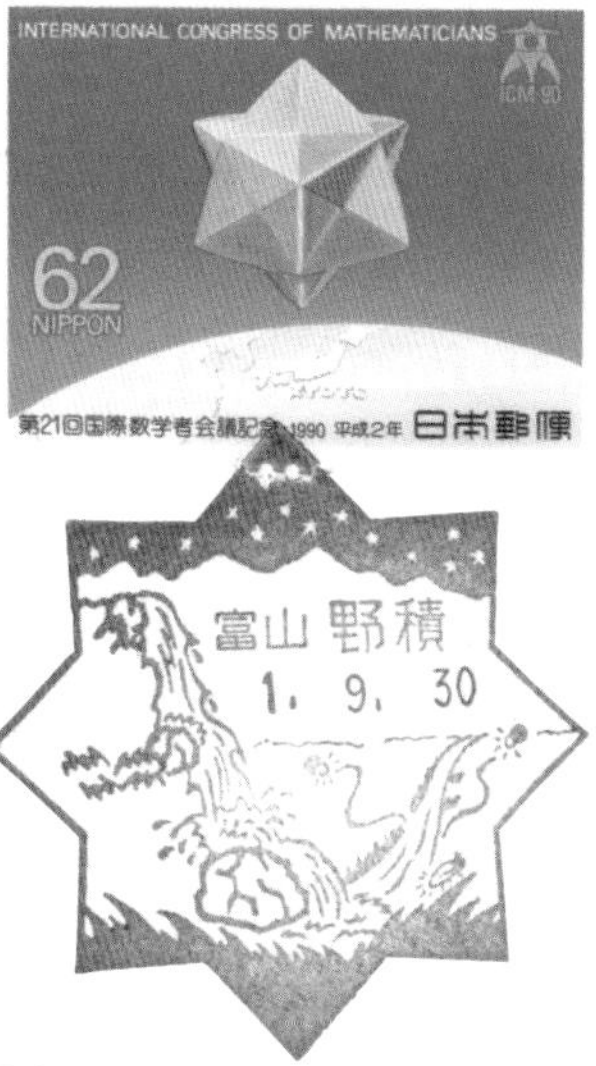

21 野積局《のづみ》（富山・富山市）
川倉不動滝、野積川、ホタル、八角星形の変形

20 上文殊局《かみもんじゅ》（福井・福井市）
文殊山、山腹の「文」の文字

19 赤羽局《あかばね》（東京・北区）
荒川大橋、旧岩淵水門、舟

合わせ技

現行の通常切手は、リバイバル題材が多いのをご存じだろうか。**22** 昭和 27（1952）年と、平成 27（2015）年発行の新旧ニホンカモシカを合わせてカモシカ印で。切手のデザインや色調、印刷にも時代性を感じる。**23** サクランボの風景印を探して十文字局を見つけたら白鳥がいたので、切手も白鳥を追加してみた。2 枚の切手が同サイズだときれいにまとまる。**24** 切手は桜の花と水車。せっかくなので、水車の風景印でも桜が咲いているものを探したら神奈川県に見つかった。より高度な切手 1 枚：風景印 1 印でのダブルマッチング。

24 青葉台局《あおばだい》（神奈川・横浜市）
寺家ふるさと村、水車小屋、散策の道

23 十文字局《じゅうもんじ》（秋田・横手市）
サクランボ、ハクチョウ、皆瀬川、鳥海山

22 足尾赤倉局《あしおあかくら》（栃木・日光市）
足尾山地、足尾ダム、ニホンカモシカ

25 切手は雪で作った雪ウサギ。一方、山には岩肌と雪で模様に見える「雪形」があり、風景印の吾妻小富士にできるのは通称・雪ウサギ。ものは違えど同じ名前のものがご対面。**26** マッチングを探すには切手を細かく見ることが不可欠。小出楢重《こいでならしげ》の絵は合わせる風景印がなさそうだが、父親のタバコに着目。タバコの葉なら栽培地で図案になっている。**27** 風景印もよく見ること。地方歌舞伎はカタログでは「柳橋歌舞伎」などと地名しか記されないことが多い。でもこれきっと、石川五右衛門を演じているよね？

25 福島渡利《ふくしまわたり》局（福島・福島市）

吾妻小富士の雪ウサギ、追分のサクラ、阿武隈川

27 柳橋《やなぎばし》局（福島・郡山市）

柳橋歌舞伎、黒石山、ツツジ

26 西秦野《にしはだの》局（神奈川・秦野市）

丹沢山塊、水無川、落花生、タバコの葉

28 これは私がよくクイズに出すマッチング。風景印に描かれた作家の太宰治《だざいおさむ》は、これまで日本郵便からは切手が発行されていない。そこでさくらんぼの切手に押してもらったのだが、理由は何だろう？彼の命日は晩年の小説『桜桃《おうとう》』にちなんで「桜桃忌」と呼ぶ。この桜桃＝さくらんぼで、命日の6月19日がさくらんぼの季節であることにもかけている。

28 三鷹下連雀四《みたかしもれんじゃくよん》局（東京・三鷹市）

太宰治、森鷗外、禅林寺山門

6月19日に三鷹下連雀四局に近い禅林寺《ぜんりんじ》に参ると、ファンが大勢押しかけ、墓石にさくらんぼを埋め込んだ様子も見られる。

29 千代田霞が関局の風景印の右手に見えるポスト。下半身のハートマークの中に切手の永田《ながた》萠《もえ》さんの絵が描かれていた。現地へ行った人でないと気づけない、ちょっとマニアックすぎるマッチング。移転改称で今はポストも撤去されている。**30** 大手町一局の図案はパワースポットとしても有名な将門塚《まさかどづか》。この切手と合わせたのは、神田祭《かんだまつり》は平将門を祀った神田明神《かんだみょうじん》の祭りで、神田明神はかつて将門塚の場所にあったから。**31** 石川町駅前局の旧内田邸には、明治村にある聖ヨハネ教会堂の切手を貼った。単に八角の塔屋が似ていると思っただけだったのだが、調べると同じ J.M. ガーディナーの設計だった。こういう発見があるとうれしい。

31 石川町駅前局《いしかわちょうえきまえ》
(神奈川・横浜市)
旧内田家住宅 (外交官の家)、ベイブリッジ、ランドマークタワー

30 大手町一局《おおてまちいち》
(東京・千代田区) ※廃印
将門塚、皇居の堀

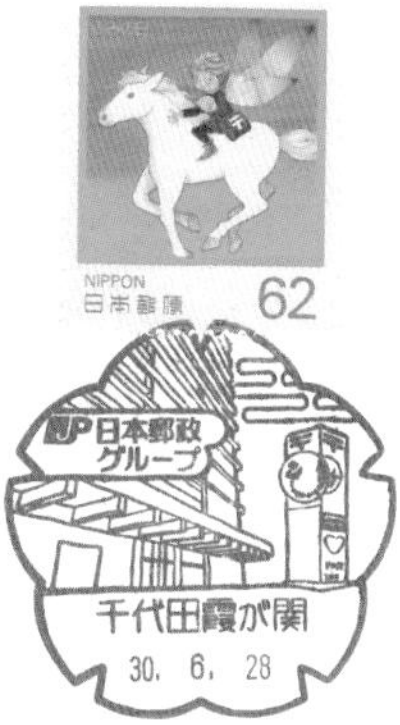

29 千代田霞が関局《ちよだかすみがせき》
(東京・千代田区) ※旧印
日本郵政グループ本社、ポスト、霞の文様、サクラの変形

32 小林古径《こばやしこけい》の「阿弥陀堂《あみだどう》」は縦長の絵なので気づかない人が多いが、平等院鳳凰堂《びょうどういんほうおうどう》のこと。改めて見ると、左右にまだ建物が続いていそう。**33** 伊東深水《いとうしんすい》の「吹雪《ふぶき》」には長野県の小諸局。実はこの風景印自体が深水のデザイン。使用開始は昭和 23 (1948) 年で、深水が小諸に疎開していた時期とも合う。**34** 前田青邨《まえだせいそん》「洞窟の頼朝《よりとも》」は、平家軍に大敗した源頼朝が６人の家臣と洞窟に身を潜めている光景。頼朝自身を描いた風景印もあるが、選んだのは湯河原駅前局。図案の人物・土肥実平《どひさねひら》は逃避行する頼朝に従ったひとりで、車座になっているうちの誰かが実平なわけだ。

34 湯河原駅前局《ゆがわらえきまえ》 (神奈川・湯河原町)
土肥実平の銅像、不動滝、温泉、ミカン

33 小諸局《こもろ》 (長野・小諸市)
布引山の観音堂、サクラ、浅間山

32 宇治壱番局《うじいちばん》 (京都・宇治市)
平等院鳳凰堂、鳳凰、茶の葉

引きこもり郵頼奮闘記

～消費増税直前、あるマニアの2週間～

もし、「消費税が上がる前に何をするか」と聞かれたら――。
ほとんどの人は食料品や消耗品の買い溜めと答えるだろう。けれど私は「郵頼」に勤しむ。

●曜日も忘れて作業に没頭

例えばはがき料金が62円から63円に上がったら、62円切手1枚では風景印を記念押印してもらえなくなる。余分な1円切手を貼り足すよりは、1枚貼りで風景印を押してもらったほうが数段美しい。我が家には「そのうちマッチングするつもり」で買い溜めた62円の記念切手やふるさと切手が山ほどあった。これを余さず使い切らねばと、増税前、私は2週間ほど家に引きこもった。このために、できる仕事は前倒しし、グロンサンも買い込んでおく気合の入れようだ。

まず、半年ほど前から折に触れて集めてきた手持ちの62円切手すべてをストックブックに掻き出し、マッチする風景印を探していく。心当たりがある切手はいいが、ない切手は検索をかける。候補局をいくつか絞り出したらインターネットで、「風景印」「局名」で画像検索をし、近年のきれいな印影が載っている局に郵頼することにする。誰も画像を上げていない局は、電話をかけて風景印の状態を聞いたりもする。「最近、新調したばかりなんですよ」なんて答えが返ってくると、やる気が出てくる。

そういえばこの切手にマッチする絵はがきがあったと思い出す。山積みのはがき箱を探すと多めに出てきたので、自分用1枚以外は仲間に出すことにする。名簿ソフトを開き宛名を書く。不公平にならないように、誰に何を出したかチェックしたりして、しばし作業が中断する。

あ、封筒が切れた。こないだ多めに買ったばかりなのに～。げっ、往信返信用の切手もない。往復２００円弱でも数がかさむとけっこうな出費になるが、その辺の感覚は若干麻痺している。ヤバイ、金券ショップと百均が閉まる前に駆け込まねば。買い物帰りに郵便受けをのぞくと、数日前に発送した郵頼が束になって戻ってきている。依頼状や厚紙もどんどん消費するので、その日戻ってきた分を開けて再利用する。それでも足りないので、まだ中身が入っているお菓子の箱もカットする。まさに自転車操業…。そんなことをやっていると、あっという間に時間が過ぎ、1日に作業できるのはせいぜい30局分くらいだとわかる。

この時期、メモを欠かせないのがポストの取集時刻だ。

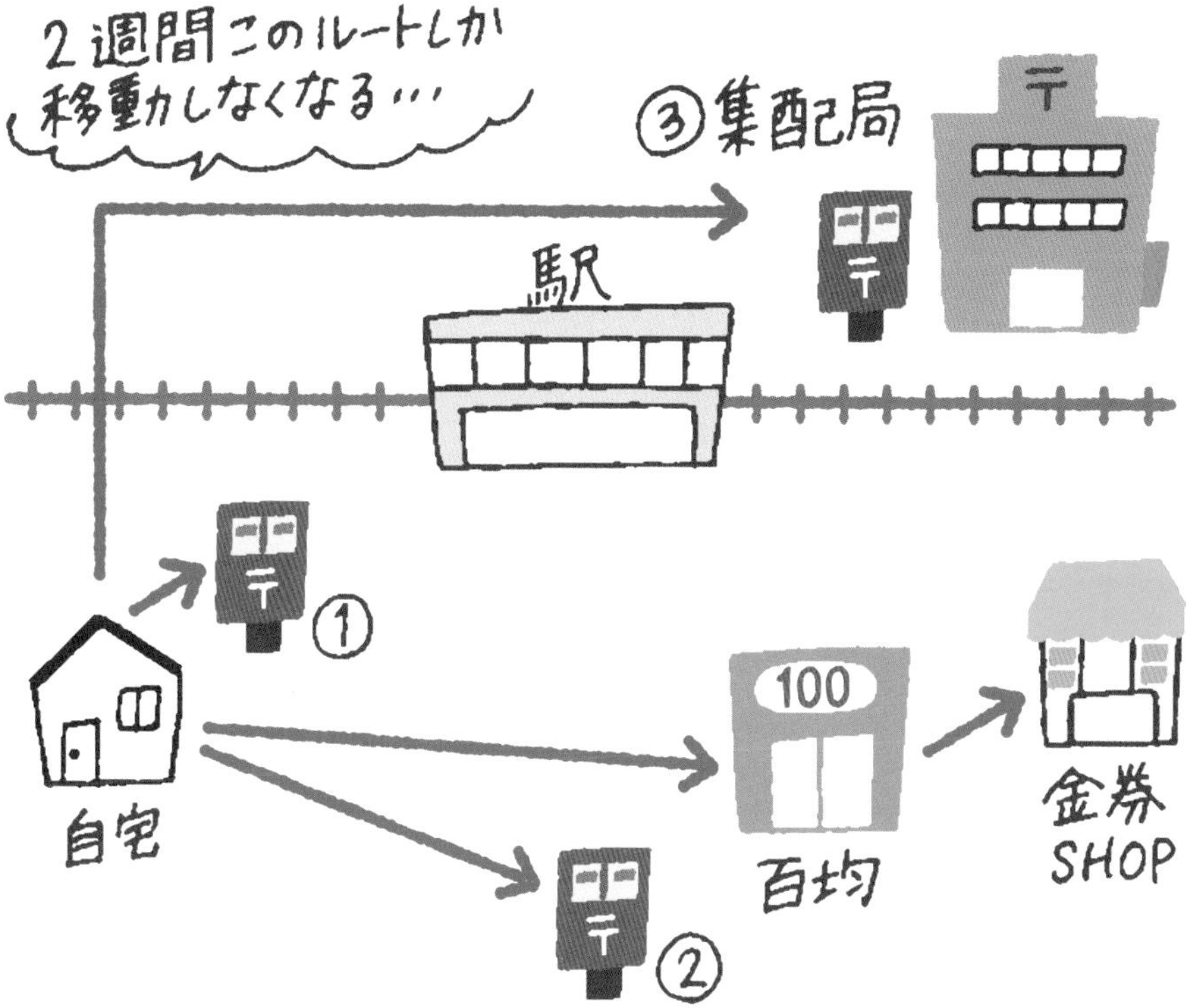

❶家に最も近いポスト❷少し離れているけど、最終取集が1時間遅いポスト❸22時まで取り集めている集配局のポスト。特に九州や沖縄など遠方への郵頼は、その日のうちに取り集めてもらえるかが、増税前に届くかのカギになってくる。なるべく❶を目指すけど間に合わなくて❷に第一便を投函。夜にまた❸まで走って第二便を投函する。いい歳したおっさんが、スウェット姿で必死の形相で走ったりするのだ。

次第に曜日や世の中のニュースもわからなくなり、意識がモーローとしてくる。最後は、それでも郵頼しきれなかったいくつかの切手を残して、あえなくタイムオーバー。切手の買い過ぎを後悔しつつも、やり切った充実感でこの時は何も考えられない。

ひと眠りしてから、久しぶりに健全な昼の陽を浴びると、モノの値段は上がっており、シャバに戻った服役囚のような気分になるのだった。こんなことしとらんと、増税前に懸案だったシロモノ家電の買い替えでもすりゃあいいのに、もはやこれは私の恒例行事だ。

ただ、ひとつだけいい副産物もある。この2週間は、切手やカードを汚したくないから、自然とお菓子に手が伸びなくなるのだ。実際、私は2週間で2kg減った。これぞ「風景印ダイエット」。やるかやらないかは、個人の判断にお任せしたい。

▶封筒裏の局名はんこにも凝ったものがある。

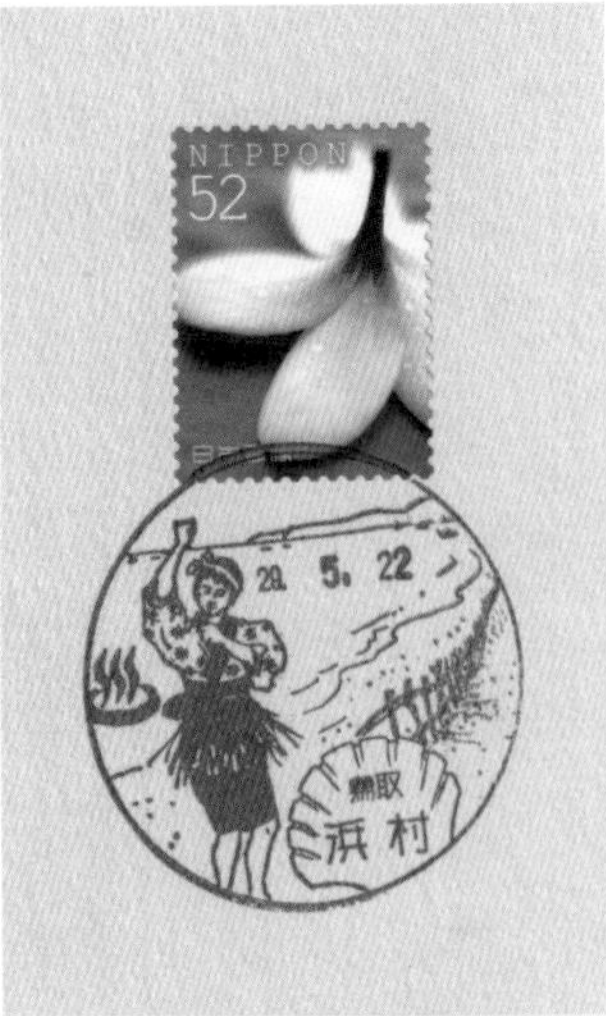

◀時々あるのが、失敗した代わりに自局で用意した厚紙にまったく違う切手を貼って押してくる例。事前に電話をくれたり、一言書いてくれたりする局もあるが、見覚えのないカードだけが返送されてきて驚くこともある。

浜村《はまむら》局（鳥取・鳥取市）

貝殻節踊り、浜村海岸、イタヤ貝、温泉マーク

▶押印をミスしても一言、付せんがあれば気分は違う。十分きれいに押せているのに詫びてくれる局や、むしろ一言添えたほうがいいのではと思う局まで対応はさまざま。

桑名八間通《くわなはちけんどおり》局（三重・桑名市）

ハマグリの中に六華苑、千羽鶴

▼図案説明を入れてくれる局。名刺サイズからA4二枚で写真入りの力作まで、どんな形でもうれしい。

風景印		
	局名	田根森郵便局
	住所	〒013-0325 秋田県横手市大雄字田根森東94-9
	意匠	ふきのとうの葉を外枠に、鳥海山、ホタルの里、特産のホップの花を描く

●心が和む一言メッセージも

ここからはある時期、239通を集中的に郵頼した際の結果報告。どの項目も、私からは特に「依頼状を返送してほしい」などのお願いをしていない状態での対応結果だ。

1 依頼状を返送してくれた…132通（55%）

次の郵頼に使い回せるので助かる。なかには、「依頼内容確認のため局で保管する」「個人情報なのでシュレッダーする」と書いてきた局もあった。

2 返信封筒の宛名に様を付けてくれた…98通（41%）

個人的には「様」はなくても一向に構わないが、丁寧さが伝わる対応。

▼方言入りのユニークなお便り。こうしたことがきっかけで局員さんと文通を始める仲間もいる。

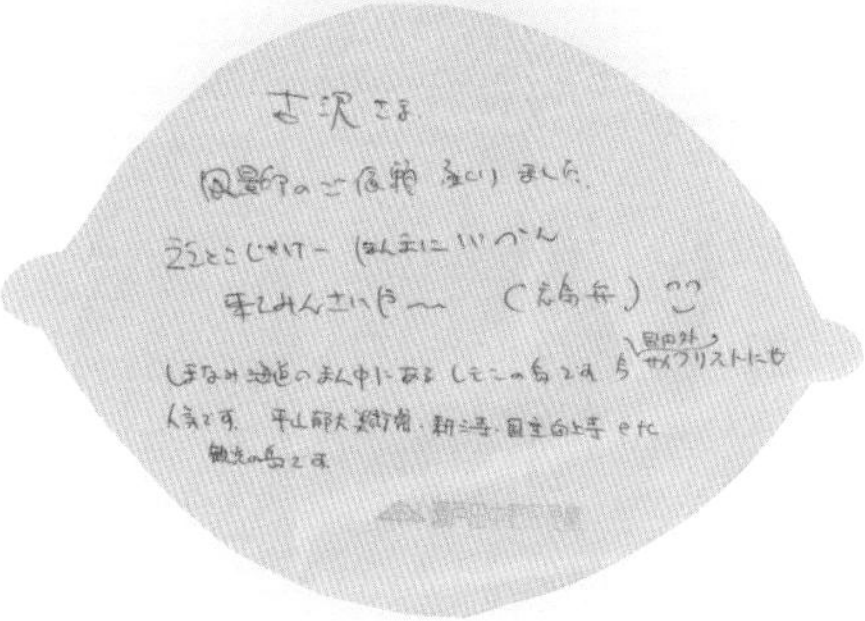

▼これまで最も印象的だった例。新品の封筒で返送され（右）、私が用意した返信用封筒は、切手をはがした状態で同封されていた（左）。どうやら最初に、月表示の間違った風景印を押してしまい、わざわざ切手を水ではがして別の封筒に貼り替えて送ってくれたようだ。局長さんの丁寧なお詫び文もあり、人柄が伝わった。

久原《くばら》局（佐賀・伊万里市）

伊万里港埠頭の外材荷揚げ作業、城山、小島古墳

▶オリジナルキャラ付きの挨拶状。印象に残る。

▼手書きのコメントをくれるところも。上は知り合いの消しゴムはんこ作家さんが作ってくれた住所印などへの感想。下は雑誌連載を読んでくださっているようでうれしい。

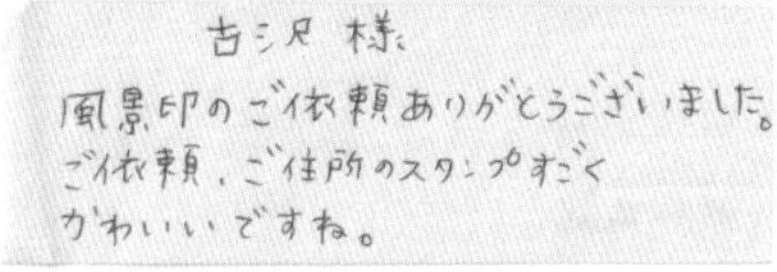

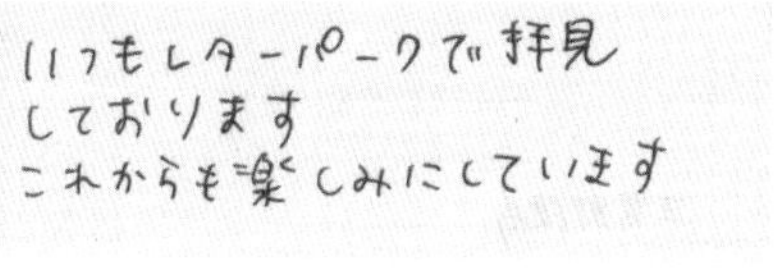

3 風景印で返信：78通（32％）

返信封筒も風景印で発送してもらい、コレクションに活用する人もいる。私は普通の消印の満月印もうれしいので、運を天に任せる派。

4 往信封筒も返却してくれる：57通（23％）

なかには切手の部分だけ切り取って返却してくれる局もあり、コレクター心をわかっている。

5 返信封筒の裏側に局名はんこを押してくれる：53通（22％）

図案入りのはんこなどもあり、これを集めている仲間もいる。

6 風景印が汚れないよう紙やティッシュを当ててくれる：28通（12％）

10局に1局程度だが、丁寧な対応にひたすら感謝。

ひど印コレクション

風景印は人間が押すものだから、手違いもある。
ここではそんな残念な例を「ひど印」と名付け、むしろ楽しんでしまいたい。

中京局《なかぎょう》（京都・京都市）※旧印
二条城東南隅櫓、京扇子に障壁画の松

失敗しちゃったんで余白に押した模様。

昔の風景印を見ていると、時々壮絶な摩耗品に出逢う。最近では風景印行政（？）が向上し、だいぶ減ったけど、これ、何局なんだろ？

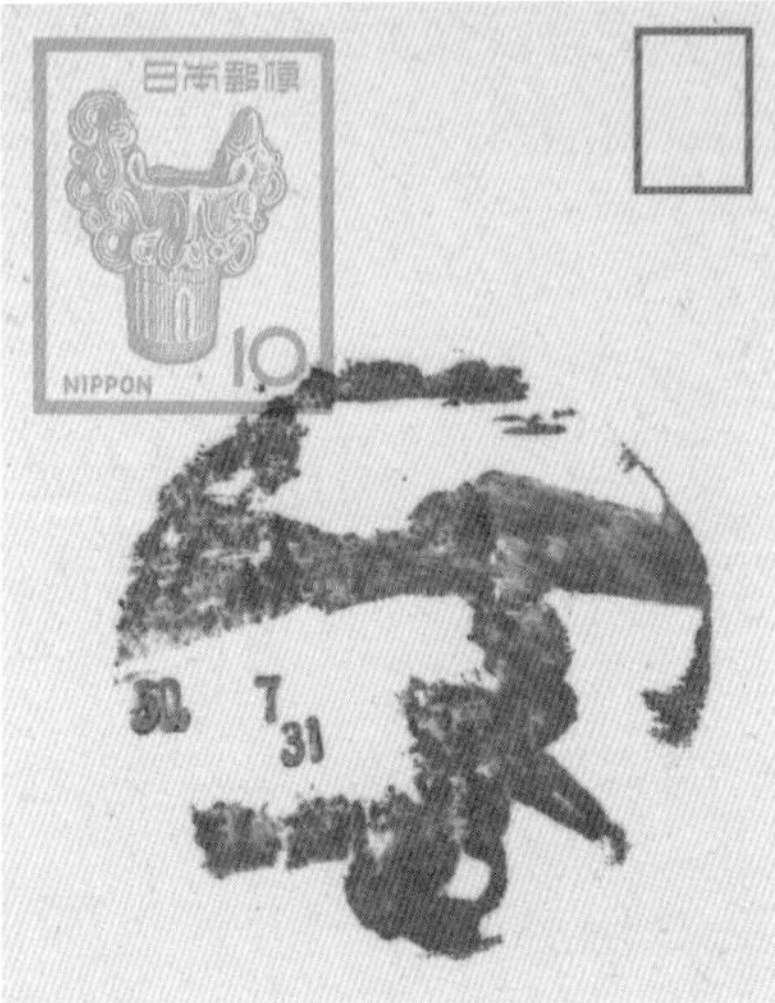

小型印に思いっきりマジックの線が！　実はこれ、コロナでイベントが中止になった小型印。前もって押印処理していた郵頼ぶんは、こうやって返却したようだ。いつかこれも、コロナの貴重な記録になるのかな。

パソコン郵趣切手展 2020
小型印

鹿児島中央局《かごしまちゅうおう》（鹿児島・鹿児島市）
城山からの市街、西郷隆盛像、桜島

こんな横向きに押す人いるかな？

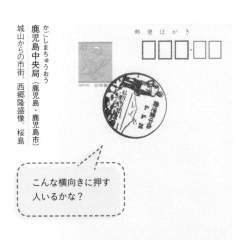

Chapter 06

風景印図鑑

オモシロ局名

「雪だるま局」に「もみじ局」など、世の中には郵便局名らしからぬ局名がある。
「そんな名前アリなの？」「まんまじゃん！」という局名の風景印が大集合。

栃　木

栃木蔵の街《とちぎくらのまち》局
（栃木市）

新栃木《しんとちぎ》局から改称
（平成 2）

おもちゃのまち《おもちゃのまち》局（壬生町）※1

国谷《くにや》局から改称（昭和52）

北　海　道

千歳ヤマセミ《ちとせやませみ》局
（千歳市）

平成10年開局

早来雪だるま《はやきたゆきだるま》局（安平町）

早来局から改称（平成9）

長　野

松本あいらんど《まつもとあいらんど》局
（松本市）

平成 5 年開局

山　梨

明野ひまわり《あけのひまわり》局
（北杜市）

上手《うえで》局から改称（平成 11）

福　島

野口英世の里《のぐちひでよのさと》局
（猪苗代町）

翁島《おきなじま》局から改称（平成 16）

※1…壬生町内に玩具製造者が集まった「おもちゃのまち」という地名がある。

松山にはもともとマドンナ局があったが、坊っちゃん局が誕生して対になった。こんなふうに特に平成以降、郵便局の名前も自由度が増し、地名や町名にこだわらない局名が見られるようになった。その土地のシンボリックな存在やランドマークを局名にして、そのものをかたどったユニークな変形印を使っているケースもある。

　県別に整理してみると、静岡や兵庫、四国など、そうしたキラキラネーム（？）に柔軟な地域があるようだ。と思いきや、芦屋市には本当に打出小槌町という地名があるらしい。知らない人が見ると驚くけど、きっと地元の人には何でもない地名なんだろうな。

愛 知

一宮七夕《いちのみやたなばた》局（一宮市）

平成８年開局

静 岡

八幡野やんもの里《やわたのやんものさと》局
（伊東市）※2

富戸《ふと》局から改称（平成10）

浜松根上り松《はままつねあがりまつ》局（浜松市）

浜松西伊場《にしいば》局から改称（平成9）

金太郎《きんたろう》局（小山町）

小山駅前《こやまえきまえ》局から改称（平成13）

兵 庫

芦屋打出小槌《あしやうちでのこづち》局（芦屋市）

芦屋打出局から改称（平成11）

赤穂忠臣蔵《あこうちゅうしんぐら》局（赤穂市）

赤穂加里屋《かりや》局から改称（平成25）

明石子午線《あかししごせん》局（明石市）

明石大蔵《おおくら》局から改称（平成24）

京 都

金閣寺《きんかくじ》局（京都市）

京都衣笠《きぬがさ》局から改称（平成26）

香 川

オリーブの島《おりーぶのしま》局（土庄町）

吉ヶ浦《よしがうら》局から改称（昭和62）

広 島

もみじ《もみじ》局（廿日市市）

平成４年開局

福山駅ローズ《ふくやまえきろーず》局（福山市）

福山そごう内局から改称（平成13）

鳥 取

はわい《はわい》局（湯梨浜町）

羽合《はわい》局から改称（平成13）

高 知

龍馬《りょうま》局（高知市）

高知上町《こうちかみまち》一局から改称（平成11）

四万十トンボ《しまんととんぼ》局（四万十市）

中村《なかむら》具同《ぐどう》局から改称（平成4）

徳 島

脇町うだつ《わきまちうだつ》局（美馬市）

平成９年開局

金長だぬき《きんちょうだぬき》局（小松島市）

小松島新港《しんこう》局から改称（平成元）

愛 媛

伊予五色姫《いよごしきひめ》局
（伊予市）

伊予米湊《こみなと》局から改称（平成13）

まつやま坊っちゃん《まつやまぼっちゃん》局
（松山市）

松山湊町《まつやまみなとまち》局から改称（平成29）

まつやまマドンナ《まつやままどんな》局
（松山市）

いよてつそごうマドンナ局から改称（平成13）※3

※2…「やんも」とはやまもものこと。　※3…いよてつそごうマドンナ局は平成3年開局

風景印になった人気者

漫画や特撮の人気者たちも、主に作者のふるさとで風景印になっている。

葛飾区の「キャプテン翼」など漫画での街おこしは盛んなので、さらなる増加も期待できるかも？

ゲゲゲの鬼太郎／水木しげる

人気キャラ風景印の先陣を切ったのは、水木しげるの出身地・鳥取県境港市。平成6(1994)年から段階的に7局で使用中。

水木ロード《みずきろーど》局

鬼太郎

境港《さかいみなと》局

鬼太郎、目玉おやじ

境港渡《さかいみなとわたり》局

子泣き爺

境港外江《さかいみなととのえ》局

一反木綿

境港中浜《さかいみなとなかはま》局

目玉おやじ

境港竹内《さかいみなとたけのうち》局

砂かけ婆

境港東本町《さかいみなとひがしほんまち》局

ねずみ男

名探偵コナン／青山剛昌

青山剛昌が鳥取県北栄町出身であり、鳥取砂丘コナン空港のある鳥取市で平成28(2016)年から1局、北栄町で令和元(2019)年から4局。

由良《ゆら》局

江戸川コナン

大栄瀬戸《だいえいせと》局

江戸川コナン

北条《ほうじょう》局

江戸川コナン

中北条《なかほうじょう》局

江戸川コナン

鳥取湖山北《とっとりこやまきた》局

江戸川コナン

ひみぼうずくん／藤子不二雄Ⓐ

藤子不二雄Ⓐの出身地・富山県氷見市で、同氏が考案したキャラクターを令和2(2020)年から1局で使用中。藤子・F・不二雄は高岡市出身。

氷見《ひみ》局

ひみぼうずくん

釣りキチ三平／矢口高雄

矢口高雄の出身地・秋田県横手市で平成27(2015)年から1局で使用中。当初報道発表されず、地元でのみ知られていた異例の風景印。

増田《ますだ》局

三平三平《みひらさんぺい》

仮面ライダーなど／石ノ森章太郎

石ノ森章太郎が少年時代に映画館通いをした宮城県石巻市では、平成13（2001）年から15局で使用中（うち3局は東日本大震災等で休止中）。

石巻立町《いしのまきたちまち》局
仮面ライダー

石巻中央一《いしのまきちゅうおういち》局
仮面ライダー

石巻水明《いしのまきすいめい》局
仮面ライダー

石巻《いしのまき》局
ロボコン

石巻大街道《いしのまきおおかいどう》局
さるとびエッちゃん

石巻湊《いしのまきみなと》局
さるとびエッちゃん

荻浜《おぎのはま》局
サイボーグ003
※休止中

蛇田《へびた》局
サイボーグ003

石巻双葉町《いしのまきふたばちょう》局
サイボーグ009

石巻旭町《いしのまきあさひちょう》局
石ノ森先生

稲井《いない》局
ボンボン ※休止中

渡波《わたのは》局
スカルマン

石巻山下《いしのまきやました》局
スカルマン

石巻鹿妻《いしのまきかづま》局
ロボコン ※休止中

石巻《いしのまき》のぞみ野《の》局
ロボコン

ウルトラマン／円谷英二

特撮映画監督の第一人者・円谷英二の故郷・福島県須賀川市では平成25（2013）年より6局で図案に起用。

須賀川西川《すかがわにしかわ》局
ウルトラマンギンガ

須賀川南町《すかがわみなみまち》局
ウルトラマンゼロ

須賀川上野《すかがわうわの》局
ウルトラセブン

須賀川中町《すかがわなかまち》局
ウルトラマンタロウ

須賀川駅前《すかがわえきまえ》局
ウルトラの父

須賀川《すかがわ》局
ウルトラマン

漫画家たちの聖地・トキワ荘

手塚治虫、藤子不二雄、赤塚不二夫ら名だたる漫画家たちが修業時代を過ごした東京都豊島区のアパート・トキワ荘。昭和57（1982）年に取り壊されたが、令和2（2020）年に再現したトキワ荘マンガミュージアムが開館。令和3年より4局で吹き出し形の風景印を使用。はがきは豊島区の施設で販売しているもの。

豊島南長崎《としまみなみながさき》局
トキワ荘マンガミュージアム

豊島長崎六《としまながさきろく》局
トキワ荘マンガミュージアム

豊島南長崎六《としまみなみながさきろく》局
トキワ荘マンガミュージアム

豊島長崎《としまながさき》局
トキワ荘マンガミュージアム

小島章敬さんより

心が躍る♪グルメな風景印

見るだけで心が躍るグルメな風景印、メニューを眺めるつもりで楽しんで。
あなたなら主菜と主食、ドリンク、どの組み合わせで注文する？

めん類

うどん

高松藤塚《たかまつふじつか》局（香川・高松市）
讃岐うどんづくり、栗林公園

加須東栄《かぞとうえい》局（埼玉・加須市）
手打ちうどん、会の川親水公園噴水、平和の鐘

加須《かぞ》局（埼玉・加須市）
加須うどん、ジャンボ鯉のぼり、總願寺、市章

稲庭《いなにわ》局（秋田・湯沢市）
稲庭うどん、稲庭城

そば

土市《どいち》局（新潟・十日町市）
へぎそば、石場かち

上田野《かみたの》局（埼玉・秩父市）
そば打ち、カタクリ、サクラの変形

イオンモール綾川内《いおんもーるあやがわない》局（香川・綾川町）
うどん、水仙、梅、イオンモール綾川

高松花園町《たかまつはなぞのちょう》局（香川・高松市）
讃岐うどん、市花・ツツジ、屋島

そうめん

池田《いけだ》局（香川・小豆島町）
手延べそうめん、キク、国民休養地

半田《はんだ》局（徳島・つるぎ町）
そうめんの製造、石堂神社

三輪《みわ》局（奈良・桜井市）
そうめん、三ツ鳥居

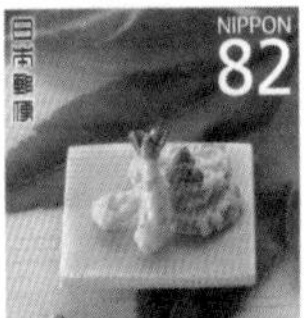

焼きそば

黒石《くろいし》局（青森・黒石市）
つゆヤキソバン、黒石よされ、こけし

開聞《かいもん》局（鹿児島・指宿市）
唐船峡そうめん流し、枚聞神社

下大野《しもおおの》局（愛媛・鬼北町）
安森洞のそうめん流し、善光寺薬師堂

三瓶《さんべ》局（島根・大田市）
三瓶そば、三瓶山、定めの松

米類

餅

旭川神居《あさひかわかむい》局（北海道・旭川市）

雨紛ばやし（臼、杵、餅つき）

おにぎり

鹿西《ろくせい》局（石川・中能登町）

おにぎりくん、おむすびちゃん、麻織物の機織り

ご飯

柿木《かきのき》局（島根・柿木村）

萬歳楽の八寸飯、バンガロー、カキの変形

丸岡横地《まるおかよこぢ》局（福井・坂井市）

表児の米（餅つき）、丈競山

東松山平野《ひがしまつやまひらの》局

（埼玉・東松山市）

ひきずり餅、ボタン、ナシの変形

川越南大塚駅前《かわごえみなみおおつかえきまえ》局

（埼玉・川越市）

南大塚餅つき踊り、西武新宿線の駅舎

飲み物 ※日本茶の風景印はこれ以外にも複数存在する。

ミルク

小岩井《こいわい》局（岩手・滝沢市）

ミルク缶、牛乳瓶、牧場、岩手山

コーヒー

神戸パークシティ内《こうべぱーくしてぃない》局

（兵庫・神戸市）

コーヒー、飛行機、船、神戸大橋

日本茶

奈良西大寺《ならさいだいじ》局

（奈良・奈良市）

西大寺本堂、大茶盛式

めん類

ラーメン

旭川五条《あさひかわごじょう》局（北海道・旭川市）

旭川ラーメンの丼、あさっぴーとゆっきりん

羽前広野《うぜんひろの》局（山形・酒田市）

ラーメン丼、カブトエビ、庄内出羽人形芝居

ちゃんぽん

八幡浜桧谷《やわたはまひのきだに》局

（愛媛・八幡浜市）

八幡浜ちゃんぽんPRキャラクター・はまぽん、諏訪崎、ミカン

アルコール ※日本酒の風景印はこれ以外にも複数存在する。

どぶろく

ちの本町《ちのほんまち》局（長野・茅野市）

どぶろく祭り、縄文のビーナス、八ヶ岳

城島《じょうじま》局（福岡・久留米市）

酒蔵、徳利、猪口、酒桶、瓦の変形

神戸魚崎《こうべうおざき》局（兵庫・神戸市）

薦被りの酒樽、住吉川、住吉村と魚崎村村界の碑

日本酒

若松材木町《わかまつざいもくまち》局

（福島・会津若松市）

酒の仕込み、鶴ヶ城、赤べこ、磐梯山

宮宿《みやじゅく》局（山形・朝日町）

リンゴ、ワイン、空気神社、桃色ウサヒ

ワイン

十勝池田《とかちいけだ》局（北海道・池田町）

ワイングラス、ブドウ、ワイン城

西辻《にしつじ》局（広島・府中町）

ビール瓶、工場、ツバキ、草摺の滝

ビール

北見寿町《きたみことぶきちょう》局（北海道・北見市）

ビールジョッキ、オホーツクのビアファクトリー

料理

芋煮

山形緑町四《やまがたみどりちょうよん》局
(山形・山形市)

日本一の芋煮会の大鍋、馬見ヶ崎川、蔵王連峰、サクランボ

山形緑町二《やまがたみどりちょうに》局
(山形・山形市)

日本一の芋煮会の大鍋、馬見ヶ崎橋、蔵王連峰、桜

きりたんぽ

比内《ひない》局 (秋田・大館市)

きりたんぽ鍋、比内鶏、長岐家武家屋敷門

はらこ飯

荒浜《あらはま》局 (宮城・亘理町)

蔵王連峰、はらこ飯、サケ、丼の変形

飯館《いいだて》局
(福島・飯舘村) ※休止中

バーベキュー、いいだてミートバンクの牛、虎捕山

ジ・アウトレット広島内《じ・あうとれっとひろしまない》局
(広島・広島市)

お好み焼きのコテと封筒を持ったぽすくま

鉄板焼き

京橋月島《きょうばしつきしま》局 (東京・中央区)

もんじゃ焼きのヘラ、月島西仲通商店街

ハンバーガー

横須賀汐入《よこすかしおいり》局
(神奈川・横須賀市)

ネイビーバーガー、スカジャン、DOBUITA STREET、バラ

とろろ汁

静岡丸子《しずおかまりこ》局 (静岡・静岡市)

歌川広重「東海道五十三次・鞠子」より名物・とろろ汁屋

いちご煮

階上駅前《はしかみえきまえ》局 (青森・階上町)

いちご煮、お椀、階上灯台、町花・ツツジ

水産加工品

鰺ケ沢《あじがさわ》局 (青森・鰺ヶ沢町)

イカの生干し、漁船、岩木山

干物

因島土生《いんのしまはぶ》局 (広島・尾道市)

干タコ、鯖大師 (弘法大師)

かまぼこ

八幡浜浜之町《やわたはまはまのちょう》局(愛媛・八幡浜市)

かまぼこ、てやてや踊り、別府航路のフェリー

八幡浜《やわたはま》局 (愛媛・八幡浜市)

かまぼこ、八幡浜港、夏ミカン

床潭《とこたん》局 (北海道・厚岸町)

干しカレイ、コンブ、ヒブナ、大黒島

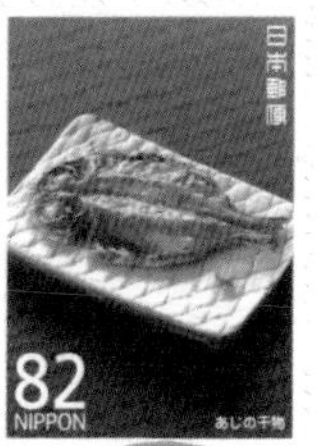

沼津駅前《ぬまづえきまえ》局 (静岡・沼津市)

干物、富士山、愛鷹山、松原

もう一品

納豆

東能代《ひがしのしろ》局 (秋田・能代市)

檜山納豆、木材工業団地、道地ささら

別府《べっぷ》局 (大分・別府市)

温泉卵、別府温泉地獄めぐりの鬼、温泉マーク

卵

夢前《ゆめさき》局 (兵庫・姫路市)

卵、雪彦山、夢前川、釣り人

調味料

砂糖

勇足《ゆうたり》局（北海道・本別町）

製糖工場、ビート

久慈《くじ》局（鹿児島・瀬戸内町）

白糖工場跡、豊年祭・敬老会

しょう油

龍野《たつの》局（兵庫・たつの市）

淡口しょう油、揖保川のアユ、鶏籠山

野田《のだ》局（千葉・野田市）

宮内庁御用蔵の醤油樽、清水八幡神社パッパカ獅子舞

味噌

岡崎康生通西《おかざきこうせいどおりにし》局
（愛知・岡崎市）

八丁味噌、岡崎城、岡崎大花火大会

塩

高屋《たかや》局（石川・珠洲市）

揚げ浜式塩田の海水散布、千本椿、椿の展望台からの風景

もう一品

梅干し

上南部《かみみなべ》局（和歌山・みなべ町）

梅干し作業、ウメの実

南部《みなべ》局（和歌山・みなべ町）

梅干樽、ウメ、鹿島

とんぶり

羽後東館《うごひがしたて》局（秋田・大館市）

とんぶり、独鈷大日堂、達子森

黒大豆

篠山河原《ささやまかわら》局
（兵庫・丹波篠山市）

丹波の黒大豆、篠山城址、妻入商家群

凍み豆腐

斎川《さいかわ》局（宮城・白石市）

凍み豆腐、馬牛沼、白鳥、甲冑堂

傍陽《そえひ》局（長野・上田市）

凍み豆腐、宝篋印塔、地蔵峠

デザート

おやき

中条《なかじょう》局（長野・長野市）

おやき、やきもち家、虫倉山

ムーチー

大里《おおざと》局（沖縄・南城市）

餅、鬼、四角の変形

柏崎東本町《かしわざきひがしほんちょう》局
（新潟・柏崎市）

笹団子、えんま市、えんま王

団子

大塚《おおつか》局（茨城・北茨城市）

野口雨情の生家、十五夜の月、団子

キャラメル

名古屋伏屋《なごやふしや》局
（愛知・名古屋市）

キャラメル工場、長須賀水屋

せんべい

新崎駅前《にいざきえきまえ》局（新潟・新潟市）

せんべい、にごりかわトマト、新崎伊佐弥神楽

寒天

山岡《やまおか》局（岐阜・恵那市）

寒天の製造

ようかん

小城《おぎ》局（佐賀・小城市）

ようかん、桜、清水の滝、天山

日本各地の昔ばなし

日本各地には全国区のものだけでなく、地域だけで語られている昔ばなしもたくさんある。

味わい深い物語の数々を風景印で採取してみよう。

怪異譚

八百比丘尼《やおびくに》は人魚の肉を食して不老長寿を得た女性。諸国をめぐって貧しい人を助けた後に故郷の若狭《わかさ》に戻った。800歳まで生きて、洞窟に入定して亡くなったと伝わっている。

小浜住吉局《おばますみよし》（福井・小浜市）
八百比丘尼木像、人魚の像

反物店に身の丈六尺もある若者が働きに来て繁盛した。だがある晩、主は若者が首を長～く伸ばし、あんどんの油をなめる姿を見てしまう。若者は着物だけを残し、姿を消したそうな。

近鉄四日市駅前局《きんてつよっかいちえきまえ》
（三重・四日市市）
大入道山車、萬古焼の急須

主の死を悼んだ家来の魂が石と化した。ある金持ちがこの石を庭石にすると、夜ごと石が悲しい声で「具足峠《ぐそくとうげ》に帰ろう」と泣き出した。恐れおののいた金持ちは石を元の場所に戻したという。

徳山桜木局《とくやまさくらぎ》（山口・周南市）
夜泣石、学園都市、桜

山賊が妊婦を殺し、金を奪って逃げた。母の霊が石に乗り移って泣いたことで、赤ん坊は僧に助け出される。成長して研ぎ師となった子どものところへ偶然現れた山賊は深く罪を悔いたそうだ。

日坂局《にっさか》（静岡・掛川市）
小夜の中山夜泣石、中山峠

顔が牛で体が鬼の妖怪・牛鬼《うしおに》は、出会っただけで人を病にするという。根《ね》香寺《ごろじ》には弓の名手が牛鬼を討ち取り、切り取った角が今も残っている。でも風景印の牛鬼は意外とカワイイ。

下笠居局《しもかさい》（香川・高松市）
青峰に棲んだ牛鬼、巡礼

大男と怠けもの

昔、ダイダラボウという大男がいた。村人が「南に大きな山があって陽が当たらない」と相談すると、山を持ち上げて北側に移してくれた。この山は水戸市にある朝房山《あさぼうやま》だと言われる。

大場局《おおば》（茨城・水戸市）
ダイダラボウ、大串貝塚

いつも道端に寝そべっている物くさ太郎。ある日、国主の手伝いで京に上ると、寝ながら練っていた和歌の才を発揮して天皇に褒められる。やがて信濃の国主に取り立てられたとな。

新村局《にいむら》（長野・松本市）
物くさ太郎の像と碑

毎日寝てばかりいる寝太郎が、新品のわらじを積んで佐渡に渡り、民の古いわらじと交換した。帰ってわらじを洗うと山盛りの砂金が手に入り、これを元手に灌漑用水路を作って人々に喜ばれた。

厚狭局《あさ》（山口・山陽小野田市）
寝太郎像、寝太郎堰

動物

おいのという娘が木こりの父に弁当を届けるため、浮島の森へ入ると、池の主である黒い大蛇が現れておいのを連れ去った。おいの像が抱えているニョロッとしたものは…。

新宮中央通《しんぐうちゅうおうどおり》局（和歌山・新宮市）
おいの像、浮島の森

沖家室島に信心深い海女がいた。ある日海が荒れ、岩場にしがみつくのも限界と観念した時、一匹のフカが現れ、岸まで送り届けてくれた。このフカはお地蔵様の化身だったそうな。

沖家室《おきかむろ》局（山口・周防大島町）
フカに助けられた少女

和尚が買って帰った茶釜を炉にかけると、熱さに耐えかねた狸が正体を現した。驚いた和尚はその奇妙な釜を屑屋に売ってしまうが、狸は軽業や踊りを披露し、屑屋は繁盛したとさ。

館林《たてばやし》局（群馬・館林市）
茂林寺の文福茶釜、ツツジ

天性寺《てんしょうじ》に賊軍が侵入し、木の地蔵を海に沈めてしまった。数十年後、大きな波風が岸和田城を襲った時、突如海から巨大なタコに乗った地蔵が現れ、波風を鎮めてくれたという。

岸和田城内《きしわだじょうない》局（大阪・岸和田市）
イイダコ、岸和田城

とんち名人

下級武士の彦一は天狗の隠れ蓑がほしくて、普通の竹を遠眼鏡と偽り、首尾よく交換する。だが妻に蓑を焼かれてしまい、灰で再び姿を消すも、川に落ち、灰が消えて裸になり笑われてしまう。

八代通町《やつしろとおりちょう》局（熊本・八代市）
彦一、天狗、カッパ

庄屋に化けたいたずら好きのキツネ。影法師で正体に気づいた又ぜーは、料理屋で大酒を飲ませて眠らせ、勘定を任せて帰ってしまう。翌朝、キツネは酷い目に遭ったという話…。

福間《ふくま》局（福岡・福津市）
又ぜー、福間海岸

友人の家の前で「早くしねえとこぼれてしまう」と言う繁次郎。酒を持って来たのかと友人が戸を開けると「こぼれるのはオラのよだれだ」と言って、繁次郎はまんまと友人の酒にありついたとさ。

江差尾山《えさしおやま》局（北海道・江差町）
江差の繁次郎像、ハマナス

お姫様

京で不治の病に苦しんでいた萩姫。不動明王のお告げを受けて侍女の雪枝を伴い、東方に旅に出る。姫は、お告げ通り500番目の川岸にある磐梯《ばんだい》熱海温泉へたどり着き、病も完治した。

熱海《あたみ》局（福島・郡山市）
萩姫と雪枝、熱海温泉

平家が滅亡し、浜に5人の美しい姫がたどり着いた。しかし一番上の姉姫の乱心で4人は殺され、姉姫も自ら命を絶った。後に5人の姫は五色の綺麗な石となり、この浜を今でも彩っている。

伊予五色姫《いよごしきひめ》局（愛媛・伊予市）
伊予五色姫、萬安港旧灯台

落城した城主の奥方・瑠璃の方は、長刀と吹き矢で応戦し包囲網を抜け出した。だが白滝で再び包囲され、世継ぎを抱いて身を投じた。滝の落ち口近くには「るり姫観音」が祀られている。

白滝《しらたき》局（愛媛・大洲市）
るり姫祭、白滝、モミジ

犬 vs 猫！ワンニャン対決

人気二大ペットの犬と猫。何かと比較されるけど、風景印の数では圧倒的に犬が優勢。
けれど近年の猫人気の上昇で、猫の逆襲も始まった模様？

特定の犬種・猫種

秋田犬

大館東台《おおだてひがしだい》局（秋田・大館市）

秋田犬、比内鶏、大館樹海ドーム

大館駅前《おおだてえきまえ》局（秋田・大館市）

ハチ公像、曲げわっぱ

大館南町《おおだてみなみちょう》局（秋田・大館市）

秋田犬、鳳凰山大文字焼

大館《おおだて》局（秋田・大館市）

秋田犬、鳳凰山大文字焼

秋山《あきやま》局（長野・川上村）

川上犬、村花・シャクナゲ

川上犬

川上《かわかみ》局（長野・川上村）

川上犬、大深山遺跡

厚真犬

厚真《あつま》局（北海道・厚真町）

厚真犬、火力発電所

羽後仁井田《うごにいだ》局（秋田・大館市）

秋田犬、達子森

イリオモテヤマネコ

西表島《いりおもてじま》局（沖縄・竹富町）

イリオモテヤマネコ

佐護《さご》局（長崎・対馬市）

ツシマヤマネコ、田んぼ

ツシマヤマネコ

佐須奈《さすな》局（長崎・対馬市）

ツシマヤマネコ

秋田犬…忠犬ハチ公やフィギュアスケーターのザギトワに贈られたことでも有名。大きな体と穏やかな性格で人気。

厚真《あつま》犬…本州から北海道に渡った狩猟犬で、時期は縄文時代とも鎌倉時代とも言われる。昭和 50 年代に絶滅の危機に瀕したが、現在は 150 頭程度まで回復。

川上犬…戦時中、軍部の撲殺令で絶滅したと思われたが、村民が八ヶ岳山中のきこりにつがいを託したお陰で生存していた。ニホンオオカミを飼い慣らしたと伝わるほど敏捷。

イリオモテヤマネコ…

八重山列島の西表島のみに生息。昭和 40（1965）年に発見され、現存数は約 100 頭。

ツシマヤマネコ…

アジア圏に生息し、日本では長崎県対馬のみに分布。現存数はやはり約 100 頭。

物語の犬・猫

水田《みずた》局（福岡・筑後市）

はね丸・パネコ・ポネコ

筑後《ちくご》局（福岡・筑後市）

羽犬伝説の像、矢部川鉄橋

九州に遠征した豊臣秀吉が、羽が生えたように跳び回る犬を連れていたなどと伝わる。はね丸は羽犬をモチーフにしたゆるキャラ。

岩井《いわい》局（千葉・南房総市）

南総里見八犬伝の伏姫

伏姫が腹を切ると、傷口から８つの玉が飛び散り、八犬士となる。

岡山駅前《おかやまえきまえ》局（岡山・岡山市）

桃太郎像、岡山城

猿、キジとともにきび団子をもらい、鬼ヶ島で鬼退治をする。

田麦野《たむぎの》局（山形・天童市）

べんべこ太郎、かさまつ

駒ヶ根《こまがね》局（長野・駒ヶ根市）

早太郎、光前寺、駒ヶ岳

磐田見付《いわたみつけ》局（静岡・磐田市）

しっぺい太郎像、トンボ

娘を妖怪に差し出す伝説が各地にある。旅の僧が、妖怪たちが恐れていた犬を探し出し、犬が妖怪を退治するあらすじは同じだが、地域により犬の名前がしっぺい太郎、早太郎、べんべこ太郎などと違っているのがおもしろい。

石川駅前通《いしかわえきまえどおり》局（福島・石川町）

和泉式部と愛猫、北須川

和泉式部が手放した愛猫が主人を慕って啼《な》くうちに温泉を発見する。

加茂谷《かもだに》局（徳島・阿南市）

お松とさすり猫

夫の冤罪を憂いて死んだお松。飼い猫が化けて恨みを晴らす。

六ツ美《むつみ》局（愛知・岡崎市）

犬頭神社の犬、岡崎城

吠えて首をはねられながら、大蛇に食いつき城主を救った忠犬。

石巻大街道《いしのまきおおかいどう》局（宮城・石巻市）

エッちゃんとブク

ブクはさるとびエッちゃんの飼い犬で人間の言葉をしゃべる。

イオン松江ＳＣ内《いおんまつええすしーない》局（島根・松江市）

しまねっこ、松江城

島根県観光キャラクター。頭に大社造りの帽子をかぶっている。

三戸《さんのへ》局（青森・三戸町）

「11ぴきのねことぶた」から

馬場のぼるが昭和42(1967)年に生み出した絵本の猫たち。リーダーはとらねこたいしょう。

踊場駅前《おどりばえきまえ》局（神奈川・横浜市）

踊る猫、宝寿院の枝垂れ桜

醤油屋のトラは店の手拭いを持ち出し、夜ごと仲間と踊っていた。

北小川《きたおがわ》局（長野・小川村）

法衣を着た猫、法蔵寺猫塚

猫が和尚の法衣を借りて、動物たちに和尚の真似をして法話をした伝説が残る。

著名な犬

上野駅前《うえのえきまえ》局 (東京・台東区)

西郷隆盛像、上野駅、アメヤ横丁

ツン

上野《うえの》局 (東京・台東区)

西郷隆盛像、パンダ、国立博物館、旧寛永寺五重塔

渋谷神南《しぶやじんなん》局 (東京・渋谷区)

ハチ公像、代々木競技場

ハチ公

渋谷《しぶや》局 (東京・渋谷区)

ハチ公像、富士山

サーブ

名古屋桜《なごやさくら》局 (愛知・名古屋市)

名犬サーブ、長楽寺・盲導犬慰霊碑、桜

上野七《うえのなな》局 (東京・台東区)

西郷隆盛像

湖東東《ことうひがし》局

(滋賀・東近江市)

タロとジロ、探検の殿堂

タロとジロ

ツン…西郷隆盛お気に入りのメスの薩摩犬。いつもウサギ狩りに連れていた。

サーブ…スリップした車から主人を守り、左前脚を失ったシェパード。この事故がきっかけで、盲導犬にも自賠責保険が支払われるよう法改正された。

ハチ公 ……東大の上野英三郎教授の愛犬。氏の死後、植木職人の家に預けられてからも10年近く渋谷駅で教授の帰りを待ち続けたとされる。

タロとジロ…第一次南極観測隊で南極に渡り、第三次観測隊に救出された。探検の殿堂は第一次南極観測隊の越冬隊長を務めた西堀榮三郎の記念館。

祭り・民芸品の犬

湯沢前森町《ゆざわまえもりまち》局

(秋田・湯沢市)

犬っこ祭りの雪像、鳥海山

盗賊避けに戸口に米の粉で作った小さな犬を供えたのが始まり。

鶴枝《つるえ》局

(千葉・茂原市)

芝原人形・狆、ホオジロカンムリヅル、ヒメハルゼミ

浅草の今戸人形を元に、明治初期から芝原で作られ続けている。

中野松川《なかのまつかわ》局 (長野・中野市)

中野土人形・丸狆土びな

京都と三河、それぞれの職人に教わった二家が制作する。

岡山吉備津《おかやまきびつ》局 (岡山・岡山市)

吉備津狛犬、吉備津神社本殿

立つ犬、座る犬、鳥の3体が1組になったお守り。盗難火難避け。

奈良法華寺《ならほっけじ》局 (奈良・奈良市)

お守り犬、法華寺観音立像

光明皇后が自ら作り、無病息災を祈願して人々に授けたのが始まり。

大山《おおやま》局 (山形・鶴岡市)

大山犬祭り

しっぺい太郎同様、人身御供の娘を救った犬の昔話が祭りの由来。

装飾・民芸品の猫

日光本町《にっこうほんちょう》局
（栃木・日光市）
日光東照宮眠り猫、三猿

猫が眠りにつけるような平和な世を祈る意味が込められている。

米沢花沢《よねざわはなざわ》局（山形・米沢市）
相良人形「猫に蛸」

蛸は「多幸」、猫は「ネズミを追い払う」で縁起物の組み合わせ。

世田谷《せたがや》局（東京・世田谷区）
豪徳寺の招き猫、駒沢オリンピック公園、サギソウ

井伊直孝が猫に手招きされて寺内に入ったお陰で大雨と落雷を免れた伝説をもとに作成。タマという住職の愛猫だとされる。

豪徳寺駅前《ごうとくじえきまえ》局（東京・世田谷区）
豪徳寺、招き猫、モミジ

市井の犬・猫

市川国府台《いちかわこうのだい》局（千葉・市川市）
春の里見公園、辻切り

町田成瀬台《まちだなるせだい》局
（東京・町田市）
成瀬台中央公園、祭り

日野多摩平《ひのたまだいら》局
（東京・日野市）
彫刻かどで、黒川清流公園

小平仲町《こだいらなかまち》局（東京・小平市）
小平市民祭、アカシア通り

十和田大学前《とわだだいがくまえ》局
（青森・十和田市）
北里大学獣医学部校舎

※犬猫両方、描かれている。

平滝《ひらたき》局
（長野・栄村）
猫つぐら、ブナ林

宇部《うべ》局
（山口・宇部市）
彫刻の散歩道、南蛮音頭

中野サンクォーレ内《なかのさんくぉーれない》局
（東京・中野区）
江戸の犬屋敷を象徴した犬

意外と知らない地場産業

地域の産業は風景印になりやすい。なかでも伝統工芸品でなく、身のまわりで日常使っているものが、実はここで作られているんだ！ という発見がおもしろい。その由来がわかるとなおおもしろい！

服飾品

明治21（1888）年、白鳥出身の僧侶が駆け落ちし、大阪でメリヤス製の指なし手袋の縫製を始めた。これを従兄弟が引き継ぎ、東かがわ市に広めた。思いがけずドラマチックな由来が…。

白鳥《しろとり》局（香川・東かがわ市）

手袋、猪熊邸、ハクチョウ

松永は製塩が盛んで、塩を出荷する船の帰路に山陰のアブラギリを積み、それを材料に下駄を製造した。見かけは桐下駄に似て、格安の大衆下駄を量産し、終戦後が最盛期だった。

南松永《みなみまつなが》局（広島・福山市）

下駄、松永はきもの資料館

江戸後期から明治にかけて見附結城（綿織物）の産地として糸問屋、染色工場などが並んだ。昭和8（1933）年頃、職人が東京からニットの技術を持ち帰り、終戦直後に急速に発展した。

見附《みつけ》局（新潟・見附市）

織物、ニット、新田公園

藍玉の産地として河内木綿が集まったため、江戸中期に女性の内職として足袋生産が始まった。戦時下の生産統制や戦後の靴下普及で製造数は減少したが、毎年約200万足生産している。

鳴門斎田《なるとさいた》局（徳島・鳴門市）

足袋、わんわん凧

文具・スポーツ用品

豊臣秀吉に三木城を攻められ、近江に逃れた住民たちが大津そろばんの技術を習得。故郷に戻って家内工業として発展し、最盛期の昭和35（1960）年には年間360万丁を製造した。

小野《おの》局（兵庫・小野市）

播州そろばん、工具、鴨池

江戸後期、大工が広島のそろばんを手本に、この地方で採れるカシ、ウメ、ススタケを材料として作った。普及品の播州《ばんしゅう》そろばん、銀行などで使う品質の雲州《うんしゅう》そろばんとも言われる。

亀嵩《かめだけ》局（島根・奥出雲町）

雲州そろばん、鬼の舌震

御岳山系に良質で巨大な水晶鉱があり、印鑑を製造。ツゲ、水牛のツノなど他の印材での製造も発達した。「印章王国」として隆盛したが、近年の脱はんこの流れで、その行方は？

峡南《きょうなん》局（山梨・市川三郷町）

印章、峡南橋、神楽獅子

大正末期より、高い木工技術を活かしバットを生産。最盛期には10社以上を数え、プロ野球史に残る名選手たちもその技術を信頼した。現在も全国生産の約4割を占める知られざるバット産地。

福光《ふくみつ》局（富山・南砺市）

バット、スキー、干し柿

繊維製品

明治27（1894）年に綿ネル機械を改造し、タオル製造を開始。大正13（1924）年頃には高級なジャカード織りの今治タオルを生産するようになった。現在も、質量共に日本一を誇る。

今治蒼社《いまばりそうしゃ》局（愛媛・今治市）

タオル、来島海峡大橋

木綿の集散地だった江戸時代に繊維産業が発達。明治以降は毛布が軍需で特産品となり、一気に生産が拡大した。現在でも全国約9割のシェアを占める毛布王国。

泉大津《いずみおおつ》局（大阪・泉大津市）

毛布、緬羊像、泉大津大橋

燃料

紀伊国田辺の商人・備中《びっちゅう》屋長左衛門《やちょうざえもん》が、ウバメガシを材料に製造・販売を始めたことから「備長炭」の名が付いた。長時間燃焼し、炎や燻煙も出にくく調理に向いている。

清川《きよかわ》局（和歌山・みなべ町）

紀州備長炭、炭焼の窯出し

原料の麻の栽培地だったことからカイロ灰の生産が発達したが、需要減少につき灰を使うカイロは衰退。現在は鉄粉を利用した携帯カイロに移行して、当地の産業として根付いている。

吹上《ふきあげ》局（栃木・栃木市）

カイロ灰、吹上大根

建築

主原料の石灰石鉱山と工場がある。新しい建築用材の開発と発展に伴い、セメント自体の需要は減少しているが、日本各地で鉱物資源の鉱山が閉山するなかで、いまだ現役。

葛生《くずう》局（栃木・佐野市）

セメント袋、石灰山、工場

尾張の指物師《さしものし》がこの地を訪れ、村人に技を教えたのが建具作りの始まりで、約350年の歴史を有する。加工した木を、釘を一切使わずに組み込む「組子《くみこ》」で見事な幾何学模様を作り出す。

田鶴浜《たつるはま》局（石川・七尾市）

建具、東嶺寺山門

肥後表《ひごおもて》は永正2（1505）年、八代地方の領主が自らイ草を植え、農民に栽培を奨励した。現在、県下18市町村で栽培し、全国生産量の約9割を占める。丈夫な畳表と定評がある。

鏡《かがみ》局（熊本・八代市）

畳表、鮒取り神事

生活用品

円山川《まるやまがわ》の湿地帯に杞柳《きりゅう》が自生し、江戸時代には豊岡藩の独占品として柳《やなぎ》行李《ごうり》の生産が盛んになった。その技術がかばん作りに引き継がれ、全国生産の80％を占めている。

豊岡千代田《とよおかちよだ》局（兵庫・豊岡市）

かばん、コウノトリ

伊予竹《いよだけ》、土佐紙《とさがみ》など材料すべてが近隣でそろい、江戸初期までに技術が確立。丸亀藩士の内職にうちわ作りを奨励し、基盤を築いた。今では国内シェア9割に上る年間1億本以上を生産。

丸亀《まるがめ》局（香川・丸亀市）

うちわ、丸亀城、瀬戸大橋

安曇川の堤防代わりに植えた竹で、農閑期の副業として扇骨《せんこつ》作りを開始。実用的な夏扇子から、京の舞扇子まで全国の9割を占める。扇骨を砂利の上に干す「白干《しらぼ》し」は町の風物詩。

安曇川古賀《あどがわこが》局（滋賀・高島市）

高島扇骨、安曇川、釣り人

全国の奇祭

各地のちょっと変わった祭りが見つかるのも風景印ならでは。

奪い合ったりぶっかけたり勇壮なものが多いのは、発散したい人々の気持ちの表れかも。

汚す・ぶっかける

４人の男があぜ豆を植える仕草をおもしろおかしく演じ、やがて互いに突き飛ばしたり、投げ合ったりドタバタ劇となる。時には神官や観客が連れ込まれるハプニングも。

城川《しろかわ》局（愛媛・西予市）
どろんこ祭り、三滝城址

「どろんこ祭り」として知られ、満1歳未満の幼児を抱え、神田で額に泥を塗ってもらうと厄除けになる。騎馬戦、泥投げと続き、観衆にも泥が飛んでくるので要注意。

四街道《よつかいどう》局（千葉・四街道市）
和良比はだか祭り、エノキ

仮面神「メンドン」は竹かごを逆さにし、小さく割った大名竹で顔を作る。逃げ回る人々の顔に鍋釜のススを塗りまくり、塗られた人は1年間無病息災で過ごせるという。

利永《としなが》局（鹿児島・指宿市）
メンドン、琉球人傘踊り、開聞岳

祭りの前日、神田で採れた米を使った麹で甘酒を仕込む。神事が済むと、神殿から身を清めた裸の男たちが甘酒と強飯《こわいい》の桶を持って走り出し、見物人のいる境内へ勢いよくまき散らす。

一宮丹陽《いちのみやたんよう》局（愛知・一宮市）
甘酒祭、一宮インターチェンジ

重い荷を運ぶ

昔、隣の本宮山《ほんぐうさん》との「背くらべ」に負けた尾張富士の祭神は、村人に山を高くするよう命じたという。今は家族、友人などのグループが大小さまざまな石を山頂に担いで運ぶ。一石300円から。

犬山羽黒《いぬやまはぐろ》局（愛知・犬山市）
石上げ祭、犬山城、温泉

江戸時代の相川金銀山《あいかわきんぎんざん》の道中音頭がルーツ。保存会も解散していたが、近年復活した。重いもので120kgの地蔵を縄で背中に縛り付けた男衆3人が、はっぴ姿の女性らとともに踊る。

真野《まの》局（新潟・佐渡市）
地蔵背負い踊り、妙宣寺五重塔、真野湾

争奪戦

室町時代に始まったとされる九州三大祭のひとつ。祓い清めた陰陽2つの木玉のうち、陽の玉は裸に締め込み姿の競り子たちが奪い合い、この玉に触れると幸運を授かると言われる。

福岡筥松《ふくおかはこまつ》局（福岡・福岡市）
玉せせり、筥崎宮

拝殿の高さ6mの天井に吊るされた5つの大きな花笠を、人梯子を組んで奪い合う。この花を持ち帰ると、豊蚕、豊作、家内安全、商売繁盛になると言われる。

北濃《ほくのう》局（岐阜・郡上市）
花奪い祭り、阿弥陀ヶ滝

勝負

大の大人が太さ15cm、長さ70mの大綱を引っ張り合う。神社を中心にして浜方が勝てば大漁、山方が勝てば豊作とされる。男たちの角力大会もあり、土俵には昨年綱引きした綱を使う。

堀松《ほりまつ》局（石川・志賀町）
堀松綱引き祭

競馬の一種であるばんえい競馬がルーツ。予選で300kg、決勝で500kgの丸太を積んだソリを人間が引く。コースは全長80m（途中2か所に高さ1.2mの障害あり）。優勝賞金も出る。

置戸《おけと》局（北海道・置戸町）
人間ばん馬、エゾシカ

戦国時代の兵士や腰元に扮した人間が巨大な将棋の駒となり、将棋盤を模した戦場で戦う。指揮はプロ棋士・女流棋士が務める。豊臣秀吉が「将棋野試合」を行った故事が由来。

天童北久野本《てんどうきたくのもと》局（山形・天童市）
人間将棋、天童温泉

新婚を祝う

前年に地区の娘を娶《めと》った新郎を、村の男衆が胴上げした後に、高さ約5mの崖から積雪の中に高く放り投げる。この後、注連縄や正月飾りなどを燃やし、残った墨を互いの顔に塗り合う。

松之山《まつのやま》局（新潟・十日町市）
婿投げ、墨塗り、鷹の湯

前年に結ばれた新郎新婦を祝福する。「樽《たる》せり」では、花婿を含む氏子たちが神社前の神池でもみ合ううちに割られた樽の一片を手にした者が神棚に供え、五穀豊穣と開運を祈願する。

春日野《かすがの》局（福岡・春日市）
春日婿押し祭り

この地域の嫁入りは夕方から夜にかけて提灯を下げて行列し、かつては遠くに灯る狐火と平行して見えたという。現在はこの伝承を元に、新郎新婦をキツネ装束の行列で祝うイベントを実施。

津川《つがわ》局（新潟・阿賀町）
キツネの嫁入り

捧げもの

山車の一種で、正方形の巨大な布団を逆ピラミッド型に積む。江戸中期、神輿で巡幸する道中、休憩所であるお旅所で神様に、庶民にとっては貴重品の布団で休んでもらったことが元になっている。

茨木福井《いばらきふくい》局（大阪・茨木市）
ふとん太鼓祭り

若者が赤飯の入ったお櫃《ひつ》を池の中央に沈める。平安末期、池の龍となった名僧を供養するため法然上人が赤飯入りのお櫃を納めたことが由来。数日後には空になって再び浮いてくる。

佐倉《さくら》局（静岡・御前崎市）
桜ケ池お櫃納め、桜

笑う

白塗りの頬に赤で「笑」の文字を施し、「笑え笑え、永楽じゃ、世は楽じゃ」と町を練り歩く。その昔、集まりに寝坊をした神様を村人たちが「笑え、笑え」と元気付けたのが始まり。

丹生《にう》局（和歌山・日高川町）
笑い祭、日高川

紋付き袴で正装した講員たちが、榊《さかき》を手に「ワーハッハッハッ」と3回笑い合う。収穫の感謝と来年の豊作を祈り、1年の憂さを豪快に笑い飛ばすことが目的。

大道《だいどう》局（山口・防府市）
笑い講、華北山、稲穂

気になる風景印たち and more

鉄道図案はやはり人気が高く、風景印好きの鉄道ファンも多い。
その他、ここまで紹介しきれなかった気になる風景印を総まくり。

鉄道

新幹線

平成28(2016)年、ついに北海道までつながった新幹線。風景印ならシャープな最新車両から昭和の愛され車両0系までそろう。

路面電車

家並みの間を抜けて進む路面電車は独特の味わいがある。日本全国の路面電車をめぐって風景印を集めるのもいいかも。

SL

やはり絵になるクラシックなSL。廃止して保存展示する列車が多いなかで、五和局の大井川鉄道は、いまだ現役。

函南《かんなみ》局
(静岡・函南町)
新幹線、新丹那トンネル、柏谷横穴群、富士山

豊橋市役所前《とよはししやくしょまえ》局
(愛知・豊橋市)
豊橋鉄道路面電車、ロマネスク様式の豊橋公会堂

港波除《みなとなみよけ》局
(大阪・大阪市)
義経号、波除山跡碑、桜、環状線の線路図

摂津《せっつ》局
(大阪・摂津市)
JR東海道・山陽新幹線鳥飼基地

函館堀川《はこだてほりかわ》局
(北海道・函館市)
市電、石川啄木座像、イカ、函館山

釧路愛国《くしろあいこく》局
(北海道・釧路市)
旧雄別炭砿鉄道蒸気機関車、釧路湿原、雌阿寒岳、雄阿寒岳

新函館北斗駅前《しんはこだてほくとえきまえ》局
(北海道・北斗市)
北海道新幹線H5、新函館北斗駅、シダレザクラ、駒ヶ岳

熊本城東《くまもとじょうとう》局
(熊本・熊本市)
市電、熊本城天守

五和《ごか》局
(静岡・島田市)
大井川鉄道SL、茶摘み、志戸呂焼壺の変形

ちょっとダークな？風景印たち

平和な風景印にこんな図案が？　ちょっと驚きつつ、風景印の懐の深さに感心してしまう。

美和《みわ》局(長野・伊那市)
美和ダム、孝行猿、南アルプス林道

猟師に撃たれて吊るされた母猿を必死に看病する子猿たち。たしかにいい話なんだけど、絵面がちと残酷…。

千厩《せんまや》局(岩手・一関市)
天然記念物・夫婦石、源義経の愛馬・大夫黒

図案上部は御影石の自然石を祀っている。男根信仰は全国に意外と存在するけれど、あえて図案にした勇気に敬服。

川奈《かわな》局(静岡・伊東市)
イルカ、漁船、川奈湾からの伊豆七島

この地域では昭和50年代までイルカは漁の対象だった。今聞くと衝撃だが、食糧難の戦中戦後には貴重な栄養源だったのだ。

吹上《ふきあげ》局(栃木・栃木市)
大麻の葉、カイロ灰、吹上大根、伊吹山

左に見える葉っぱは、なんと「大麻」。と言ってもロープなど繊維製品の原料として生産しているのだけど、一瞬ギョッとなる。

こんなものも風景印に

■からくり人形

上志佐《かみしさ》局（長崎・松浦市）

志佐川のアユ釣り、国見山

■隕石落下記念碑

越後吉田《えちごよしだ》局（新潟・燕市）

ヒマラヤスギ、弥彦山

■サンドクラフト

浜口《はまぐち》局（秋田・三種町）

釜谷浜海水浴場

■古代人の髪型・みづら

藤沢《ふじさわ》局（茨城・土浦市）

古代人の住居、筑波山

■子どもの乗物

新郷《しんごう》局（青森・新郷村）

間木ノ平グリーンパーク、戸来岳

■ゾウのすべり台

札幌北二十六条《さっぽろきたにじゅうろくじょう》局
（北海道・札幌市）

石狩新道、北光緑地ウォーターパーク

■蓄音機とレコード盤

雪浦《ゆきのうら》局（長崎・西海市）

つがね落としの滝、角力灘の夕景

■ニホンオオカミの像

小川《おがわ》局（奈良・東吉野村）

高見川、吉野杉

■チンドンマン

富山越前町《とやまえちぜんまち》局（富山・富山市）

富山城、立山連峰

■ストーンサークル

大湯《おおゆ》局（秋田・鹿角市）

大湯温泉、黒森山スキー場

■サボテン

春日井駅前《かすがいえきまえ》局
（愛知・春日井市）

春日井市のサボテンキャラクター

■けん玉

羽前長沼《うぜんながぬま》局（山形・鶴岡市）

長沼八幡神社、夏祭で大会を行なうけん玉

■ビーチバレー

泊《とまり》局（富山・朝日町）

ビーチボール競技誕生の町記念塔、宮崎海岸、不動堂遺跡

■ゲートボール

美生《びせい》局（北海道・芽室町）

芽室町ふるさと歴史館、ジャガイモの花、日高山脈

■洗濯

湯村《ゆむら》局（兵庫・新温泉町）

温泉の源泉・荒湯、川端の洗濯

■のれん

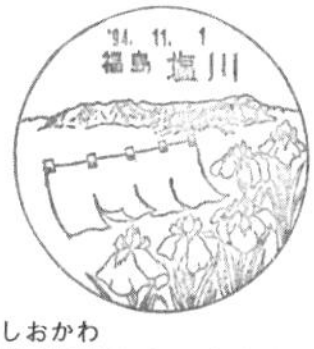

塩川《しおかわ》局（福島・喜多方市）

ハナショウブ、飯盛山

■ローラースライダー

富士見《ふじみ》局（群馬・前橋市）

あかぎ木の家

■西遊記

礼拝《らいはい》局（新潟・柏崎市）

西山ふるさと公苑・西遊館、淮音亭

■テレビ

浜松橋羽《はままつはしわ》局（静岡・浜松市）

テレビの父・高柳健次郎が送信した「イ」の文字、法橋の松

■カーリング

常呂《ところ》局（北海道・北見市）

カーリング、ホタテ貝の変形

タイムスリップ東海道五拾三次

・・・

歌川広重の傑作浮世絵「東海道五拾三次」は、昭和の切手ブームも牽引した人気シリーズ。江戸後期（約190年前）の浮世絵と現在の風景印を対比させながら、時空旅に出かけよう。

❶日本橋

日本橋南《にほんばしみなみ》局（東京・中央区）

日本橋、獅子

●旅の初日は日本橋から戸塚まで

旅の始まりは明け方4時頃の❶「日本橋」から。今は豊洲《とよす》にある魚河岸が、当時は日本橋の北詰《きたづめ》にあった。日本橋を描いた風景印は4局存在。頭上に高速が架かった日本橋南局との対比もいいが、広重の絵には魚を仕入れた棒手振りらがいるので、「魚河岸発祥の地碑」を題材にした日本橋室町局とのマッチングもある。

❷「品川」は浮世絵と対応する印がない。でも品川局は旅人が道中安全を願った品川寺《ほんせんじ》の江戸六地蔵を描いているので、旅の気分は伝わる。日本橋を夜明け前に出立すると、品川で日の出を迎える。❶に大名行列の先頭、❷に大名行列の最後尾がいるので、2枚の絵は続き絵なのかもしれないし、まったく別の行列かもしれない。そんな解釈の余地を残すところに、広重の遊び心を感じる。

❶日本橋

日本橋室町《にほんばしむろまち》局
（東京・中央区）

日本橋魚市場発祥の地碑、ツツジ、五角形の変形

❷品川

品川《しながわ》局
（東京・品川区）

品川寺の江戸六地蔵、品川神社、大井ふ頭

❸川崎

川崎大師《かわさきだいし》局
（神奈川・川崎市）

弘法大師道標、富士山、市花・ツツジ

❹神奈川

横浜西神奈川《よこはまにしかながわ》局
（神奈川・横浜市）

広重「東海道五十三次・神奈川」、みなとみらい21

⑤保土ヶ谷

保土ヶ谷《ほどがや》局
（神奈川・横浜市）
保土ヶ谷球場、
新保土ヶ谷インターチェンジ

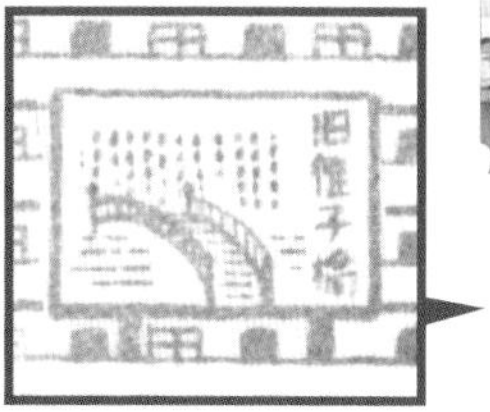

街の案内板

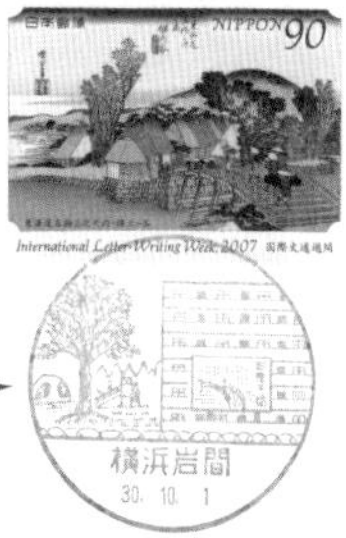

横浜岩間《よこはまいわま》局
（神奈川・横浜市）
天王町公園、団地

⑥戸塚

踊場駅前《おどりばえきまえ》局
（神奈川・横浜市）
宝寿院の枝垂れ桜、踊る猫、
区シンボルマーク

❸「川崎」の六郷《ろくごう》の渡《わた》しは川崎大師へ厄除け参りをする人たちも利用した。川崎大師局の道標は「左へ行くと川崎大師」と示しており、万年屋という茶飯屋の前にあった。

❹「神奈川」で、いよいよ広重の絵を取り込んだ風景印に遭遇。横浜西神奈川局は江戸時代と現代の景色を対比させており、切手と合わせると美しさが際立つ。

❺「保土ヶ谷《ほどがや》」に来た。その名も保土ヶ谷局の風景印は野球場とインターチェンジで、浮世絵とはかけ離れている。そこで少しでもマッチする図案がないか、周辺の局を探す。すると横浜岩間局に街の案内板のようなものがあり、その中に小さく広重も描いた木造の帷《かた》子橋《びらばし》が！　探すのがたいへんなぶん、見つけた時の喜びは倍増。

❻「戸塚」は風景印過疎地帯。踊場駅前局の踊る猫は戸塚宿を賑わせた遊女の比喩ともいわれ、夜毎こんな狂態が繰り広げられていたのかなと想像すると楽しい。朝に日本橋を出発した旅人は、多くが戸塚宿で最初の宿泊をしたようで、距離にして約49・8㎞。これにて旅の第1日は無事終了。

●風景印をよく見ると浮世絵にいない人物が…

❼「藤沢」には広重の絵を取り込んだ風景印が3局ある。でも待てよ、よく見比べると鳥居脇の4人の旅人は原画にはいないではないか。あなた方は誰？　そこで藤沢本町局の、私と同じ名字の古澤智恵子局長に電話すると、わざわざ風景印を作った先代局長に確認してくれた。風景印の図案を考える時、地方郵政局（当時）の担当者から「浮世絵そのままでなく、何か足したほうがいい」とアドバイスされ、付け加えたのだとか。これでスッキリ。

平塚富士見局の左上のサギも絵になじんでいるが、❽「平塚」の原画には飛んでいない。大正期、同地区の海軍火

⑦ 藤沢

4人の旅人

藤沢本町《ふじさわほんまち》局
(神奈川・藤沢市)

広重「東海道五十三次・藤沢」、「昔話のある町」看板

⑧ 平塚

平塚富士見《ひらつかふじみ》局
(神奈川・平塚市)

広重「東海道五十三次・平塚」、白鷺塚、北原白秋歌碑、シラサギ

⑨ 大磯

大磯《おおいそ》局
(神奈川・大磯町)

鴫立庵、大磯海岸、高麗山

薬廠《しょう》の敷地内に棲みついたシラサギが台風で大量死したのが由来で、右上はその供養に建てた白鷺塚の歌碑。

❾「大磯」に描かれた左の海岸線は西行法師が「鴫立沢《しぎたつさわ》」と詠んだ場所。大磯局図案の俳諧道場が「鴫立庵《あん》」という名前なのは、この故事から来ており、一見マッチングしていないようでしている通好みの組み合わせ。

❿「小田原」については小田原鴨宮局が広重の箱根山と手前の木だけを控えめに引用している。ところでこの浮世絵、酒《さか》匂《わ》川《がわ》だけを描いているのかというと、箱根山のふもとに小さく小田原城も見える。なので小田原城メインの小田原局も隠れマッチング成立なのだ。

●「由井」と「奥津」のねじれ現象

気になる印が多過ぎて、つい寄り道をしてしまうのは旅の常。少し飛ばして駿河(静岡)に入ろう。

⑩ 小田原

浮世絵に描かれた小田原城

小田原鴨宮《おだわらかものみや》局
(神奈川・小田原市)

「東海道五十三次」のイメージ・箱根山、東海道新幹線、だるま自転車

小田原《おだわら》局
(神奈川・小田原市)

小田原城天守閣、ウメ

⑪ 箱根

箱根町《はこねまち》局
(神奈川・箱根町)

芦ノ湖、富士山

⑫ 三島

三島中央町《みしまちゅうおうちょう》局
（静岡・三島市）

宿場灯籠、富士山、湧水

⑬ 沼津

沼津大岡《ぬまづおおおか》局
（静岡・沼津市）

広重「東海道五十三次･沼津」、富士山

⑭ 原

沼津西《ぬまづにし》局
（静岡・沼津市）

広重「東海道五十三次・原」の富士山、茶摘み、白隠禅師墓所

⑮ 吉原

吉原中央町《よしわらちゅうおうちょう》局
（静岡・富士市）

左富士の松、田子の浦港、新幹線

沼津大岡局は⑬「沼津」を引用しているけど、間違い探しのように月を富士山に替えている。浮世絵からは宵闇が落ちたなか、沼津宿の灯りが見えてホッとした旅人たちの気持ちも伝わってくる。それを富士山にすると、昼の景色になってしまって、ちょっと意味合いが変わるような…。でも、好きな印。

沼津西局はオリジナルの風景印のように見えて、富士山と隣の愛鷹山《あしたかやま》で⑭「原」を取り込んでいる。意識しないと気づかないくらいナチュラルな引用。広重が山頂を枠からはみ出させたのに合わせて、風景印も枠からはみ出すとおもしろかったかも。⑮「吉原」は道中、左に富士山が見える数少ないポイント。吉原中央町局は意図的に「左富士」に描いている。

蒲原局の風景印は昭和35（1960）年9月、あきらかに⑯「蒲原」の切手発行に合わせて使用開始しているのに、まったく広重に寄せてない図案。どんな意図があったのやら。

⑯ 蒲原

蒲原《かんばら》局
（静岡・静岡市）

富士山、アルミ工場、ミカン、サクラエビ

⑰ 由井

興津《おきつ》局
（静岡・静岡市）

薩埵峠からの富士山

由比《ゆい》局
（静岡・静岡市）

薩埵峠からの富士山、サクラエビ、ビワ

⑱ 奥津

小島《おじま》局
（静岡・静岡市）

興津川のアユ釣り、立花橋、富士山

⑲ 江尻

しみず
清水《しみず》局
（静岡・静岡市）

清水港、ミカン、茶の花、富士山

⑳ 府中

静岡伝馬《しずおかてんま》局
（静岡・静岡市）

府中宿伝馬町、富士山

㉑ 鞠子

静岡丸子《しずおかまりこ》局
（静岡・静岡市）

広重「東海道五十三次・鞠子」より

㉒ 岡部

岡部《おかべ》局
（静岡・藤枝《ふじえだ》市）

蔦の細道、笠懸けの松、茶壺

次は、風景印的には道中最大の難所。⑰「由井」⑱「奥津」と宿場は続くけど、風景印を見ると由比局も興津局もよく似た構図。これは一体…。実は富士山の絶景が見える薩埵峠《さったとうげ》は両宿の中間にあり、両局が題材にしたがったようなのだ。その結果、興津局は由井宿の切手に押したほうがマッチするというねじれ現象が起きてしまったのだが、さて、あなたならどう押す?

●道の中央に置かれている真ん丸な石に注目

飛んで静岡丸子局は㉑「鞠子《まりこ》」の中心部をアップで採用。茶屋で名物とろろ汁に舌鼓を打つふたりは「東海道中膝栗毛」の弥次さん喜多さんがモデルという説が有力。ただし物語の中では、茶屋の主人と女将がけんか中でとろろ汁を食べられなかったため、広重は絵のなかで食べさせてあげたのかなと想像する。

㉓ 藤枝

藤枝前島《ふじえだまえじま》局
（静岡・藤枝市）

藤枝宿の松並木、富士山、市花・フジ、飛脚

㉔ 島田

島田《しまだ》局
（静岡・島田市）

大井川、輦台越、大井川橋

㉕ 金谷

島田《しまだ》みなみ局
（静岡・島田市）

大井川、輦台越、蓬莱橋、富士山

㉖ 日坂

日坂《にっさか》局
（静岡・掛川《かけがわ》市）

小夜の中山夜泣き石、中山峠

㉗ 掛川

大須賀《おおすか》局
（静岡・掛川市）

横須賀城址碑、三社祭礼囃子、横須賀凧

㉘ 袋井

袋井可睡口《ふくろいかすいぐち》局
（静岡・袋井市）

可睡斎護国塔、天狗のうちわ、ボタン

㉙ 見附

池田《いけだ》局
（静岡・磐田市）

熊野の長藤、新天竜川橋

㉚ 浜松

浜松野口《はままつのぐち》局
（静岡・浜松市）

浜松まつり野口町凧印、浜松城、ざざんざの松

㉖「日坂」の道の中央にある真ん丸な石は夜な夜な泣き声を上げたと言われる「夜泣き石」。日坂局の祠《ほこら》に祀られているのがまさにこの石で、190年の経過を感じさせる。㉗「掛川」は空に揚がる凧がアクセント。遠州は戦で敵の陣地の測量や通信手段などに用いたため凧が盛んで、大須賀局は横須賀凧という凧を描いている。

㉚「浜松」は右奥に浜松城が見え、その手前に足利義教《あしかがよしのり》が名づけた「ざざんざの松」。浜松野口局がズバリ、ざざんざの松と浜松城を題材にしている。浜松領家局はほぼ同図案なのに、こちらの松林は「中田島砂丘の松」だというからおもしろい。㉜「荒井」と新居局の風景印は一見アンマッチに見えるが、広重の絵の向こう岸に建つ大きな建物は、厳重な取り締まりで有名だった荒井の関所。風景印の建物がその関所なのだ。ただし広重が描いた関所は嘉永7（1854）年の大地震で倒壊し、風景印は再建した建物。

㉚ 浜松

浜松領家《はままつりょうけ》局
（静岡・浜松市）

浜松まつり領家町凧印、浜松城、中田島砂丘の松林

㉛ 舞阪

浜松村櫛《はままつむらくし》局
（静岡・浜松市）

浜名湖大橋、潮干狩り

㉜ 荒井

新居《あらい》局
（静岡・湖西《こさい》市）

新居関所跡、浜名の長橋、マツ

浮世絵に描かれた荒井の関所

㉝ 白須賀

白須賀《しらすか》局
（静岡・湖西市）

旧東海道潮見坂、白須賀宿の火防樹・ホソバの木

㉞ 二川

二川《ふたがわ》局
（愛知・豊橋《とよはし》市）

二川宿本陣、市花・ツツジ

㉟ 吉田

豊橋下地《とよはしもじ》局
（愛知・豊橋市）

吉田城、吉田大橋、豊川

㊱ 御油

御油《ごゆ》局
（愛知・豊川《とよかわ》市）

御油宿、松並木

●浮世絵に描かれたソテツが今も健在！

三河（愛知）に入った。㊱「御油」と㊲「赤阪」は1・6㎞しか離れておらず、共に遊女の多い遊興の宿場。御油局は今も残る連子格子《れんじこうし》の家並みや松並木を題材にしている。「赤阪」のモデルは鯉《こい》屋《や》という旅籠で、音羽局に描かれている大橋屋がかつての鯉屋。風景印のソテツも大橋屋にあったソテツと言われ（諸説あり）、浮世絵のソテツが190年後も生きていて、風景印になっているのかと思うと感慨深いものがある。

藤川局の風景印は江戸時代の榜示杭《ぼうじくい》と関札《せきふだ》を再現したもので、㊳「藤川」を参考にしている。こんなふうに広重が描いてくれていたお陰で現代に再現できたものは各地に存在し、広重は江戸と今をつないでくれている。

㊴「岡崎」は、矢矧橋《やはぎばし》と徳川家康生誕の岡崎城。矢矧橋は欄干《らんかん》の擬宝珠《ぎぼし》が有名だったが、広重は省略している。

㊲ 赤阪

音羽《おとわ》局
（愛知・豊川市）

大橋屋、東名音羽蒲郡インターチェンジ

㊳ 藤川

藤川《ふじかわ》局
（愛知・岡崎市）

藤川宿の棒鼻、歌川豊廣歌碑、むらさき麦

㊴ 岡崎

浮世絵に描かれた橋には擬宝珠がない

岡崎《おかざき》局
（愛知・岡崎市）

岡崎城、擬宝珠

40 池鯉鮒

知立本町《ちりゅうほんまち》局
（愛知・知立市）
知立神社多宝塔、カキツバタ

41 鳴海

名古屋有松《なごやありまつ》局
（愛知・名古屋市）
有松絞り、有松の街並み

名古屋鳴海《なごやなるみ》局
（愛知・名古屋市）
広重「東海道五十三次・鳴海」

緑《みどり》局
（愛知・名古屋市）
広重「東海道五十三次・鳴海」

その擬宝珠をクローズアップした岡崎局をあえて合わせるのもおもしろい。

41「鳴海《なるみ》」は広重を採用した緑局などの風景印もあるが、実は浮世絵の場所は鳴海宿の一里手前にある、有松《ありまつ》絞《しぼ》りで有名な有松村。なので名古屋有松局も適している。

42「宮《みや》」とは熱田神宮のこと。名古屋熱田神宮西局の鳥居が浮世絵と同じような構図なのは広重へのリスペクト？かつては毎年5月5日に「馬の塔《とう》」という神事が開催され、村人たちは馬を走らせて、一緒に走る長さや勇敢さを競った。馬の塔は熱田神宮では廃止されたが、愛知県の各地で現在「おまんと」として受け継がれているため、西尾市の平坂局ともマッチする。

宮から43「桑名《くわな》」へは海上を舟で渡る。三方を海に囲まれた桑名城が壮観で、桑名八幡局はこの絵を採用している。ついに伊賀（三重）までやって来た。

鈴鹿石薬師局の風景印は一枚の絵のようにまとまっていながら、右半分は

42 宮

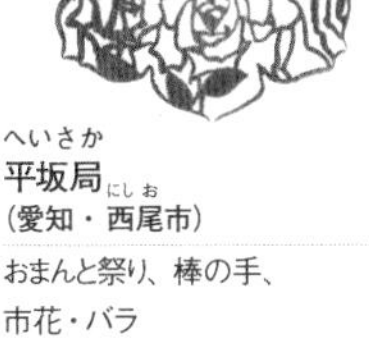

平坂《へいさか》局
（愛知・西尾《にしお》市）
おまんと祭り、棒の手、市花・バラ

名古屋熱田神宮西《なごやあつたじんぐうにし》局
（愛知・名古屋市）
熱田神宮本殿、鳥居

43 桑名

桑名八幡《くわなはちまん》局
（三重・桑名市）
広重「東海道五十三次・桑名」より

44 四日市

四日市追分《よっかいちおいわけ》局
（三重・四日市市）
日永の追分、道標、常夜灯、鳥居

45 石薬師

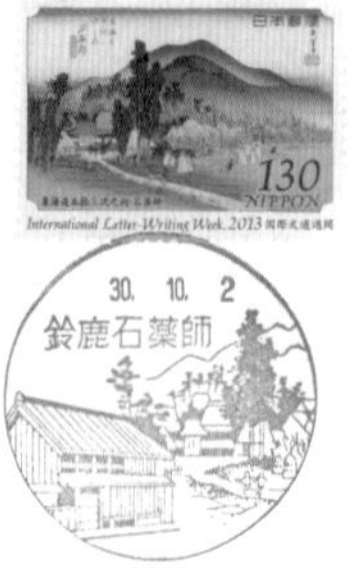

鈴鹿石薬師《すずかいしやくし》局
（三重・鈴鹿市）

広重「東海道五十三次・石薬師」より、佐々木信綱生家

46 庄野

鈴鹿庄野《すずかしょうの》局
（三重・鈴鹿市）

広重「東海道五十三次·庄野」より、庄野宿本陣跡碑

47 亀山

亀山《かめやま》局
（三重・亀山市）

亀山城址、慈恩寺の阿弥陀如来立像、納涼大会の花火

48 関

関《せき》局
（三重・亀山市）

羽黒山、関地蔵院本堂

45「石薬師《いしやくし》」から採っている。道の突き当たりに山門があるのが石薬師寺。

●広重と北斎、奇跡のコラボの真相は？

坂下局は49「阪之下《さかのした》」に素朴な歌詞を重ねている。これは山道で歌った馬子唄で、もしかしたら画面下の坂道を上って来た人が歌っているのかな（引いているのは牛だけど）と想像させて、詩情を覚える好きな風景印。阪之下は日が照って鈴《すず》鹿《か》は曇ると唄われたように、46庄野（鈴鹿）の浮世絵は雨が降っている。

さて、ゴールも近くなった53「草津」で問題発生。草津局図案の上部はカタログでは「葛飾北斎の軸物」と書かれており、文通週間切手と合わせると広重と北斎の究極のコラボが完成するはず。ところが北斎の絵がいくら調べてもわからない。そこで草津宿街道交流館に問い合わせたところ、学芸員さんから丁寧なお返事をいただいた。掛軸にす

49 阪之下

坂下《さかした》局
（三重・亀山市）

広重「東海道五十三次・阪之下」、鈴鹿馬子唄の歌詞

50 土山

土山《つちやま》局
（滋賀・甲賀《こうが》市）

旧東海道の松並木、鈴鹿峠の万人講常夜燈

51 水口

水口《みなくち》局
（滋賀・甲賀市）

大岡寺の千手観音、壺

52 石部

石部《いしべ》局
（滋賀・湖南《こなん》市）

常楽寺本堂、三重塔

(55) 京師

きょうとちおんいんまえ
京都知恩院前局
（京都・京都市）

知恩院の三門

きょうとさんじょうおおはし
京都三条大橋局
（京都・京都市）

広重「東海道五十三次・京師」

(54) 大津

おおつちゅうおう
大津中央局
（滋賀・大津市）

大津絵、瀬田の唐橋、竹生島、フナ、アユ

(53) 草津

くさつ
草津局
（滋賀・草津市）

草津宿旧本陣

るような北斎の肉筆画は草津には（彼らが知る限り）存在せず。タッチが北斎っぽくないので、草津を描いた他の絵師の浮世絵も探してみたけれど該当するようなものは見つけられなかったとのこと。お手を煩わせたが、学芸員さんが風景印に興味を持ってくれたのが何より。もし真相をご存じの方がいれば、ご教示願いたい。

(55)「京師（けいし）」。京都三条大橋局の風景印は平成28（2016）年に広重の絵を引用した図案に変わり、マッチング度が増した。でも原画をよーく見ると、対岸の山中には清水寺、ふもとには八坂の塔、左には知恩院も見え、それらを図案にした京都知恩院前局などとマッチングさせるとうんちく好きにはいいかも。…ということで、日本橋を出発し、約495㎞にわたった東海道の時空旅もとうとうゴール。私もいつかは、55種類の切手をかばんに忍ばせ、風景印を集めながら実際に東海道を歩いてみたいな…と夢想している。

こんなところにも弥次さん喜多さん？

広重が本シリーズを描いた天保4（1833）年より早く東海道ブームを巻き起こしたのが、十返舎一九（じっぺんしゃいっく）の「東海道中膝栗毛」（1802年スタート）。広重もリスペクトしていたようで、弥次さん喜多さんらしき人物を描いているのは「鞠子」で書いたが、もう1点そうではないか？と思わせる絵がある。「阪之下」の画面左に見える岩根山は室町時代に絵師の狩野元信（かのうもとのぶ）がうまく描けず筆を捨てたため筆捨山（ふですてやま）と呼ばれる。ところが崖の淵に、「俺なら描けるぜ」とばかりに煙管を吹かす男と山を見上げる相方。こののん気さ、なんだか弥次喜多っぽいではないか。

『東海道五拾三次 鞠子・名物茶店』
（国立国会図書館蔵）

『東海道五拾三次 阪之下・筆捨嶺』
（国立国会図書館蔵）

あとがき

ここに一枚の風景印官白があります。

局名は東京の向島局、日付は昭和57（1982）年3月16日。小学5年生の私が地元で押してもらった人生初の風景印です。もう失くしたものとばかり思っていましたが、数年前に段ボール箱の奥から発掘しました。この出逢いが好運だったのか悪運だったのか定かではありませんが、まさか40年も続く趣味になろうとは、我ながら驚きです。

高校生になると、ご多聞に洩れずよその世界に興味が広がり、いったんは風景印と離れますが、30代になって真の面白さに目覚めたのは「風景印さんぽ」の項で書いた通りです。

風景印に出逢わなければ行くことのなかった場所、見ることのなかった景色、することもなかった体験。学校での勉強はてんで身に着かなかったのに、風景印を通して経験したことは忘れないのだから不思議なものです。中年になって「勉強の楽しさ」を味わえたのをはじめ、この直径36ミリの消印はさまざまな意味で私の世界を広げてくれました。

そんな醍醐味を、ぜひ多くの方に知っていただきたいと、作ったのがこの本です。これまでイベントに参加すると、お客さんから「風景印に興味を持った人が、最初に読むのにおすすめの本はどれですか？」と聞かれることが多々ありました。この本なら初心者からベテランコレクターまで胸を張っておすすめできます。今は長年の宿題を、ようやく果たせた気持ちでいっぱいです。

イラストレーターの安田ナオミさんには、本書内に素敵なイラストや地図をお寄せいただき、ありがとうございました。また、制作に携わって下さったスタッフの皆様にも感謝申し上げます。

本書を書きながら度々迷ったのが、新型コロナ感染症にどの程度触れるかでした。その影響で多くのイベントが中止になり、風景印散歩にも出かけられなくなりました。でもあまり閉塞感のある内容にはしたくないし、一年後にはすっかり過去の話になっているかもしれない。希望的観測でそう思ってみても、世の感染状況は一進一退を繰り返すばかりでした。

そんな時でも、郵便受けには仲間からの便りが届き続けました。幸い風景印は、会わなくても交流できる趣味ですし、郵頼という心強い制度もあります。不自由な毎日の中でも、技とバイタリティを駆使したユニークな便りが届く度に、自分も頑張らなくちゃなと思わせられたものです。その差出人である90代から10代までの友人たちこそ、風景印がなければ決して出逢うはずのなかった人たちでした。

どうか風景印に興味を持ったみなさんが、その豊潤な世界を存分に楽しめますように。

この本は、多くの楽しみを与えてくれた風景印と、お世話になった仲間たちへの、恩返しの一冊でもあったんだなと、今になって気がつきました。

令和３（２０２１）年10月　古沢　保

著 古沢 保《ふるさわ たもつ》

1971年2月26日、東京都生まれ。芸能、街歩きなどの分野で執筆するフリーライター。

風景印を題材に手紙や街歩きの楽しみを伝える講演も行ない、野外講座「東京風景印歴史散歩」は2010年より100回を超えて継続中。

これまでに風景印の案内役として『こんにちはいっと6けん』『東京ウォーキングマップ』『タモリ倶楽部』などにも出演。

著書に『東京風景印散歩365日』(同文館出版)、『ふるさと切手+風景印マッチングガイド1・2』『風景印でめぐる江戸・東京散歩～歌川広重「名所江戸百景」のそれから』(ともに日本郵趣出版)、『風景印かながわ探訪』(彩流社)などがある。

ブログ「風景印の風来坊」を更新中。

情報協力　赤塚信義さん、太田美栄さん、岡田岳さん、熊沢孝仁さん、中澤計照さん、山本定祐さん（五十音順）

Book Staff

デザイン　別府 拓、村上森花（Q.design）
DTP　佐藤世志子
撮影　宗野 歩
イラスト　安田ナオミ
校正　東京出版サービスセンター
用紙　紙子健太郎（竹尾）
営業　峯尾良久、長谷川みを（G.B.）
編集協力　小芝俊亮（小道舎）

風景印ミュージアム
直径36ミリの中の日本

初版発行　2021年10月26日

発行人　坂尾昌昭
編集人　山田容子
発行所　株式会社 G.B.
〒102-0072 東京都千代田区飯田橋 4-1-5
電話　03-3221-8013（営業・編集）
FAX　03-3221-8814（ご注文）
URL　https://www.gbnet.co.jp
印刷所　株式会社光邦

ISBN 978-4-910428-10-9